David Sadava   David M. Hillis
H. Craig Heller   May R. Berenbaum

La nuova biologia.blu PLUS
Genetica, DNA ed evoluzione

Seconda edizione di *Biologia.blu*

Guarda l'eBook multimediale

① REGISTRATI
Vai su **my.zanichelli.it** e iscriviti come studente

② ATTIVA IL TUO LIBRO
Nella tua area **myZanichelli**, clicca su **attiva opera** e inserisci la **chiave di attivazione** che trovi sul bollino argentato nella prima pagina del libro

③ CLICCA SULLA COPERTINA
Puoi: ■ sfogliare l'**eBook online**
       ■ **scaricarlo offline** sul tuo computer o sul tuo tablet

Titolo originale: *Life: The Science of Biology*, Tenth Edition
First published in the United States by Sinauer Associates, Sunderland, MA
Pubblicato per la prima volta negli Stati Uniti da Sinauer Associates, Sunderland, MA

Copyright © 2014 Sinauer Associates, Inc. All Rights Reserved

Copyright © 2016 Zanichelli editore S.p.A., Bologna [82121]
www.zanichelli.it

Traduzione: Rossana Brizzi, Monica Carabella, Chiara Delfino, Giovanni Delfino, Stefania Fadda, Silke Jantra, Patrizia Messeri, Alessandro Minelli, Sara Quagliata, Stefania Rigacci, Jacopo Stefani, Massimo Stefani, Antonio Bonfitto, Marco Passamonti
Adattamento: Luciano Cozzi, Maria Cristina Pignocchino

I diritti di elaborazione in qualsiasi forma o opera, di memorizzazione anche digitale su supporti di qualsiasi tipo (inclusi magnetici e ottici), di riproduzione e di adattamento totale o parziale con qualsiasi mezzo (compresi i microfilm e le copie fotostatiche), i diritti di noleggio, di prestito e di traduzione sono riservati per tutti i paesi. L'acquisto della presente copia dell'opera non implica il trasferimento dei suddetti diritti né li esaurisce.

Le fotocopie per uso personale (cioè privato e individuale, con esclusione quindi di strumenti di uso collettivo) possono essere effettuate, nei limiti del 15% di ciascun volume, dietro pagamento alla S.I.A.E. del compenso previsto dall'art. 68, commi 4 e 5, della legge 22 aprile 1941 n. 633. Tali fotocopie possono essere effettuate negli esercizi commerciali convenzionati S.I.A.E. o con altre modalità indicate da S.I.A.E.

Per le riproduzioni ad uso non personale (ad esempio: professionale, economico, commerciale, strumenti di studio collettivi, come dispense e simili) l'editore potrà concedere a pagamento l'autorizzazione a riprodurre un numero di pagine non superiore al 15% delle pagine del presente volume. Le richieste vanno inoltrate a

CLEARedi Centro Licenze e Autorizzazioni per le Riproduzioni Editoriali
Corso di Porta Romana, n. 108
20122 Milano
e-mail autorizzazioni@clearedi.org e sito web www.clearedi.org

L'editore, per quanto di propria spettanza, considera rare le opere fuori del proprio catalogo editoriale. La loro fotocopia per i soli esemplari esistenti nelle biblioteche è consentita, oltre il limite del 15%, non essendo concorrenziale all'opera. Non possono considerarsi rare le opere di cui esiste, nel catalogo dell'editore, una successiva edizione, né le opere presenti in cataloghi di altri editori o le opere antologiche. Nei contratti di cessione è esclusa, per biblioteche, istituti di istruzione, musei e archivi, la facoltà di cui all'art. 71 - ter legge diritto d'autore. Per permessi di riproduzione, anche digitali, diversi dalle fotocopie rivolgersi a ufficiocontratti@zanichelli.it

Realizzazione editoriale:
- Redazione: Elena Bacchilega, Claudio Dutto, Laura Lo Giudice
- Segreteria di redazione: Deborah Lorenzini, Rossella Frezzato
- Progetto grafico e impaginazione: Chialab, Bologna
- Ricerca iconografica: Elena Bacchilega, Claudio Dutto
- Collaborazione alla ricerca iconografica: Claudia Patella, Chiara Presepi
- Indice analitico: Tiziano Cornegliani

Le fonti iconografiche si trovano sul sito online.zanichelli.it/sadavalanuovabiologiablu

Contributi:
- Revisione del capitolo B6: Eugenio Melotti, Stefania Zempetti
- Nuovi disegni: Thomas Trojer
- Rilettura critica e stesura degli esercizi: Elisa Dalla, Daniela Damiano, Giovanni Maga

Immagine di apertura: Tony Cragg, *Companions*, 2008, fiberglass

Copertina:
- Progetto grafico: Miguel Sal & C., Bologna
- Realizzazione: Roberto Marchetti e Francesca Ponti
- Immagine di copertina: Brandon Alms/Shutterstock

Prima edizione: 2012
Seconda edizione: febbraio 2016

Ristampa:
4   2018

Zanichelli garantisce che le risorse digitali di questo volume sotto il suo controllo saranno accessibili, a partire dall'acquisto dell'esemplare nuovo, per tutta la durata della normale utilizzazione didattica dell'opera. Passato questo periodo, alcune o tutte le risorse potrebbero non essere più accessibili o disponibili: per maggiori informazioni, leggi my.zanichelli.it/fuoricatalogo

File per sintesi vocale
L'editore mette a disposizione degli studenti non vedenti, ipovedenti, disabili motori o con disturbi specifici di apprendimento i file pdf in cui sono memorizzate le pagine di questo libro. Il formato del file permette l'ingrandimento dei caratteri del testo e la lettura mediante software screen reader. Le informazioni su come ottenere i file sono sul sito http://www.zanichelli.it/scuola/bisogni-educativi-speciali

Grazie a chi ci segnala gli errori
Segnalate gli errori e le proposte di correzione su **www.zanichelli.it/correzioni**.
Controlleremo e inseriremo le eventuali correzioni nelle ristampe del libro.
Nello stesso sito troverete anche l'**errata corrige**, con l'elenco degli errori e delle correzioni.

Zanichelli editore S.p.A. opera con sistema qualità
certificato CertiCarGraf n. 477
secondo la norma UNI EN ISO 9001:2008

Questo libro è stampato su carta che rispetta le foreste.
www.zanichelli.it/la-casa-editrice/carta-e-ambiente/

Stampa: Grafica Veneta S.p.A.
Via Sardegna 30, 40060 Osteria Grande (Bologna)
per conto di Zanichelli editore S.p.A.
Via Irnerio 34, 40126 Bologna

David Sadava   David M. Hillis
H. Craig Heller   May R. Berenbaum

La nuova biologia.blu PLUS
Genetica, DNA ed evoluzione

Seconda edizione di *Biologia.blu*

capitolo

B1

Da Mendel ai modelli di ereditarietà

1 La prima e la seconda legge di Mendel — B2

2 Le conseguenze della seconda legge di Mendel — B6

3 La terza legge di Mendel — B8

4 Come interagiscono gli alleli — B11

Per saperne di più
I gruppi sanguigni — B13

5 Come interagiscono i geni — B14

6 Le relazioni tra geni e cromosomi — B17

7 La determinazione cromosomica del sesso — B20

8 Il trasferimento genico nei procarioti — B25

Esercizi — B27

Per ripassare

La prima legge di Mendel
La seconda legge di Mendel
La terza legge di Mendel

Verifiche interattive

Esercizi interattivi su ZTE
Costruisci la tua mappa interattiva
Sintesi di capitolo in italiano e in inglese

---

capitolo

B2

Il linguaggio della vita

1 I geni sono fatti di DNA — B32

Per saperne di più
Strumenti da biotecnologi: i virus — B36

2 La struttura del DNA — B37

Chiavi di lettura
L'entità centrale della vita — B39

3 La duplicazione del DNA è semiconservativa — B42

Read & Listen
The scientific method and the study of DNA replication — B50

Esercizi — B51

Per capire meglio

La duplicazione del DNA
DNA replication

Per ripassare

La duplicazione del DNA

Verifiche interattive

Esercizi interattivi su ZTE
Costruisci la tua mappa interattiva
Sintesi di capitolo in italiano e in inglese

---

capitolo

B3

L'espressione genica: dal DNA alle proteine

1 I geni guidano la costruzione delle proteine — B56

2 L'informazione passa dal DNA alle proteine — B58

Per saperne di più
Un'eccezione al dogma centrale: i virus a RNA — B59

3 La trascrizione: dal DNA all'RNA — B60

Per saperne di più
Quattro lettere, venti parole — B63

4 La traduzione: dall'RNA alle proteine — B64

5 Le mutazioni sono cambiamenti nel DNA — B70

Per saperne di più
La scoperta delle mutazioni — B77

Read & Listen
Gene expression studies to kill bacterial pathogens — B78

Esercizi — B79

Per capire meglio

La trascrizione
Transcription
La sintesi delle proteine
Protein synthesis
Anemia falciforme: un esempio di mutazione
Sickle-cell anemia: an example of mutation

Per ripassare

La trascrizione
La traduzione

Verifiche interattive

Esercizi interattivi su ZTE
Costruisci la tua mappa interattiva
Sintesi di capitolo in italiano e in inglese

capitolo

B4

La regolazione genica

1 La regolazione dell'espressione genica nei procarioti B84

2 Il genoma eucariotico B88

Per saperne di più
Organismi modello per studiare i genomi eucariotici B92

3 La regolazione prima della trascrizione B93

4 La regolazione durante e dopo la trascrizione B96

Esercizi B99

Per capire meglio

L'operone *lac*
The *lac* operon

Per ripassare

L'operone *lac*
L'operone *trp*

Verifiche interattive

Esercizi interattivi su ZTE
Costruisci la tua mappa interattiva
Sintesi di capitolo in italiano e in inglese

---

capitolo

B5

L'evoluzione e l'origine delle specie viventi

1 L'evoluzione dopo Darwin B104

2 I fattori che portano all'evoluzione B109

3 La selezione naturale e sessuale B112

4 I fattori che influiscono sulla selezione naturale B116

5 Il concetto di specie e le modalità di speciazione B120

6 La speciazione richiede l'isolamento riproduttivo B124

Per saperne di più
Gli equilibri intermittenti: quando l'evoluzione accelera B125

Per saperne di più
Nuove frontiere per l'evoluzione B126

Esercizi B127

Per ripassare

La selezione stabilizzante, direzionale e divergente
La selezione allopatrica e simpatrica

Verifiche interattive

Esercizi interattivi su ZTE
Costruisci la tua mappa interattiva
Sintesi di capitolo in italiano e in inglese

---

capitolo

B6

L'evoluzione della specie umana

1 L'ordine dei primati B132

2 La comparsa degli ominini B136

Per saperne di più
L'ultimo arrivato tra gli *Homo* arcaici: *Homo naledi* B141

Per saperne di più
Il *Neanderthal Genome Project* B142

Per saperne di più
La neotenìa può spiegare l'unicità umana B145

3 L'evoluzione della cultura B146

Read & Listen
A matter of skulls B148

Esercizi B149

Verifiche interattive

Esercizi interattivi su ZTE
Costruisci la tua mappa interattiva
Sintesi di capitolo in italiano e in inglese

Learn by Doing B153

Indice analitico B159

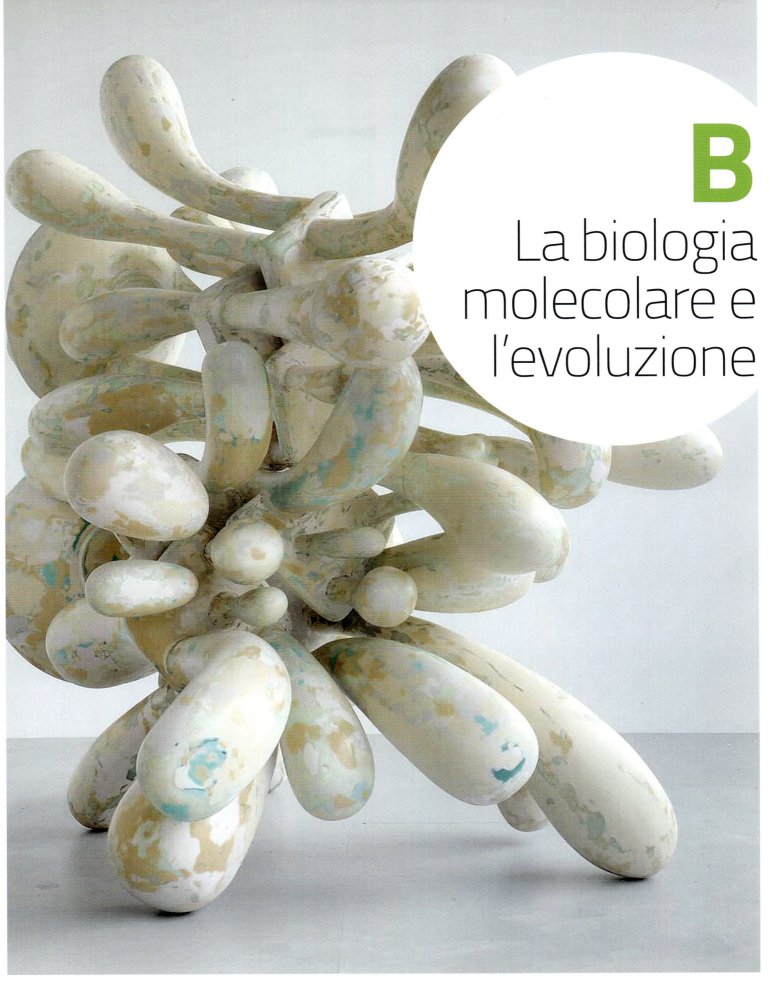

B
La biologia molecolare e l'evoluzione

capitolo B1

Da Mendel ai modelli di ereditarietà

lezione 1

La prima e la seconda legge di Mendel

La genetica è lo studio delle leggi e dei meccanismi che permettono la trasmissione dei caratteri da una generazione all'altra. Nasce come scienza sperimentale nella seconda metà dell'Ottocento grazie al lavoro di Mendel. Prima di allora, gli studi sull'ereditarietà non seguivano un metodo rigoroso e si basavano su principi in gran parte errati.

1 Gregor Mendel e la genetica dell'Ottocento

Gregor Mendel (1822-1884) era un monaco agostiniano (figura 1.1) con una solida formazione scientifica ed era in contatto con alcuni tra i più importanti biologi della sua epoca.

Compì i suoi esperimenti e sviluppò le sue teorie nella seconda metà dell'Ottocento, un'epoca in cui le tecniche di microscopia ottica erano ancora poco sviluppate, non si conoscevano i cromosomi e non si sapeva nulla della struttura e della fisiologia cellulare. Gli studi sull'ereditarietà del periodo avevano portato alla cosiddetta *teoria della mescolanza* che si basava su due presupposti fondamentali, di cui uno si è rivelato corretto, mentre l'altro errato:

1. i due genitori danno un uguale contributo alle caratteristiche della prole (presupposto corretto);
2. nella prole i fattori ereditari si mescolano (presupposto errato). La maggior parte dei naturalisti riteneva che nelle cellule uovo e negli spermatozoi fossero presenti dei fattori ereditari che, dopo la fecondazione, si univano. Secondo la teoria della mescolanza, gli elementi ereditari, una volta fusi, non si sarebbero più potuti separare, come due inchiostri di colore diverso.

Grazie a numerosi esperimenti, Mendel confermò il primo dei due presupposti, mentre smentì il secondo.

Ricorda Gli esperimenti di Mendel confermarono un presupposto della **teoria della mescolanza**, ma smentirono l'altro.

2 I nuovi metodi di Mendel

Come modello sperimentale, Mendel scelse le piante di pisello odoroso (*Pisum sativum*) poiché sono facili da coltivare, è possibile tenerne sotto controllo l'impollinazione e ne esistono più varietà con caratteri chiaramente riconoscibili e forme nettamente differenti nell'aspetto. Esaminiamo nei dettagli le sue scelte.

▮ **Il controllo dell'impollinazione**. Le piante di pisello studiate da Mendel producono organi sessuali e gameti di entrambi i sessi all'interno di uno stesso fiore. In assenza di interventi esterni, queste piante tendono ad *autoimpollinarsi*: l'organo femminile di ciascun fiore riceve il polline dagli organi maschili dello stesso fiore. Mendel utilizzò, oltre all'autoimpollinazione, anche una tecnica di fecondazione che si può controllare artificialmente: l'*impollinazione incrociata* che si ottiene trasportando manualmente il polline da una pianta all'altra (figura **1.2**). Grazie all'impollinazione incrociata Mendel fu in grado di stabilire chi erano i genitori della progenie ottenuta nei suoi esperimenti.

▮ **La scelta dei caratteri**. Mendel iniziò a esaminare le diverse varietà di piselli alla ricerca di caratteri e tratti ereditari che presentassero modalità adatte allo studio. Si definisce **carattere** una caratteristica fisica osservabile (per esempio il colore del fiore); il **tratto** è una forma particolare assunta da un carattere (come il viola o il bianco per il colore del fiore), e il **tratto ereditario** è quello che si trasmette da genitore a figlio. Mendel cercò caratteri con tratti alternativi ben definiti, come fiori viola o fiori bianchi. Dopo un'accurata ricerca concentrò gran parte del suo lavoro sui sette caratteri con coppie di tratti opposti indicati nella tabella **1.1** a pagina B5.

▮ **La scelta della generazione parentale**. Nel suo progetto di ricerca, Mendel stabilì di non partire con incroci casuali; nelle piante che scelse come generazione di partenza, che chiamiamo *generazione parentale*, i caratteri dovevano essere allo stato puro: ciò significa che il tratto prescelto (per esempio il fiore bianco)

Figura 1.1 Gregor Mendel e il suo orto Gregor Mendel condusse molti esperimenti di genetica in un orto del monastero di Brno, nell'odierna Repubblica Ceca.

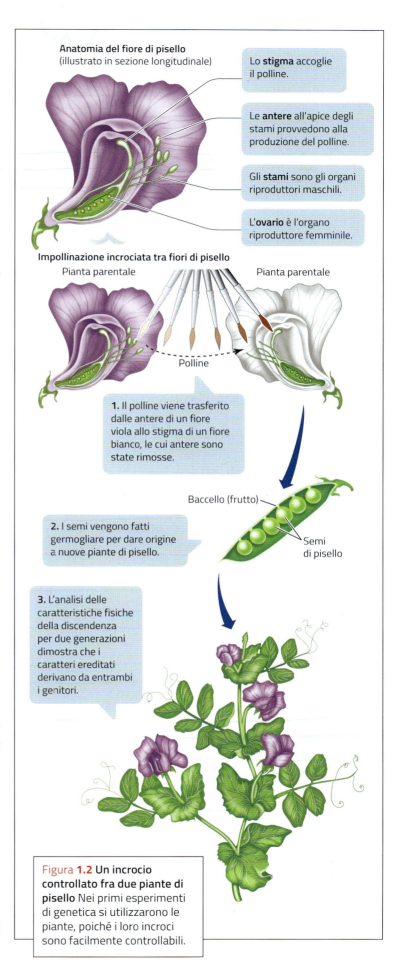

Anatomia del fiore di pisello (illustrato in sezione longitudinale)

- Lo **stigma** accoglie il polline.
- Le **antere** all'apice degli stami provvedono alla produzione del polline.
- Gli **stami** sono gli organi riproduttori maschili.
- L'**ovario** è l'organo riproduttore femminile.

Impollinazione incrociata tra fiori di pisello

Pianta parentale — Pianta parentale — Polline

1. Il polline viene trasferito dalle antere di un fiore viola allo stigma di un fiore bianco, le cui antere sono state rimosse.

Baccello (frutto) — Semi di pisello

2. I semi vengono fatti germogliare per dare origine a nuove piante di pisello.

3. L'analisi delle caratteristiche fisiche della discendenza per due generazioni dimostra che i caratteri ereditati derivano da entrambi i genitori.

Figura 1.2 Un incrocio controllato fra due piante di pisello Nei primi esperimenti di genetica si utilizzarono le piante, poiché i loro incroci sono facilmente controllabili.

Lezione **1** La prima e la seconda legge di Mendel

dev'essere costante per molte generazioni. Mendel isolò ciascuno dei ceppi puri incrociando piante sorelle dall'aspetto identico o lasciando che si autoimpollinassero. L'incrocio fra piselli di ceppo puro a fiori bianchi doveva originare per varie generazioni soltanto a progenie a fiori bianchi, e così via per altri caratteri.

■ **L'approccio matematico.** Uno dei principali contributi di Mendel alla scienza consiste nell'analisi dell'enorme massa di dati raccolti con centinaia di incroci, che hanno prodotto migliaia di piante, facendo ricorso alle leggi della statistica e al calcolo delle probabilità. Tali analisi matematiche gli hanno permesso di formulare le sue ipotesi per cui da Mendel in poi i genetisti hanno utilizzato gli stessi strumenti matematici.

Ricorda Per i suoi esperimenti, Mendel scelse le **piante di pisello** poiché avevano caratteristiche che si prestavano all'analisi matematica dei dati.

3 La prima legge di Mendel: la dominanza

Mendel eseguì diverse serie di incroci. Nella prima parte del suo lavoro egli decise di considerare l'ereditarietà di un solo carattere per volta in un grande numero di piantine. Riassumiamo qui i criteri che tenne presente Mendel negli incroci considerati.

- Per ciascun carattere scelse piantine di linea pura per forme opposte del carattere in questione ed effettuò una fecondazione incrociata: raccolse il polline da un ceppo parentale e lo mise sullo stigma (l'organo femminile) dei fiori dell'altro ceppo, ai quali, preventivamente, aveva tolto le antere (gli organi maschili), in modo che la pianta ricevente non potesse autofecondarsi. Le piante che fornivano o ricevevano il polline costituivano la **generazione parentale**, indicata con **P**.
- I semi e le nuove piante da essi prodotte costituivano la **prima generazione filiale** o F_1. Gli individui di questa generazione possono esser definiti *ibridi* in quanto figli di organismi che differiscono per uno o più caratteri. Mendel esaminò tutte le piante di F_1 per vedere quali caratteri presentavano e poi annotò il numero di piante di F_1 che mostravano ciascun tratto. I risultati ottenuti nella generazione F_1 possono essere riassunti nella **prima legge di Mendel**, detta **legge della dominanza**. *Gli individui ibridi della generazione F_1 manifestano solo uno dei tratti presenti nella generazione parentale.*

Mendel ripeté l'esperimento per tutti e sette i caratteri prescelti. Il metodo è illustrato nella figura **1.3**, che prende come esempio il carattere «forma del seme». Innanzitutto prelevò il polline da una pianta di un ceppo puro con semi rugosi e lo collocò sullo stigma dei fiori di un ceppo puro a semi lisci. Egli eseguì anche l'*incrocio reciproco*, ovvero eseguì l'operazione inversa (polline di un ceppo a semi lisci sullo stigma di un ceppo a semi rugosi). L'incrocio fra questi due tipi di piante P produceva in ogni caso una F_1 tutta uniformemente a semi lisci; il carattere «seme rugoso» sembrava completamente sparito.

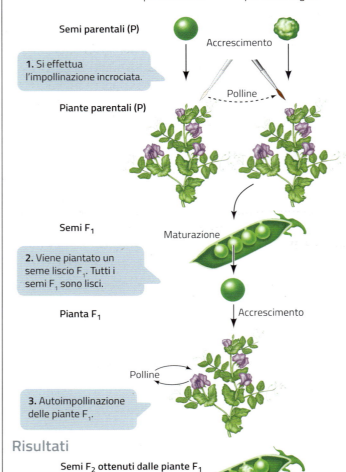

Un caso da vicino

Ipotesi
Quando vengono incrociate varietà con tratti differenti, i loro caratteri si fondono nelle generazioni successive.

Metodo

1. Si effettua l'impollinazione incrociata.
2. Viene piantato un seme liscio F_1. Tutti i semi F_1 sono lisci.
3. Autoimpollinazione delle piante F_1.
4. Semi F_2: 3/4 dei semi sono lisci e 1/4 sono rugosi (rapporto 3:1).

Risultati
Semi F_2 ottenuti dalle piante F_1

Conclusione
L'ipotesi non è vera; non vi è alcun mescolamento irreversibile dei caratteri. Un tratto recessivo può ricomparire nelle generazioni successive.

Figura **1.3** Gli incroci di Mendel I risultati osservati nella generazione di semi F_2 (3/4 lisci, 1/4 rugosi) furono sempre gli stessi, indipendentemente da quale varietà della generazione parentale contribuiva con il polline alla formazione della progenie.

Ricorda Mendel incrociò piante di linea pura per un determinato carattere e ottenne piante e semi ibridi che manifestavano solo uno dei tratti della generazione parentale. Da questi risultati formulò la **legge della dominanza**.

4. La seconda legge di Mendel: la segregazione

Mendel, in seguito, coltivò le piantine della generazione F_1 ed eseguì una seconda serie di esperimenti. Ognuna di queste piante fu lasciata libera di autoimpollinarsi e produrre i semi di una nuova generazione che chiameremo **seconda generazione filiale** o F_2. Di nuovo, furono descritte e contate le caratteristiche di tutte le piante F_2 (*vedi* tabella **1.1**). In tutti gli incroci eseguiti, Mendel notò due dati importanti.

1. Il tratto che *non* si era espresso (cioè non si era manifestato) nella generazione F_1 ricompariva nella generazione F_2. Nel caso del carattere «forma del seme» ricompariva il tratto rugoso che nella generazione F_1 sembrava sparito. Questo fatto portò Mendel a concludere che il tratto a seme liscio fosse **dominante** su quello a seme rugoso, da lui chiamato **recessivo**. In ognuna delle altre sei coppie di caratteri studiate, un tratto si dimostrò sempre dominante sull'altro; il tratto recessivo era quello che, in un incrocio tra ceppi puri, scompariva dalla generazione F_1.

2. In F_2 il rapporto numerico fra i due tratti era sempre lo stesso per ciascuno dei sette caratteri studiati, all'incirca 3:1; tre quarti della generazione F_2 mostrava il tratto dominante e un quarto il tratto recessivo. I risultati di F_1 non cambiavano se nella generazione parentale si partiva dagli ibridi reciproci; non aveva importanza *quale* genitore forniva il polline.

I dati smentivano la teoria della mescolanza: i tratti della generazione parentale non si fondevano.

Come si possono spiegare questi risultati? Che cosa accade al tratto recessivo nella generazione F_1? Perché i tratti recessivi e quelli dominanti nella generazione F_2 si manifestano in rapporti sempre costanti? Per rispondere a questi interrogativi Mendel propose una teoria che possiamo così riassumere:

- le unità responsabili dell'ereditarietà di un particolare carattere si presentano come *particelle distinte* che in ciascun individuo (in ogni pianta di pisello) si trovano in coppia;
- durante la formazione dei gameti tali particelle si separano e ogni gamete ne eredita *una* soltanto.

Secondo questa teoria, gli elementi unitari dell'ereditarietà si conservano integri in presenza l'uno dell'altro.

Grazie a questa teoria, che costituisce il nocciolo del modello mendeliano dell'ereditarietà, si comprese che ogni gamete contiene una sola unità, mentre lo zigote ne contiene due, perché è il prodotto della fusione di due gameti. Gli elementi unitari dell'ereditarietà si chiamano **geni** e le forme diverse di uno stesso gene sono chiamate **alleli**. La teoria di Mendel può essere espressa nella seguente forma, che costituisce la **seconda legge di Mendel** o **legge della segregazione**. *Quando un individuo produce gameti, le due copie di un gene (gli alleli) si separano, cosicché ciascun gamete riceve soltanto una copia.*

Allele deriva dal termine originario *allelomorfo* (dal greco *allélon*, «l'un l'altro», e *morphé*, «forma»), che significava «di forma alternativa».

Ricorda La **legge della segregazione** mostra come le due copie di un gene si separino nei gameti.

Fenotipi della generazione parentale			Generazione F_2			
Dominante		Recessivo	Dominante	Recessivo	Totale	Frequenza
seme con buccia liscia	×	seme con buccia rugosa	5474	1850	7423	2,96:1
seme giallo	×	seme verde	6022	2001	8023	3,01:1
fiore viola	×	fiore bianco	705	224	929	3,15:1
baccello rigonfio	×	baccello con strozzature	882	299	1191	2,95:1
baccello verde	×	baccello giallo	428	152	580	2,82:1
fiore assiale	×	fiore terminale	651	207	858	3,14:1
fusto allungato	×	fusto corto	787	277	1064	2,84:1

Tabella **1.1** I caratteri scelti da Mendel.

Rispondi

A. Che cosa significa «dominante»? E «recessivo»?

B. Quali dati sperimentali di Mendel smentiscono la teoria della mescolanza?

lezione 2

Le conseguenze della seconda legge di Mendel

A partire dai concetti elaborati da Mendel con la legge della segregazione è possibile stabilire se un individuo è omozigote o eterozigote per un determinato allele.

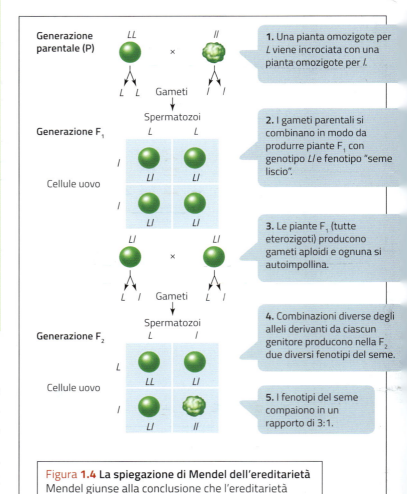

Figura 1.4 **La spiegazione di Mendel dell'ereditarietà**
Mendel giunse alla conclusione che l'ereditarietà dei caratteri dipende da fattori portati da ciascun genitore che non si mescolano nella progenie.

5 Il quadrato di Punnett

Gli alleli vengono rappresentati con una lettera: maiuscola se è dominante, minuscola se è l'allele recessivo del medesimo gene. Per esempio l'allele per il seme liscio è indicato con la lettera *L*, mentre l'allele per il seme rugoso con la lettera *l*.

L'insieme degli alleli che determinano un carattere è detto **genotipo**, mentre la caratteristica osservabile data è detta **fenotipo**. Se i due alleli del genotipo sono uguali, l'individuo è **omozigote**. Per esempio, una pianta di pisello con genotipo *LL* è omozigote dominante e avrà fenotipo «seme liscio»; mentre una pianta con genotipo *ll* è omozigote recessiva e avrà fenotipo «seme rugoso».

Se i due alleli sono diversi, come nel fenotipo *Ll*, l'individuo è **eterozigote** e ha fenotipo dominante perché *L* domina su *l*. In generale, un allele è recessivo se non si manifesta nel fenotipo dell'eterozigote.

«Seme liscio» e «seme rugoso» sono *due* fenotipi risultanti da *tre* possibili genotipi: il fenotipo «seme rugoso» prodotto da *ll*; il fenotipo «seme liscio» prodotto da *LL* e *Ll*.

In che modo il modello mendeliano di ereditarietà spiega i rapporti numerici fra i tratti riscontrati nelle generazioni F_1 e F_2? Nella generazione parentale i due genitori sono entrambi omozigoti: il genitore puro con semi lisci ha genotipo *LL*, mentre il genitore con semi rugosi ha genotipo *ll*. Il genitore *LL* produce gameti con il solo allele *L*, mentre il genitore *ll* produce gameti con il solo allele *l*. Poiché la generazione F_1 eredita un allele *L* da un genitore e un allele *l* dall'altro, tutte le piante F_1 hanno genotipo *Ll* e fenotipo dominante «seme liscio» (figura 1.4). Vediamo come è composta la generazione F_2: metà dei gameti della generazione F_1 ha l'allele *L* e l'altra metà l'allele *l*. Poiché le piante *LL*

Genotipo deriva dal greco *génos*, «genere», e *týpos*, «tipo» e si riferisce agli alleli. **Fenotipo** deriva da *pháinein*, «apparire», e si riferisce alle caratteristiche determinate dal genotipo. **Omozigote** deriva dal greco *hómos*, «uguale», e *zygón*, «coppia», ed è contrapposto a **eterozigote** (*héteros*, «diverso» in greco).

e le piante *Ll* producono entrambe semi lisci, mentre le piante *ll* producono semi rugosi, nella generazione F_2 ci sono *tre* modi di ottenerne una con semi lisci e *uno solo* di ottenerne una con semi rugosi. Questo suggerisce un rapporto 3:1, vicino ai valori sperimentali di Mendel in tutti e sette i caratteri confrontati (*vedi* tabella 1.1).

Per prevedere le combinazioni alleliche risultanti da un incrocio è possibile usare il **quadrato di Punnett**, un metodo ideato nel 1905 dal genetista inglese Reginald Crundall Punnett. Questo sistema ci assicura che, nel calcolo delle frequenze genotipiche attese, stiamo considerando tutte le possibili combinazioni gametiche. Un quadrato di Punnett ha questo aspetto:

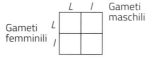

La griglia riporta su un lato tutti i possibili genotipi del gamete maschile e lungo l'altro tutti i possibili genotipi di quello femminile (sia i gameti maschili sia femminili sono cellule *aploidi*). La griglia si completa mettendo in ogni quadrato il genotipo diploide di ciascuna combinazione gametica.

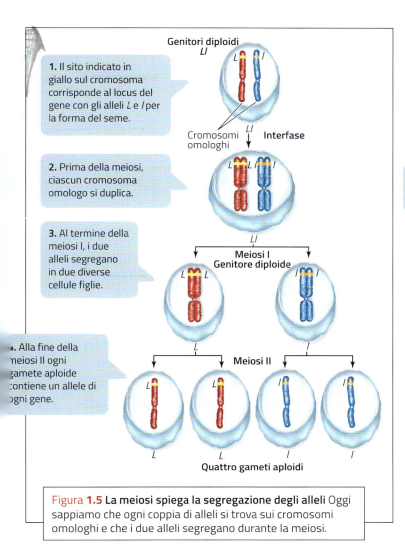

Figura **1.5 La meiosi spiega la segregazione degli alleli** Oggi sappiamo che ogni coppia di alleli si trova sui cromosomi omologhi e che i due alleli segregano durante la meiosi.

Oggi sappiamo che i geni sono tratti di DNA contenuti nei cromosomi. Più precisamente, un *gene* è una sequenza di DNA che si trova in un punto preciso del cromosoma, detto **locus** (al plurale **loci**), e che codifica un preciso carattere.

Mendel ha elaborato la sua legge della segregazione senza sapere dell'esistenza di cromosomi e meiosi, mentre oggi sappiamo che la disgiunzione dei differenti alleli di un gene avviene durante la separazione dei cromosomi nella meiosi I (figura **1.5**).

Ricorda Il **quadrato di Punnett** considera tutte le combinazioni dei gameti nel calcolo delle frequenze genotipiche e prevede come si mescolano gli alleli in ogni incrocio.

6 La verifica del testcross

Per verificare l'ipotesi che nella generazione F_1 a seme liscio esistessero due possibili combinazioni alleliche (*LL* e *Ll*), Mendel eseguì un **testcross** (figura **1.6**), ovvero un incrocio di controllo che permette di scoprire se un individuo che mostra un carattere dominante è omozigote o eterozigote. L'individuo in esame è incrociato con un *omozigote per il carattere recessivo*, ovvero *ll*. All'inizio l'individuo sotto analisi sarà indicato come *L_* (non

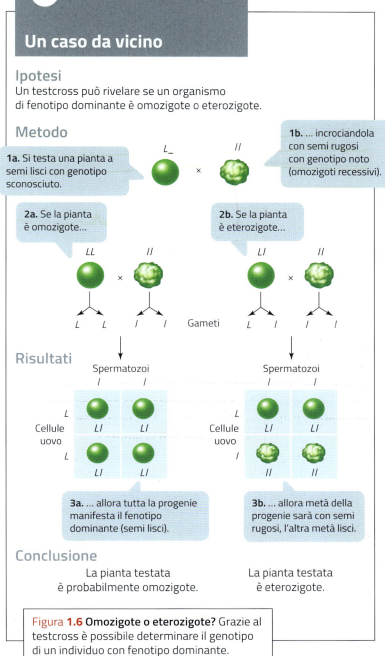

Figura **1.6 Omozigote o eterozigote?** Grazie al testcross è possibile determinare il genotipo di un individuo con fenotipo dominante.

conosciamo la natura del secondo allele). Le possibilità sono due:
1. se l'individuo è un omozigote dominante (*LL*), tutta la prole del testcross sarà *Ll* e mostrerà il carattere seme liscio;
2. se l'individuo è un eterozigote (*Ll*), metà della prole sarà eterozigote (*Ll*) e mostrerà il carattere dominante, l'altra metà sarà omozigote (*ll*) e mostrerà il carattere recessivo.

I risultati confermarono la seconda possibilità e l'ipotesi di Mendel.

Ricorda Il **testcross** determina se un individuo con fenotipo dominante è omozigote o eterozigote.

verifiche di fine lezione

Rispondi
- **A** Che cosa sono il genotipo e il fenotipo?
- **B** Spiega come si esegue un testcross.

lezione

3

La terza legge di Mendel

Una volta stabilito come si comporta un singolo tratto ereditario, Mendel proseguì affrontando un nuovo interrogativo: come si comportano negli incroci due coppie diverse di geni se le consideriamo congiuntamente?

PER RIPASSARE
video:
La terza legge di Mendel

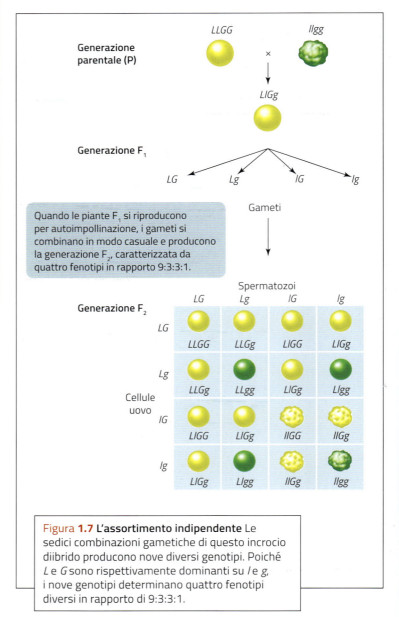

Quando le piante F_1 si riproducono per autoimpollinazione, i gameti si combinano in modo casuale e producono la generazione F_2, caratterizzata da quattro fenotipi in rapporto 9:3:3:1.

Figura 1.7 L'assortimento indipendente Le sedici combinazioni gametiche di questo incrocio diibrido producono nove diversi genotipi. Poiché *L* e *G* sono rispettivamente dominanti su *l* e *g*, i nove genotipi determinano quattro fenotipi diversi in rapporto di 9:3:3:1.

7 La terza legge di Mendel: l'assortimento indipendente

Consideriamo un individuo eterozigote per due geni (*LlGg*), nel quale gli alleli *L* e *G* provengano dalla madre, mentre gli alleli *l* e *g* provengano dal padre. Quando questo organismo produce i gameti, gli alleli di origine materna (*L* e *G*) devono per forza finire insieme in uno stesso gamete e quelli di origine paterna (*l* e *g*) in un altro, oppure un gamete può ricevere un allele materno e uno paterno (*L* e *g*, come pure *l* e *G*)?

Per rispondere a questa domanda, Mendel progettò un'altra serie di esperimenti. Cominciò con dei ceppi di pisello che differivano per due caratteristiche del seme: la forma e il colore. Un ceppo parentale puro produceva soltanto semi lisci e gialli (*LLGG*), mentre l'altro produceva soltanto semi rugosi e verdi (*llgg*). Dall'incrocio fra questi due ceppi si otteneva una generazione F_1 nella quale le piante avevano tutte genotipo *LlGg*: i semi erano tutti lisci e gialli (*L* e *G* sono dominanti).

Mendel continuò l'esperimento fino alla generazione F_2 compiendo un **incrocio diibrido** (ovvero un incrocio tra individui che sono doppiamente eterozigoti) fra piante di F_1; in pratica, si limitò a lasciare che le piante di F_1 si autoimpollinassero. Secondo Mendel (ricordiamo che non aveva mai sentito parlare di cromosomi e meiosi) esistevano due diversi modi in cui tali piante doppiamente eterozigoti potevano produrre gameti.

1. Gli alleli *L* e *l* potevano conservare la relazione che avevano nella generazione parentale (cioè essere **associati**). In questo caso le piante F_1 avrebbero prodotto due soli tipi di gameti (*LG* e *lg*) e la progenie risultante dall'autoimpollinazione avrebbe dovuto essere composta da piante con semi lisci e gialli e da piante con semi rugosi e verdi, con un rapporto 3:1. Se questo fosse stato il risultato, non ci sarebbe stata ragione di pensare che la forma e il colore del seme fossero regolati da due geni diversi, dato che i semi lisci sarebbero stati sempre gialli e quelli rugosi sempre verdi.

2. Gli alleli *L* e *l* si potevano distribuire in modo indipendente rispetto a *G* e *g* (cioè essere **indipendenti**). In questo caso la F_1 avrebbe prodotto in ugual misura quattro tipi di gameti: *LG*, *Lg*, *lG* e *lg*. Dalla combinazione casuale di questi gameti si sarebbe generata una F_2 con nove genotipi differenti (figura 1.7). I fenotipi corrispondenti sarebbero stati quattro: liscio giallo, liscio verde, rugoso giallo e rugoso verde. Se inserisci questi dati in un quadrato di Punnett, puoi vedere che questi fenotipi si presentano in rapporto di 9:3:3:1.

Gli incroci diibridi di Mendel confermarono, quindi, la *seconda* previsione: in F_2 comparvero infatti quattro fenotipi differenti in un rapporto di 9:3:3:1. In una parte della progenie le caratteristiche parentali si presentarono in nuove combinazioni (liscio con verde e rugoso con giallo).

Questi risultati indussero Mendel alla formulazione di quella che è nota come **terza legge di Mendel** o **legge dell'assortimento indipendente** dei caratteri. *Durante la formazione dei gameti, geni*

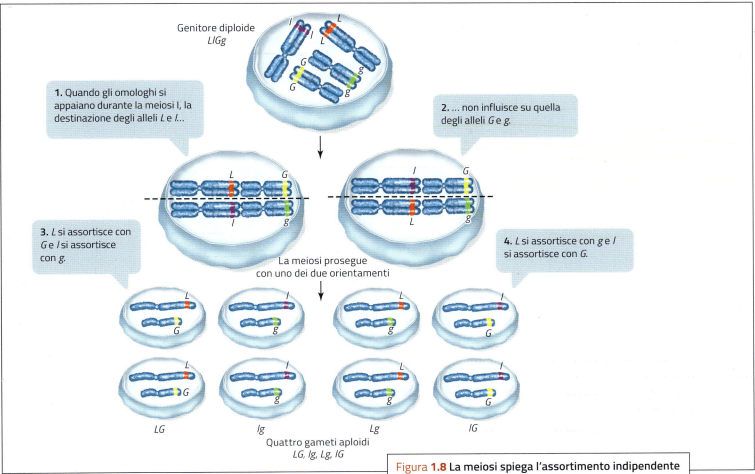

Figura 1.8 La meiosi spiega l'assortimento indipendente degli alleli Oggi sappiamo che alleli di geni diversi segregano indipendentemente gli uni dagli altri nella meiosi. Di conseguenza, un genitore con genotipo *LlGg* produce gameti con quattro genotipi diversi.

diversi si distribuiscono l'uno indipendentemente dall'altro. In altre parole, considerando i due geni *A* e *B*, la separazione degli alleli del gene *A* è indipendente dalla separazione degli alleli del gene *B*.

Oggi sappiamo che questa legge non è universalmente valida come la legge della disgiunzione; essa infatti si applica ai geni posizionati su cromosomi distinti, ma non sempre a quelli collocati su uno stesso cromosoma. Non si sbaglia dicendo che durante la formazione dei gameti, i *cromosomi* si riassortiscono l'uno indipendentemente dall'altro, e che così fanno due geni qualsiasi situati su coppie di cromosomi omologhi distinti (figura **1.8**).

Ricorda Mendel incrociò piante diibride e nella F₂ comparvero quattro fenotipi in rapporto di 9:3:3:1. Di conseguenza formulò la **legge dell'assortimento indipendente**.

8 La genetica umana rispetta le leggi di Mendel

Mendel ha elaborato le sue leggi eseguendo molti incroci programmati e numerosi conteggi della prole. È intuitivo che né l'una né l'altra procedura è applicabile agli esseri umani, perciò la genetica umana può contare soltanto sulle genealogie.

Dato che la nostra specie produce una prole molto meno numerosa delle piante di pisello, i rapporti numerici fra i fenotipi della prole non sono così netti come quelli osservati da Mendel.

Per esempio, quando un uomo e una donna entrambi eterozigoti (*Aa*) hanno figli, ogni figlio ha una probabilità del 25% di essere omozigote recessivo (*aa*). Se questa coppia dovesse avere dozzine di figli, un quarto di essi sarebbe omozigote recessivo (*aa*), ma la prole di un'unica coppia molto probabilmente è troppo scarsa per mostrare la proporzione esatta di un quarto. In una famiglia con due figli, per esempio, ciascuno di essi potrebbe essere *aa* oppure *Aa* o *AA*.

Come si fa a sapere se tanto la madre quanto il padre sono portatori di un allele recessivo? La genetica umana parte dal presupposto che gli alleli responsabili di fenotipi anomali (come le malattie genetiche) siano rari all'interno della popolazione. Ciò significa che se alcuni membri di una famiglia presentano un allele raro, è altamente improbabile che una persona esterna alla famiglia, che entri a farne parte per matrimonio, sia anch'essa dotata dello stesso allele raro.

Ricorda La **genetica umana** si basa sulle genealogie di famiglie in cui compaiono determinati fenotipi e parte dal presupposto che gli alleli per i fenotipi anomali sono molto rari in una popolazione.

9. Le malattie genetiche dovute ad alleli dominanti o recessivi

È frequente che i genetisti umani vogliano sapere se un particolare allele raro, responsabile di un fenotipo anomalo, è dominante o recessivo. Nella figura 1.9A puoi vedere un albero genealogico che mostra lo schema di trasmissione ereditaria di un *allele dominante*. Un **albero genealogico** è un albero familiare che mostra la comparsa di un fenotipo (e gli alleli) in molte generazioni di individui imparentati. Le caratteristiche chiave da ricercare in una simile genealogia sono le seguenti:

- ogni persona malata ha un genitore malato;
- circa metà dei figli di un genitore malato è malata;
- il fenotipo compare con la stessa frequenza nei due sessi.

Confronta questo schema con la figura 1.9B, che mostra, invece, la trasmissione ereditaria di un *allele recessivo*:

- le persone malate hanno di solito due genitori sani;
- nelle famiglie colpite dalla malattia, circa un quarto dei figli di genitori sani è malato;
- il fenotipo compare con la stessa frequenza nei due sessi.

Negli alberi genealogici che mostrano la trasmissione ereditaria di un fenotipo recessivo non è raro trovare un matrimonio fra parenti. Questo fatto è una conseguenza della *rarità* degli alleli recessivi che originano fenotipi anomali. Perché due genitori fenotipicamente normali abbiano un figlio malato (*aa*) è necessario che siano entrambi eterozigoti (*Aa*). Se un determinato allele recessivo è raro nella popolazione in generale, la probabilità che due coniugi siano entrambi portatori di quell'allele sarà molto bassa. Se, però, quell'allele è presente in una famiglia, due cugini potrebbero condividerlo.

Gli studi su popolazioni isolate per motivi culturali e geografici (per esempio gli *amish*) hanno portato un contributo importante alla genetica umana, poiché gli individui di questi gruppi tendono a sposarsi fra loro.

Dato che l'analisi delle genealogie trova il suo principale impiego nella consulenza a pazienti con anomalie ereditarie, di solito viene eseguita su una sola coppia di alleli per volta. Tuttavia, se considerassimo due diverse coppie di alleli, vedremmo rispettato anche l'assortimento indipendente, oltre alla segregazione degli alleli.

Ricorda *L'analisi degli alberi genealogici di famiglie in cui alcuni individui sono affetti da **malattie ereditarie** mostrano che gli alleli recessivi per i fenotipi anomali sono molto rari e spesso derivano da matrimoni tra consanguinei.*

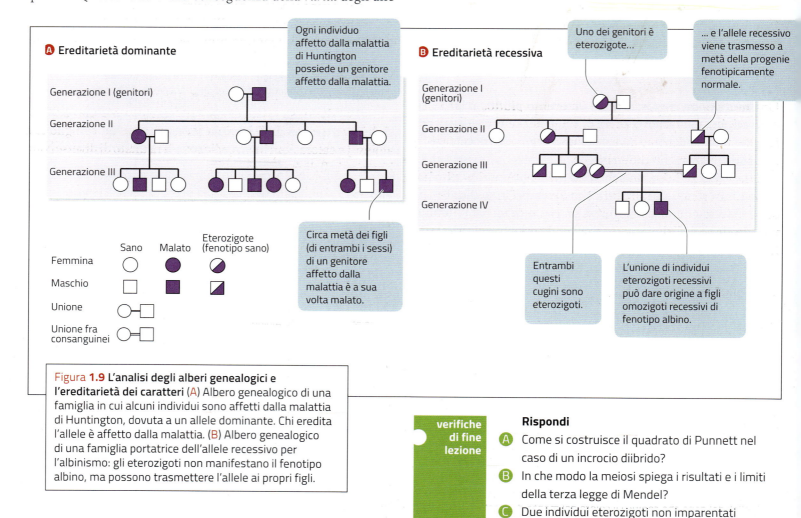

Figura 1.9 L'analisi degli alberi genealogici e l'ereditarietà dei caratteri (A) Albero genealogico di una famiglia in cui alcuni individui sono affetti dalla malattia di Huntington, dovuta a un allele dominante. Chi eredita l'allele è affetto dalla malattia. (B) Albero genealogico di una famiglia portatrice dell'allele recessivo per l'albinismo: gli eterozigoti non manifestano il fenotipo albino, ma possono trasmettere l'allele ai propri figli.

verifiche di fine lezione

Rispondi

A. Come si costruisce il quadrato di Punnett nel caso di un incrocio diibrido?

B. In che modo la meiosi spiega i risultati e i limiti della terza legge di Mendel?

C. Due individui eterozigoti non imparentati potrebbero avere un figlio albino?

lezione 4

Come interagiscono gli alleli

Nel corso del Novecento, le conoscenze nel campo della genetica hanno ampliato e in parte modificato le teorie di Mendel. Oggi sappiamo che le mutazioni danno origine a nuovi alleli; perciò all'interno di una popolazione possono esistere molte varianti alleliche per un unico carattere. Inoltre, gli alleli spesso non mostrano il rapporto semplice di dominanza e recessività.

10 Le mutazioni originano nuovi alleli

Una **mutazione**, nonostante sia un evento piuttosto raro, può dare origine a un nuovo allele di un gene. Le mutazioni sono fenomeni casuali; copie diverse di un allele possono andare incontro a cambiamenti differenti.

I genetisti definiscono **selvatico** (*wild-type*) quel particolare allele di un gene che in natura è presente nella maggior parte degli individui. Esso dà origine a un tratto (o fenotipo) atteso, mentre gli altri alleli del gene, detti *alleli mutanti*, producono un fenotipo diverso.

L'allele selvatico e gli alleli mutanti occupano lo stesso locus e vengono ereditati secondo le regole stabilite da Mendel. Un gene il cui locus è occupato dall'allele selvatico in meno del 99% dei casi (e negli altri casi da alleli mutanti) è detto **polimorfico**.

Ricorda Una mutazione nel genoma, pur essendo un evento raro, è responsabile della comparsa di nuovi alleli, o **alleli mutanti**, che portano alla nascita di un nuovo fenotipo.

La **mutazione genetica** è un cambiamento stabile ed ereditabile del materiale genetico. Nei casi più semplici, è dovuta al cambiamento chimico di una singola base del DNA.

Polimorfico deriva dal greco *polýs*, «molto» e *morphé*, «forma». Il termine indica, quindi, che il gene in questione si può trovare in diverse forme alleliche.

11 La poliallelia: geni con alleli multipli

In una specie, a seguito di mutazioni casuali, possono esistere più di due alleli di un certo gene (anche se ogni individuo diploide ne contiene soltanto due, uno di origine materna e l'altro di origine paterna). Questa condizione prende il nome di **poliallelia**.

Per esempio, il colore del manto nei conigli è determinato dal gene C di cui conosciamo quattro alleli:

- C determina il colore grigio scuro;
- c^{chd} produce il colore cincillà (grigio più chiaro);
- c^h determina il fenotipo himalayano con il pigmento sulle estremità (*colourpoint*);
- c produce un animale albino.

La gerarchia di dominanza di questi alleli è: $C > c^{chd}, c^h > c$.

Un coniglio provvisto dell'allele C (abbinato a uno qualsiasi dei quattro possibili) è grigio scuro, mentre un coniglio cc è albino. Le colorazioni intermedie sono il risultato di diverse combinazioni alleliche (figura **1.10**).

Ricorda La comparsa in una specie di più di due alleli per lo stesso gene a seguito di mutazioni casuali è definita **poliallelia**, un fenomeno che aumenta il numero dei fenotipi possibili.

Possibili genotipi	CC, Cc^{chd}, Cc^h, Cc	$c^{chd}c^{chd}, c^{chd}c$	$c^h c^h, c^h c$	cc
Fenotipo	Grigio scuro 	Cincillà 	Colourpoint 	Albino 

Figura **1.10 La trasmissione ereditaria del colore del manto nei conigli** Esistono quattro diversi alleli del gene che codifica il colore del manto di questi conigli nani (C, c, c^{chd} e c^h). Come dimostra l'esempio, gli alleli multipli possono aumentare il numero di fenotipi possibili.

12 La dominanza non è sempre completa

Nelle singole coppie di alleli studiate da Mendel, gli eterozigoti (*Ll*) mostravano dominanza *completa*, cioè esprimevano sempre il fenotipo *L*. Molti geni, però, hanno alleli che non sono né dominanti né recessivi l'uno rispetto all'altro: gli eterozigoti, infatti, presentano un fenotipo intermedio. Per esempio, se una linea pura di melanzane che produce frutti viola viene incrociata con una linea pura dai frutti bianchi, tutte le piante F_1 produrranno frutti di colore intermedio o violetto chiaro. Questo risultato a prima vista pare in contrasto con le teorie di Mendel, perché sembrerebbe che i caratteri si mescolino perdendo la loro identità.

Per spiegare il fenomeno in termini di genetica mendeliana è sufficiente lasciare che le piante F_1 si incrocino fra loro; le piante F_2 risultanti producono frutti con un rapporto di 1 viola: 2 violetto: 1 bianco (figura **1.11**). Chiaramente i geni non si sono mescolati, tanto che nella F_2 gli alleli viola e bianco ricompaiono, rispettando i rapporti previsti dalla seconda legge di Mendel.

Quando gli eterozigoti mostrano un fenotipo intermedio, si dice che il gene segue la regola della **dominanza incompleta**; in altre parole, nessuno dei due alleli è dominante.

Ricorda Alcuni geni presentano alleli che non sono né dominanti né recessivi e danno individui eterozigoti con un fenotipo intermedio. Il gene è detto a **dominanza incompleta**.

13 Nella codominanza si esprimono entrambi gli alleli di un locus

Talvolta i due alleli di un locus producono due diversi fenotipi che compaiono *entrambi* negli eterozigoti, un fenomeno definito **codominanza**. Un buon esempio di codominanza è osservabile nel sistema AB0 dei gruppi sanguigni umani (che costituisce anche un caso di poliallelia; figura **1.12**).

I primi tentativi di trasfusione provocavano spesso la morte del paziente. All'inizio del Novecento, lo scienziato austriaco Karl Landsteiner provò a mescolare i globuli rossi di un individuo con il *siero* (il liquido emesso dal sangue dopo la coagulazione) di un altro individuo e trovò che soltanto certe combinazioni erano compatibili; nelle altre, i globuli rossi si agglutinavano, cioè si riunivano in piccole masse, che finivano per danneggiare la circolazione.

La compatibilità sanguigna dipende infatti da una serie di tre alleli (I^A, I^B e I^0) di uno stesso locus posto sul cromosoma 9, che determina il tipo di antigeni sulla superficie dei globuli rossi. Le varie combinazioni di questi alleli producono nella popolazione quattro diversi fenotipi: i gruppi sanguigni A, B, AB e 0. Il fenotipo AB, che si riscontra negli individui a genotipo $I^A I^B$, è un esempio di codominanza: questi individui infatti producono antigeni della superficie cellulare tanto di tipo A quanto di tipo B.

L'**agglutinazione** dei globuli rossi avviene perché alcune proteine presenti nel siero, dette *anticorpi*, si legano agli *antigeni* situati sulla superficie delle cellule estranee, e reagiscono con essi.

Ricorda Quando due alleli di uno stesso locus portano a due diversi fenotipi, entrambi espressi negli eterozigoti, si parla di **codominanza**.

Generazione parentale (P)

Frutti viola Frutti bianchi

PP × pp

P P Gameti p p

Fecondazione

Generazione F_1

Frutto violetto Frutto violetto

Pp × Pp

P p Gameti P p

Fecondazione

Generazione F_2

Spermatozoi

	P	p
P	PP	Pp
p	Pp	pp

Cellule uovo

1. Quando piante di linea pura che producono melanzane viola o bianche vengono incrociate, le piante F_1 sono tutte violetto.

2. Piante eterozigoti producono frutti violetti perché l'allele per il viola è dominante incompleto sull'allele per il bianco.

3. Quando le piante F_1 vengono incrociate tra loro, producono una progenie con frutti viola, violetto e bianco con un rapporto 1:2:1.

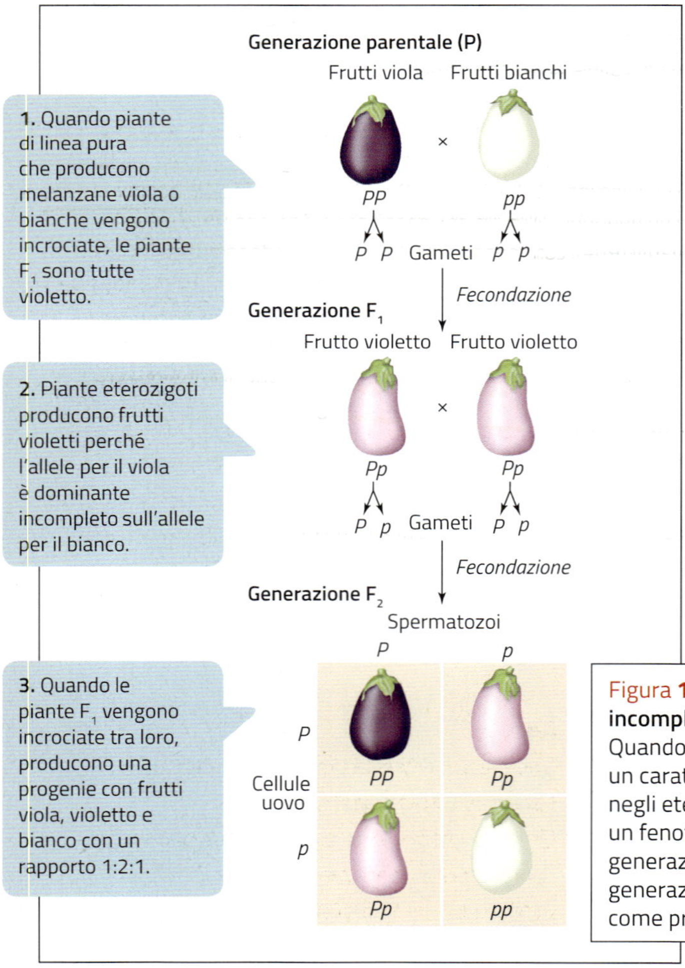

Figura 1.11 La dominanza incompleta segue le leggi di Mendel Quando nessuno dei due alleli per un carattere è dominante sull'altro, negli eterozigoti può manifestarsi un fenotipo intermedio. Nelle generazioni successive, i tratti della generazione parentale ricompaiono come previsto dalle leggi mendeliane.

Tipo di globuli rossi	Genotipo	Anticorpi prodotti	Reazione in seguito all'aggiunta di anticorpi	
			Anti-A	Anti-B
A	$I^A I^A$ o $I^A I^0$	Anti-B		
B	$I^B I^B$ o $I^B I^0$	Anti-A		
AB	$I^A I^B$	Né anti-A né anti-B		
0	$I^0 I^0$	Sia anti-A sia anti-B		

I globuli rossi che non reagiscono con gli anticorpi rimangono uniformemente sospesi.

I globuli rossi che reagiscono con gli anticorpi si agglutinano, ovvero tendono a formare degli agglomerati.

Figura 1.12 Le reazioni dei gruppi sanguigni AB0 Questo schema mostra i risultati della mescolanza di globuli rossi di tipo A, B, AB e 0 con siero contenente anticorpi Anti-A o Anti-B: al microscopio ottico i globuli rossi appaiono sospesi se producono lo stesso tipo di anticorpi della soluzione in cui sono immersi, oppure si agglutinano se ne producono un tipo diverso.

14 La pleiotropia: effetti fenotipici multipli di un singolo allele

I principi di Mendel si ampliarono ulteriormente quando fu scoperto che un singolo allele può influenzare più di un fenotipo; questo allele è detto **pleiotropico**.

pleiotropìa deriva dal greco *plêion*, «più», *trépein*, «volgere». Il termine indica un'unica causa, un unico gene, che controlla più caratteri fenotipici.

Un comune esempio di pleiotropia riguarda l'allele responsabile della colorazione del pelo dei gatti siamesi, con le estremità più scure del resto del corpo; lo stesso allele è responsabile anche dei caratteristici occhi strabici dei gatti siamesi (figura 1.13). Entrambi questi effetti, fra i quali non sembra esserci alcun rapporto diretto, derivano da una stessa proteina prodotta sotto l'influenza di tale allele.

Tra i geni che hanno un'azione pleiotropica ci sono quelli responsabili di molte malattie umane caratterizzate da un quadro clinico complesso con molti sintomi differenti, come la *fenilchetonuria* (PKU). La fenilchetonuria è causata da un allele recessivo che rende inattivo l'enzima epatico che catalizza la conversione dell'amminoacido fenilalanina in tirosina.

In presenza dell'allele recessivo, la fenilalanina che entra nel corpo umano con il cibo non viene degradata ma si accumula nell'organismo; in queste condizioni viene convertita in un composto tossico, l'acido fenilpiruvico, che attraverso il sangue raggiunge il cervello, impedendone il normale sviluppo e provocando ritardo mentale. La PKU è un esempio in cui una mutazione a carico di un solo gene provoca effetti molteplici a livello dell'intero organismo.

Ricorda Quando un singolo allele controlla più di un fenotipo è definito **pleiotropico**. Un tipico esempio di pleiotropia è rappresentato dall'allele responsabile della malattia metabolica fenilchetonuria (PKU).

Figura 1.13 **La pleiotropia** Uno stesso allele è responsabile del colore del manto e degli occhi dei gatti siamesi.

PER SAPERNE DI PIÙ

I gruppi sanguigni

Se non si conosce il gruppo sanguigno, una semplice trasfusione di sangue può essere letale.

All'inizio si riteneva che i gruppi sanguigni potessero essere classificati solo in due grandi sistemi, il sistema ABO e il sistema Rh.
Il **sistema ABO** è caratterizzato dalla presenza, sulla superficie dei globuli rossi, di due antigeni diversi:
- chi possiede l'antigene A ha gruppo sanguigno A;
- chi possiede l'antigene B appartiene al gruppo B;
- chi presenta entrambi gli antigeni ha gruppo sanguigno AB;
- se i globuli rossi non presentano nessuno dei due antigeni, gli individui appartengono al gruppo 0 (i cosiddetti donatori universali).

Gli antigeni A e B derivano da un glicolipide della membrana plasmatica dei globuli rossi che viene modificato chimicamente a opera di due enzimi.

Nel locus che controlla il gruppo sanguigno, l'allele «I^A» codifica per l'enzima A; l'allele «I^B» codifica per l'enzima B; l'allele «i» non codifica per nessun enzima.

Nel **sistema Rh** la sigla Rh deriva dal macaco Rhesus, la scimmia in cui è stato riscontrato per la prima volta l'antigene Rh. In base alla presenza o assenza dell'antigene «D» si hanno individui Rh positivi (Rh+), con genotipo *DD* o *Dd*, che possiedono il gruppo Rh, e individui Rh negativi (Rh–), con genotipo *dd* che non possiedono questo gruppo. L'immunizzazione contro l'antigene D è responsabile dell'**incompatibilità materno fetale** (situazione di un feto Rh+ da madre Rh– e padre Rh+). In questa condizione, gli antigeni sugli eritrociti del feto non vengono riconosciuti dal sistema immunitario della donna che si immunizzerà contro di loro. Questo può avere gravi conseguenze, come per esempio la *Malattia emolitica neonatale* (**MEN**), una condizione in cui i globuli rossi del feto sono distrutti dagli anticorpi materni. Il problema non riguarderà tanto la prima gravidanza, ma le eventuali gravidanze successive in cui si presenti di nuovo l'incompatibilità di gruppo Rh.

È fondamentale, quindi, conoscere la compatibilità tra il gruppo sanguigno del donatore e quello del ricevente prima di effettuare una trasfusione di sangue.

---

verifiche di fine lezione

Rispondi

A. Che cosa si intende per allele selvatico?
B. Fai un esempio di poliallelia.
C. Quali caratteristiche contraddistinguono l'ereditarietà dei gruppi sanguigni?
D. Spiega che cos'è la pleiotropia utilizzando come esempio la PKU.

Lezione 4 Come interagiscono gli alleli

lezione

Come interagiscono i geni

I primi genetisti, Mendel compreso, lavorarono dando per scontato che ogni gene influenzasse un solo carattere, indipendentemente dall'azione degli altri geni. Con il procedere delle ricerche, questo presupposto si rivelò non sempre vero. Ci sono, infatti, casi nei quali due geni interferiscono nel determinare un dato tratto fenotipico (*epìstasi*) e casi in cui numerosi geni concorrono a determinare un unico tratto del fenotipo (*ereditarietà poligenica*).

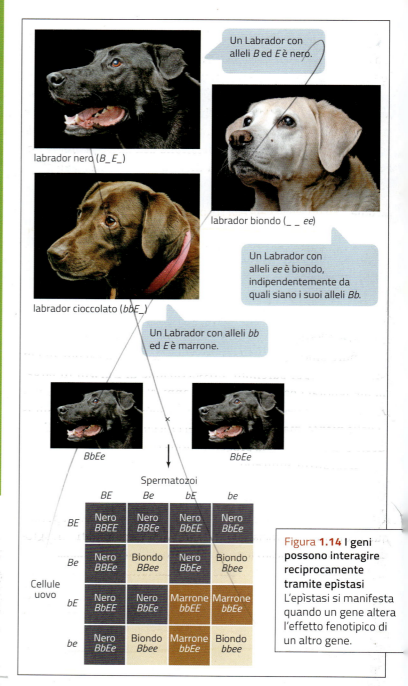

Figura **1.14** I geni possono interagire reciprocamente tramite epìstasi
L'epìstasi si manifesta quando un gene altera l'effetto fenotipico di un altro gene.

15 I geni interagiscono tra loro

Non solo gli alleli possono interagire tra loro, ma anche i geni. Accade così che certi caratteri sono determinati da più geni (**caratteri poligenici**). I genetisti hanno scoperto svariati casi in cui due geni interagiscono tra loro, determinando comportamenti che apparentemente non rispettano le leggi di Mendel, ma che a esse possono essere ricondotti.

È il caso dell'**epìstasi**, che significa «stare sopra», infatti nell'epìstasi un gene influenza e sovrasta l'espressione fenotipica di altro gene. Un esempio è costituito dal colore del mantello dei cani di razza Labrador, che dipende da due geni, *B* ed *E*. Per evidenziare un fenomeno epistatico è conveniente studiare la progenie che si forma dall'incrocio di due diibridi. In caso di epistasi, infatti, la comune distribuzione dei fenotipi studiata da Mendel (9:3:3:1) risulta modificata.

- Il gene *B* controlla la produzione del pigmento melanina: l'allele dominante *B* produce pigmentazione nera, mentre l'allele recessivo *b* produce pigmentazione marrone.
- Il gene *E* controlla, invece, la deposizione del pigmento nel mantello: in presenza dell'allele dominante *E* la melanina si deposita normalmente nel pelo, mentre l'allele recessivo *e* impedisce la deposizione del pigmento (esso viene prodotto, ma non si deposita nella pelliccia). Il risultato è un mantello di colore giallo.

Di conseguenza i cani *BB* o *Bb* sono neri e quelli *bb* sono marroni se sono presenti anche gli alleli *EE* oppure *Ee*; i cani *ee*, invece, sono sempre di colore giallo, indipendentemente dalla presenza degli alleli *B* o *b* (figura **1.14**). Si può dire, quindi, che l'allele recessivo *e* è epistatico sugli alleli *B* e *b*.

Dall'accoppiamento fra due cani *BbEe* si ottiene una cucciolata con 9/16 di cani neri, 3/16 di cani marroni e 4/16 di cani gialli.

Il termine **epìstasi** deriva dal greco *epí*, «su», e *stásis*, «esser posto», per indicare una relazione concettualmente analoga alla dominanza, ma che andava distinta perché si verificava tra due geni diversi e non tra due alleli dello stesso gene.

Ricorda Anche i geni, come gli alleli, possono interagire tra loro alterando l'effetto fenotipico di altri geni, come nel caso dell'**epìstasi**, dove un gene determina e sovrasta l'espressione di un altro gene.

16 Gli alleli soppressori

Un allele **soppressore** agisce cancellando l'espressione di un allele mutante di un altro gene, portando al fenotipo selvatico.

Per esempio, nel moscerino della frutta (*Drosophila melanogaster*) esiste un allele recessivo *pd* che produce occhi color porpora invece del normale colore rosso. Un altro allele recessivo, chiamato *su*, sopprime l'espressione dell'allele *pd*. Pertanto, i moscerini omozigoti recessivi mostrano il fenotipo selvatico «occhi rossi».

Ricorda Se un allele cancella l'espressione di un allele mutante, viene definito **soppressore** e comporta l'espressione del fenotipo selvatico; è questo il caso dell'allele recessivo «su» di Drosophila.

17 Il vigore degli ibridi

Nel 1876, Charles Darwin osservò che, dopo aver incrociato due linee pure omozigoti di mais, la progenie era il 25% più alta di entrambi i ceppi parentali. L'osservazione di Darwin fu largamente ignorata per i successivi 30 anni. Nel 1908, George Shull riportò a galla questa intuizione, osservando che non solo l'altezza della pianta, ma anche il peso dei chicchi di mais prodotti era molto più elevato nella progenie ibrida (figura **1.15**).

Il lavoro di Shull ebbe un impatto notevole nel campo della genetica applicata all'agronomia. I contadini sapevano da secoli che l'accoppiamento tra parenti stretti (conosciuto come *inincrocio* o *inbreeding*) può produrre progenie di più bassa qualità rispetto a quella ottenuta incrociando individui non imparentati. Gli agronomi chiamano questo fenomeno *depressione da inbreeding*.

Il problema con l'inincrocio deriva dal fatto che parenti stretti

Figura 1.15 Vigore dell'ibrido nel mais Due linee parentali omozigoti di mais, B73 e Mo17, sono state incrociate per produrre una linea ibrida più vigorosa.

tendono ad avere gli stessi alleli recessivi, alcuni dei quali possono essere dannosi. Il **vigore dell'ibrido** che si riscontra dopo aver incrociato linee mai incrociate è chiamato *eterosi* (termine abbreviato per eterozigosi).

La pratica dell'ibridazione si è diffusa anche ad altre piante coltivate e ad animali utilizzati in agricoltura. Per esempio, i bovini da carne ibridi sono più grandi e vivono più a lungo dei bovini incrociati all'interno della loro stessa linea genetica.

C'è stata parecchia controversia su quale meccanismo sia alla base dell'eterosi. L'*ipotesi della dominanza* si basa sul fatto che è improbabile che gli ibridi siano omozigoti per alleli recessivi deleteri; da qui la crescita extra. L'*ipotesi della sovradominanza* afferma, invece, che negli ibridi, nuove combinazioni di alleli dai ceppi parentali interagiscano tra loro, producendo tratti superiori che non possono essere espressi nelle linee parentali.

Ricorda Le osservazioni di Darwin sui vantaggi qualitativi di una progenie ibrida furono spiegate con il fenomeno del **vigore degli ibridi**: la dominanza o sovradominanza degli alleli in un organismo frutto di un incrocio tra linee pure.

18 L'influenza di più geni e dell'ambiente

Le differenze fra individui per caratteri semplici come quelli studiati da Mendel nei piselli sono discontinue e **qualitative**. Per esempio, gli individui di una popolazione di piante di pisello sono a fusto normale oppure a fusto nano, senza alcuna via di mezzo. Tuttavia, per la maggior parte dei caratteri complessi il fenotipo varia in modo pressoché continuo entro un certo ambito. Alcune persone sono basse, altre sono alte e molti hanno una statura intermedia fra i due estremi. Questo tipo di variabilità individuale in una popolazione è detta *continua* ed è spesso associata a caratteri fenotipici **quantitativi**.

Questa grande variabilità può dipendere dall'ambiente, ma in alcuni casi è invece causata direttamente da fattori genetici. Per esempio, nella nostra specie il colore degli occhi è in gran parte il risultato di un certo numero di geni che controllano la sintesi e la distribuzione del pigmento nero melanina. Gli occhi neri ne contengono molto, quelli castani di meno e quelli verdi, azzurri o grigi ancora di meno. In questi ultimi tre casi, la differenza di colore dipende dalla riflessione della luce dovuta alla distribuzione di altri pigmenti dell'occhio. Tuttavia in molti casi la variabilità quantitativa è dovuta sia ai geni sia all'ambiente.

I genetisti chiamano **poligenici** i caratteri regolati da molti geni, e *loci per un tratto quantitativo* (o *QTL*) i geni che concorrono a determinare caratteristiche complesse di questo tipo. Il riconoscimento di tali loci costituisce oggi una delle sfide più impegnative e stimolanti.

Ricorda La **variabilità** individuale all'interno di una popolazione dipende da **caratteri fenotipici quantitativi**, ed è causata sia da fattori genetici sia dall'ambiente.

Lezione **5** Come interagiscono i geni

19 I caratteri poligenici

Mendel formulò le sue tre leggi perché i caratteri esaminati erano **monofattoriali**, dovuti all'azione di un solo gene.

A determinare un carattere sono tre situazioni estreme, come rappresentato dai vertici del seguente disegno:

```
           trasmissione monogenica
                    △
        eredità         fattori
        poligenica      ambientali
```

Un vertice rappresenta la **trasmissione monogenica** (o mendeliana classica), i cui tipici esempi sono le caratteristiche morfologiche delle piante di pisello (il colore del seme o l'altezza della pianta), l'essere affetto o meno da una malattia genetica di cui si conosce il gene responsabile (come la fibrosi cistica).

Un altro vertice simboleggia l'**eredità poligenica**. I caratteri poligenici (o non mendeliani), essendo il risultato dell'interazione dei prodotti di più geni, possono presentare una variazione continua nell'intensità della loro manifestazione (*quantitativi*), oppure presentarsi nella modalità presenza/assenza (*discontinui*).

Nel caso ideale in cui nessun fattore genetico contribuisce alla manifestazione di un carattere, quest'ultimo dipende esclusivamente dall'azione di **fattori ambientali**.

Ciascun carattere può essere posizionato in uno di questi tre vertici, o molto più spesso in un punto all'interno del triangolo, la cui posizione rispecchia il contributo relativo dei tre aspetti descritti. Nella maggior parte dei casi, infatti, i caratteri dipendono da più di un fattore genetico e spesso anche da quelli ambientali. Si definisce **carattere non mendeliano** un carattere che dipende da due o più loci, con contributo variabile di fattori ambientali. Il termine **multifattoriale** è un suo equivalente e comprende tutte le combinazioni di fattori genetici e ambientali.

Mentre è semplice comprendere che un dato carattere sia condizionato sia da fattori genetici sia da fattori ambientali, è forse meno intuitivo come sia possibile che un carattere sia influenzato sia da fattori monogenici sia da fattori poligenici. Per comprendere questa situazione, si può immaginare un carattere controllato in modo preponderante da un singolo gene, ma con il concorso accessorio di altri geni a modularne l'espressione.

Altezza, peso, colore della pelle, colore degli occhi, pressione arteriosa, sono tutti esempi di caratteri poligenici quantitativi. Un carattere quantitativo deve poter essere misurabile all'interno di un insieme di valori possibili e non essere semplicemente «presente» o «assente»; per esempio, non possiamo dire che una persona ha la pressione sanguigna oppure non ce l'ha, ma solo a quale valore corrisponde al momento della misurazione.

Il matematico e genetista inglese Ronald Aylmer Fisher (1890-1962) fu il primo a formulare la **teoria poligenica dei caratteri quantitativi** sostenendo che questo tipo di carattere subisce una variazione continua spiegabile dall'azione mendeliana di un gruppo di geni, ciascuno dei quali non ne determina la presenza o l'assenza, ma fornisce un piccolo contributo alla sua intensità.

Consideriamo, per esempio, il carattere «altezza»: ci sarà un gruppo di geni coinvolti nella sua determinazione, dove A potrebbe essere il gene che codifica per l'ormone della crescita, B quello che contribuisce a determinare la velocità di accrescimento dell'osso, e così via. Ciascun gene potrebbe presentarsi in due forme alleliche, ognuna delle quali capace di determinare 5 cm aggiuntivi all'altezza finale se presente nella forma dominante, o causare la perdita di 5 cm se presente nella variante recessiva.

Se al gruppo di alleli che contribuiscono a determinare l'altezza aggiungiamo altri alleli degli stessi geni (o altri geni), e teniamo conto della variabilità aggiuntiva legata all'ambiente, il grafico della distribuzione delle singole altezze assomiglierà a una curva a campana (o *curva di Gauss*), in cui tutti i valori compresi tra i due estremi sono ammessi, nessuno escluso (figura **1.16**).

Un determinato genotipo, quindi, non stabilisce un valore preciso del carattere, ma un intervallo, che nel caso delle altezze potrebbe essere compreso tra 150 e 190 cm. Il valore reale che il carattere assume è poi precisato dall'ambiente: se in condizioni normali una persona può raggiungere, grazie al proprio genotipo, un'altezza superiore alla media, in mancanza di cibo non esprimerà appieno le proprie potenzialità e resterà più basso. Più individui che seguono la stessa alimentazione manterranno, al termine dello sviluppo, le loro differenze di altezza.

Ricorda I fenotipi complessi variano in un intervallo di variabili e sono detti **caratteri quantitativi**.

Figura **1.16 La variazione continua** Queste persone (donne in bianco, a sinistra; uomini in blu, a destra) mostrano una variazione continua dell'altezza (la misura è espressa in piedi: 5.0 = 152 cm e 6.5 = 198 cm).

verifiche di fine lezione

Rispondi

A L'epìstasi in quali aspetti somiglia alla dominanza?

B Che cosa sono i caratteri poligenici?

lezione 6

Le relazioni tra geni e cromosomi

La constatazione che certe coppie di geni non seguivano la legge dell'assortimento indipendente di Mendel ha aperto la strada a ricerche che hanno chiarito la relazione tra geni e cromosomi. Qual è lo schema ereditario di tali geni? Come possiamo stabilire se i geni sono posizionati su uno stesso cromosoma e a quale distanza?

20 I geni sullo stesso cromosoma sono associati

La pianta di pisello non è l'unico modello usato in genetica. A partire dal 1909 Thomas Hunt Morgan e i suoi allievi presso la Columbia University scelsero il moscerino della frutta *Drosophila melanogaster* (o drosofila) come modello sperimentale per una serie di caratteristiche vantaggiose: le dimensioni ridotte, la facilità di allevamento, la brevità dell'intervallo fra le generazioni, la facilità nell'identificare caratteri riconoscibili, la possibilità di indurre mutazioni creando nuovi alleli accanto a quelli selvatici.

Il gruppo di Morgan effettuò diversi tipi di esperimenti, alcuni dei quali erano finalizzati a verificare la validità della terza legge di Mendel; per questo prese in esame molti caratteri così da valutare se i loro alleli segregavano indipendentemente.

Egli scoprì così che in molti casi i rapporti fenotipici erano in disaccordo con quelli previsti dalla legge dell'assortimento indipendente. Consideriamo i caratteri «colore del corpo» e «forma delle ali», entrambi determinati da una coppia di alleli:

1. l'allele selvatico *B* (corpo grigio) domina su *b* (corpo nero);
2. l'allele selvatico *F* (ali normali) domina su *f* (ali corte).

Incrociando un individuo eterozigote per entrambi i caratteri (genotipo *BbFf*) con un individuo omozigote recessivo (genotipo *bbff*), Morgan si aspettava di osservare quattro fenotipi in rapporto di 1:1:1:1, ma successe qualcosa di diverso. Il gene per il colore del corpo e il gene per la dimensione delle ali non si distribuivano in modo indipendente: anzi, per lo più venivano ereditati congiuntamente. Solo un piccolo numero di individui presentava la ricombinazione prevista da Mendel. Questi risultati trovarono una spiegazione quando Morgan considerò la possibilità che i due loci fossero sullo stesso cromosoma, cioè fossero *associati* (figura 1.17).

Dopo tutto, dato che in una cellula il numero dei geni è molto superiore a quello dei cromosomi, ogni cromosoma deve contenere parecchi geni. Oggi diciamo che l'intera serie di loci di un dato cromosoma costituisce un **gruppo di associazione**. Il numero di gruppi di associazione tipico di una specie corrisponde al suo numero di coppie di cromosomi omologhi.

Supponiamo però che i loci *Bb* e *Ff* siano realmente posizionati su uno stesso cromosoma: perché non *tutti* i moscerini dell'incrocio di Morgan presentavano i fenotipi parentali? In altre parole, perché l'incrocio produceva anche qualcosa di diverso da moscerini grigi con ali normali e moscerini neri con ali corte? Se l'associazione fosse *assoluta*, cioè se i cromosomi rimanessero sempre integri e immutati, dovremmo aspettarci soltanto questi due tipi di progenie. Invece, non sempre è così.

Ricorda Gli esperimenti di Morgan su drosofila dimostrarono che alcuni alleli non segregano in maniera indipendente. Alcuni geni sono **associati** sullo stesso cromosoma.

Un caso da vicino

Ipotesi
Gli alleli per caratteri diversi si assortiscono sempre in modo indipendente.

Metodo

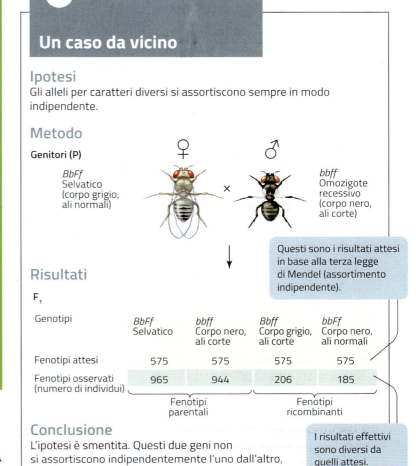

Genitori (P)

BbFf Selvatico (corpo grigio, ali normali) × *bbff* Omozigote recessivo (corpo nero, ali corte)

Questi sono i risultati attesi in base alla terza legge di Mendel (assortimento indipendente).

Risultati

F$_1$

Genotipi	*BbFf* Selvatico	*bbff* Corpo nero, ali corte	*Bbff* Corpo grigio, ali corte	*bbFf* Corpo nero, ali normali
Fenotipi attesi	575	575	575	575
Fenotipi osservati (numero di individui)	965	944	206	185

Fenotipi parentali — Fenotipi ricombinanti

I risultati effettivi sono diversi da quelli attesi.

Conclusione
L'ipotesi è smentita. Questi due geni non si assortiscono indipendentemente l'uno dall'altro, ma sono concatenati (sullo stesso cromosoma).

Figura 1.17 Alcuni alleli non seguono un assortimento indipendente Gli studi di Morgan dimostrarono che nella drosofila i geni per il colore del corpo e per la forma delle ali sono associati sullo stesso cromosoma.

21 Tra i cromatidi fratelli può avvenire uno scambio di geni

Un'associazione assoluta è un evento estremamente raro. Se l'associazione fosse assoluta, la legge di Mendel dell'assortimento indipendente si applicherebbe soltanto ai loci situati su cromosomi diversi. La realtà dei fatti è più complessa e quindi anche più interessante. Dato che i cromosomi si possono spezzare, è possibile che si verifichi una **ricombinazione** di geni: talvolta, durante la meiosi, geni posti in loci diversi di uno stesso cromosoma effettivamente si separano l'uno dall'altro.

Si può avere ricombinazione fra geni (figura **1.18**) quando, durante la profase I della meiosi, le coppie di cromosomi omologhi si avvicinano e formano le tetradi (ciascun cromosoma è composto da due cromatidi). Gli episodi di scambio coinvolgono soltanto due dei quattro cromatidi di una tetrade, uno per ciascun rappresentante della coppia di omologhi, e possono verificarsi in qualsiasi punto lungo il cromosoma. Fra i segmenti di cromosoma interessati avviene uno scambio reciproco, perciò tutti e due i cromatidi che partecipano al crossing-over diventano *ricombinanti* (contengono geni provenienti da entrambi i genitori). Di solito lungo tutta l'estensione di una coppia di omologhi si verificano più episodi di scambio.

Se fra due geni associati avviene un crossing-over, non tutta la progenie di un incrocio presenta i fenotipi parentali; come nell'incrocio di Morgan, compare anche una prole ricombinante. Ciò avviene in una percentuale di casi, detta **frequenza di ricombinazione**, che si calcola dividendo il numero di figli ricombinanti per il numero totale di figli (figura **1.19**).

Ricorda Durante la meiosi i geni collocati in loci differenti di uno stesso cromosoma si ricombinano per **crossing-over**.

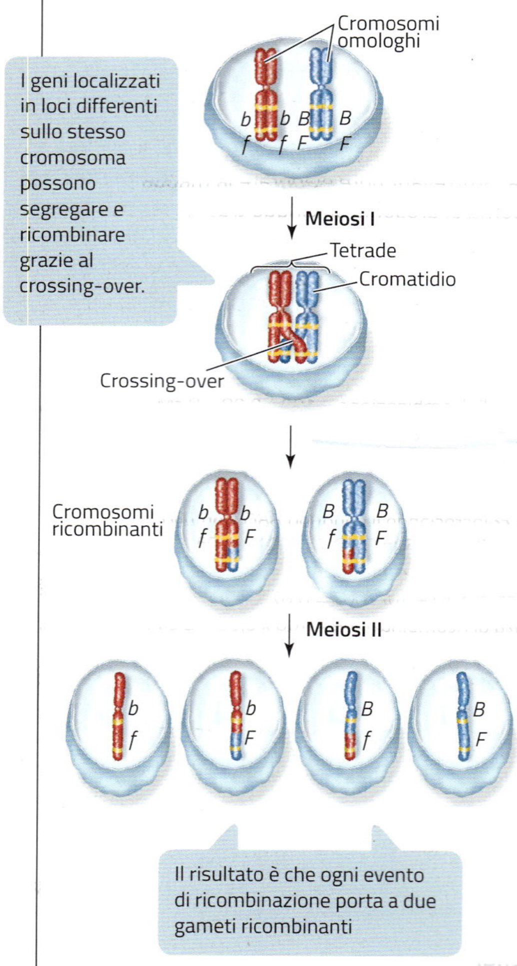

22 Le mappe genetiche

Se due loci si trovano vicini nel cromosoma, le probabilità che un crossing-over si verifichi proprio nel mezzo sono scarse; se invece i due loci sono lontani, esistono molti punti intermedi nei quali può avvenire un crossing-over. Questa situazione è una conseguenza delle modalità che segue il crossing-over: maggiore è la distanza fra due geni e più numerosi sono i punti del cromosoma nei quali può avvenire la rottura e la ricongiunzione dei cromatidi.

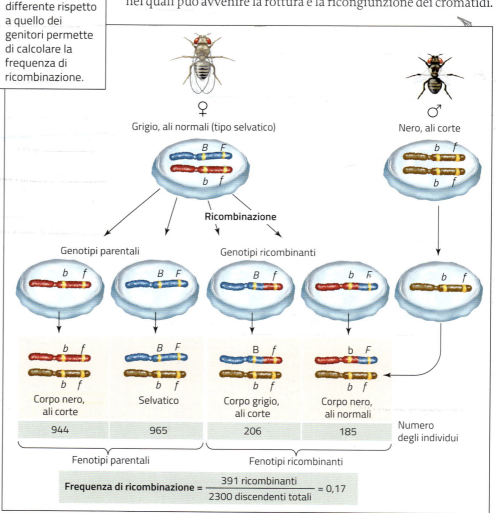

Figura **1.18** Il crossing-over ha come effetto la ricombinazione genica. I geni collocati sullo stesso cromosoma, ma in loci differenti, possono essere separati e ricombinati durante la meiosi.

Figura **1.19** La frequenza di ricombinazione. Il conteggio degli individui con un fenotipo differente rispetto a quello dei genitori permette di calcolare la frequenza di ricombinazione.

In una popolazione di cellule in meiosi, quindi, la percentuale che subisce ricombinazione fra due loci è maggiore se i loci sono lontani rispetto a quella di due loci vicini. Nel 1911, Alfred Sturtevant, laureando nel laboratorio di Morgan, si rese conto che questa semplice intuizione poteva servire per scoprire la posizione reciproca dei geni sul cromosoma.

Il gruppo di Morgan aveva stabilito le frequenze di ricombinazione per molte coppie di geni associati della drosofila. Sturtevant utilizzò questi valori per costruire **mappe genetiche** che mostrassero la disposizione dei geni lungo il cromosoma (figura **1.20**).

A partire dalla prima utilizzazione di Sturtevant, questo metodo è servito ai genetisti per mappare i genomi di procarioti, eucarioti e virus esprimendo le distanze fra geni in **unità di mappa**, corrispondenti a una frequenza di ricombinazione di 0,01; questa unità è nota anche come **centimorgan** (cM), in onore del fondatore del laboratorio delle drosofile (figura **1.21**).

Ricorda Sulla base delle frequenze di ricombinazione Sturtevant mise a punto un metodo per ricavare le **mappe genetiche**, ovvero la posizione dei geni lungo un cromosoma.

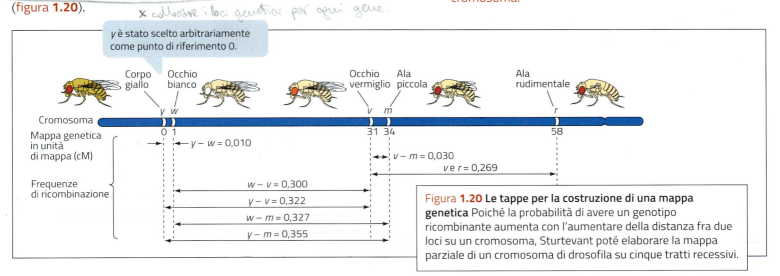

Figura **1.20 Le tappe per la costruzione di una mappa genetica** Poiché la probabilità di avere un genotipo ricombinante aumenta con l'aumentare della distanza fra due loci su un cromosoma, Sturtevant poté elaborare la mappa parziale di un cromosoma di drosofila su cinque tratti recessivi.

1 All'inizio non conosciamo né la distanza fra i geni né l'ordine sequenziale (a-b-c, a-c-b, b-a-c).

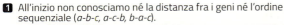

Effettuando un incrocio *AABB* × *aabb*, si ottiene una generazione F_1 di genotipo *AaBb*. Si effettua un testcross con individui di genotipo *aabb*; ecco genotipi dei primi 1000 individui ottenuti:

450 *AaBb*, 450 *aabb*, 50 *Aabb*, e 50 *aaBb*.
(tipi parentali)   (tipi ricombinanti)

2 Quanto sono distanti i geni *a* e *b*? Cioè a quanto corrisponde la frequenza di ricombinazione?
Quali sono i tipi ricombinanti e quali sono i tipi parentali?
La frequenza di ricombinazione (*a* verso *b*) = (50 + 50)/1000 = 0,1.
Di conseguenza la distanza di mappa è
100 × frequenza di ricombinazione = 100 × 0,1 = 10 cM

Figura **1.21 Mappatura di alcuni geni** Lo scopo di questo esercizio è di stabilire l'ordine con cui tre loci (a, b e c) compaiono su un cromosoma e di individuare la distanza (espressa in cM) che li separa uno dall'altro.

3 A quale distanza si trovano i geni *a* e *c*? Effettuando ora l'incrocio *AACC* × *aacc* si ottiene la generazione F_1 e facendo poi l'incrocio di prova si ottiene:

460 *AaCc*, 460 *aacc*, 40 *Aacc*, e 40 *aaCc*
La frequenza di ricombinazione (*a* verso *c*) è 40 + 40/1000 = 0,08.
La distanza di mappa è 100 × frequenza di ricombinazione = 100 × 0,08 = 8 cM.

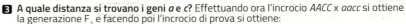

4 A quale distanza si trovano i geni *b* e *c*? Incrociando il genotipo *BBCC* con *bbcc* e facendo poi l'incrocio di prova con gli individui della generazione F_1, si ha:

490 *BbCc*, 490 *bbcc*, 10 *Bbcc*, e 10 *bbCc*
La frequenza di ricombinazione (*b* verso *c*) è 10 + 10/1000 = 0,02.
La distanza di mappa è 100 × frequenza di ricombinazione = 100 × 0,02 = 2 cM.

5 Quale dei tre geni si trova allora al centro fra gli altri due? Poiché *a* e *b* sono più distanti tra loro, *c* deve essere necessariamente localizzato fra questi.

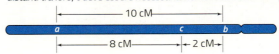

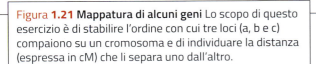

Rispondi

A Perché l'associazione fra loci di un dato cromosoma non può essere assoluta?

B In che modo il crossing-over determina la ricombinazione genica?

C In che modo i primi genetisti costruirono le mappe genetiche?

lezione 7

La determinazione cromosomica del sesso

Nel lavoro di Mendel gli incroci reciproci davano sempre risultati identici; in genere non aveva importanza se un allele dominante era stato fornito dalla madre o dal padre. Però in certi casi l'origine parentale di un cromosoma conta nella trasmissione ereditaria. Prendiamo ora in considerazione i vari tipi di determinazione del sesso nelle diverse specie.

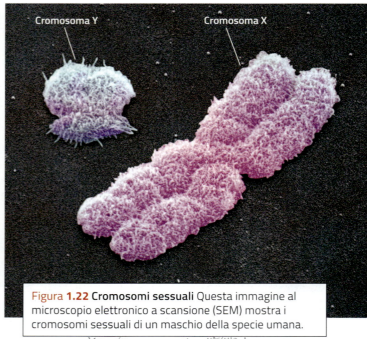

Figura 1.22 Cromosomi sessuali Questa immagine al microscopio elettronico a scansione (SEM) mostra i cromosomi sessuali di un maschio della specie umana.

23 I cromosomi sessuali e gli autosomi

Nel mais, ogni pianta adulta ha gli organi riproduttivi sia maschili sia femminili. I tessuti di questi due tipi di organi sono geneticamente identici, proprio come sono geneticamente identiche le radici e le foglie. Gli organismi come il mais sono detti *monoici*, mentre organismi, come le palme da dattero, le querce e gran parte degli animali, sono *dioici*: alcuni individui producono soltanto gameti maschili e altri soltanto gameti femminili.

Monoico, dal greco *mónos*, «solo», e *ôikos*, «casa», si riferisce a un tipo di vegetale in cui lo stesso individuo porta fiori maschili e femminili. **Dioico** si riferisce, quindi, a vegetali a sessi separati.

In molti organismi dioici il sesso di un individuo è determinato da differenze *cromosomiche*, ma questo meccanismo di determinazione funziona in modo diverso nei vari gruppi. Per esempio, in molti animali compresi gli esseri umani, il sesso è determinato da una coppia di **cromosomi sessuali**. Tanto i maschi quanto le femmine possiedono, invece, due copie di ciascuno degli altri cromosomi, che sono detti **autosomi**.

I cromosomi sessuali delle femmine di mammifero sono costituiti da una coppia di cromosomi X; i maschi, invece, hanno un solo cromosoma X accompagnato da un altro cromosoma sessuale che non si trova nelle femmine: il cromosoma Y. Maschi e femmine possono pertanto essere indicati rispettivamente come XY e XX (figura 1.22).

I maschi di mammifero producono *due* tipi di gameti. Ogni gamete contiene una copia di tutti gli autosomi, ma metà dei gameti porta un cromosoma X mentre l'altra metà porta un cromosoma Y. Quando uno spermatozoo contenente X feconda una cellula uovo, lo zigote risultante XX sarà una femmina; se invece a fecondare è uno spermatozoo contenente Y, lo zigote risultante XY sarà maschio.

La situazione è diversa negli uccelli, nei quali i maschi producono 2 cromosomi sessuali identici (ZZ) e le femmine 2 cromosomi sessuali diversi (ZW). In questi organismi è la femmina che produce due tipi di gameti, contenenti Z o W. Il sesso della prole dipende quindi dal fatto che l'uovo sia Z o W; mentre nell'uomo o nella drosofila il sesso dipende dallo spermatozoo che contiene X oppure Y.

Ricorda Gli organismi che presentano sessi separati sono definiti dioici e il sesso dell'individuo è determinato da differenze all'interno dei **cromosomi sessuali**.

24 La funzione del cromosoma Y

Sul cromosoma Y devono esserci dei geni che determinano il sesso maschile. Ma come possiamo esserne sicuri? Un sistema per stabilire una relazione di causa (nel caso dei mammiferi, un gene sul cromosoma Y) ed effetto (nella fattispecie, la mascolinità) è appunto quello di esaminare alcuni casi di errore biologico, nei quali non si riscontra l'esito atteso.

Qualcosa circa la funzione dei cromosomi X e Y è ricavabile da una costituzione anomala dei cromosomi sessuali, che risulta dalla *non-disgiunzione* alla meiosi. Si ha una non-disgiunzione quando non si verifica la separazione fra una coppia di cromosomi fratelli (nella meiosi I) o di cromatidi fratelli (nella meiosi II). Come risultato, un gamete può contenere un cromosoma in più o in meno. Ammettendo che questo gamete sia fecondato da un altro gamete «normale», la prole risultante sarà *aneuploide*, cioè provvista di un cromosoma in più o in meno del normale.

Ricorda Per studiare quali geni sul **cromosoma Y** determinano il sesso maschile, i genetisti hanno preso in considerazione i casi di non-disgiunzione alla meiosi, che portano ad avere una progenie aneuploide, ovvero con un numero anomalo di cromosomi sessuali.

25 La sindrome di Turner e di Klinefelter

Nella nostra specie compaiono talvolta individui X0 (lo 0 sta a indicare la mancanza di un cromosoma, per cui gli individui X0 hanno un solo cromosoma sessuale). Queste persone sono femmine con leggere alterazioni fisiche, ma mentalmente normali; di solito sono anche sterili.

La condizione X0 determina la **sindrome di Turner** (figura **1.23**). Essa rappresenta l'unico caso noto di un individuo che può sopravvivere con un solo membro di una coppia di cromosomi (in questo caso, la coppia XX), anche se molti concepimenti X0 abortiscono spontaneamente nelle fasi iniziali dello sviluppo embrionale.

Oltre alle femmine X0, esistono anche maschi con assetto XXY; questa condizione determina la **sindrome di Klinefelter**, che si manifesta con gambe e braccia più lunghe del normale e con sterilità. Tali fatti inducono a pensare che il gene responsabile della mascolinità sia situato sul cromosoma Y.

L'osservazione di persone affette da altri tipi di anomalie cromosomiche è servita ai ricercatori per individuare con più precisione la sede del gene in questione: alcuni individui XY, ma privi di una piccola porzione del cromosoma Y, sono fenotipicamente femmine; alcuni individui geneticamente XX, ma con un

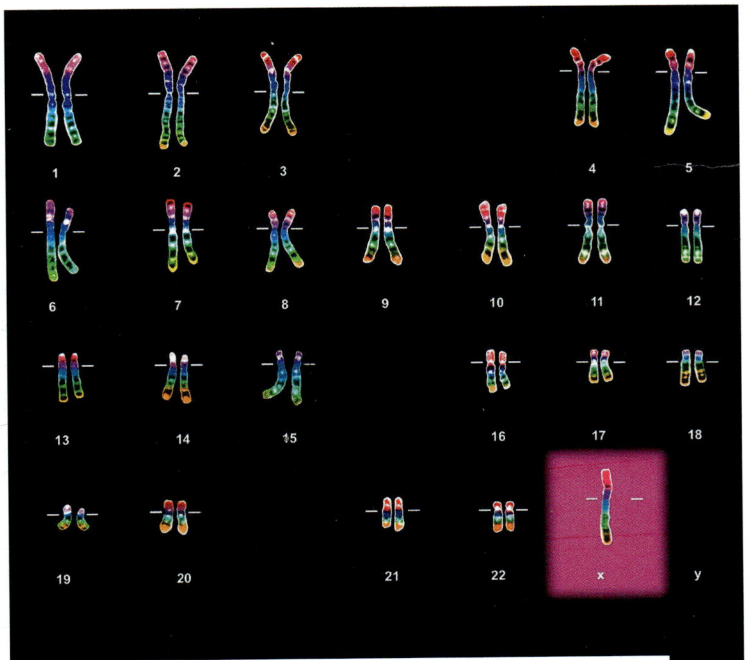

Figura **1.23** L'assetto cromosomico X0 è responsabile della sindrome di Turner Questa immagine al microscopio ottico mostra il cariotipo di una donna affetta dalla sindrome di Turner, in cui è presente un solo cromosoma X.

piccolo pezzo del cromosoma Y attaccato a un altro cromosoma, sono fenotipicamente maschi.

Risultava chiaro che in questi due casi il gene responsabile della mascolinità era contenuto nei frammenti di Y rispettivamente mancanti e presenti; questo gene fu chiamato *SRY* (regione della determinazione del sesso sul cromosoma Y).

Ricorda L'analisi delle anomalie cromosomiche in persone affette dalla **sindrome di Turner** (X0) e dalla **sindrome di Klinefelter** (XXY) ha permesso ai genetisti di individuare con precisione i geni della mascolinità sul cromosoma Y.

26 La determinazione primaria e secondaria del sesso

Il gene *SRY* codifica una proteina implicata nella determinazione primaria del sesso, cioè la determinazione del tipo di gameti prodotti dall'individuo e degli organi che li fabbricano. In presenza della proteina SRY, un embrione sviluppa testicoli che producono spermatozoi (nota che il nome dei geni è scritto in corsivo, mentre quello delle proteine è scritto in tondo). Se l'embrione è privo di cromosomi Y, il gene *SRY* è assente, quindi la proteina SRY non viene sintetizzata e l'embrione sviluppa le ovaie. Ma qual è il bersaglio della proteina SRY? Sul cromosoma X esiste un gene, detto *DAX1*, che produce un fattore anti-testicolare; perciò nel maschio la proteina SRY ha la funzione di sopprimere l'inibitore della mascolinità codificato da *DAX1*, mentre nella femmina, dove la proteina SRY non è presente, *DAX1* può agire inibendo la mascolinità.

La determinazione secondaria del sesso, invece, ha come risultato le manifestazioni esteriori della mascolinità e della femminilità (quali la struttura corporea, lo sviluppo delle mammelle, la distribuzione dei peli sul corpo e il timbro della voce). Queste caratteristiche esteriori non sono determinate direttamente dal cromosoma Y, ma piuttosto da geni distribuiti sugli autosomi e sul cromosoma X, che controllano l'azione di ormoni quali il testosterone e gli estrogeni.

Ricorda La **determinazione primaria del sesso**, cioè il tipo di gameti prodotti, e la **determinazione secondaria**, ovvero le manifestazioni fenotipiche della mascolinità e della femminilità, sono influenzate dalla presenza o assenza del gene *SRY* e del suo prodotto proteico.

27 L'ereditarietà dei caratteri legati al sesso

I geni situati sui cromosomi sessuali non seguono gli schemi mendeliani di ereditarietà. Nella drosofila, come negli esseri umani, il cromosoma Y pare essere povero di geni, ma il cromosoma X contiene un considerevole numero di geni che influenzano una vasta gamma di caratteri. Ogni gene è presente in duplice copia nelle femmine e in copia singola nei maschi. Definiamo **emizigoti** gli individui diploidi che possiedono una sola copia di un dato gene; i maschi di drosofila sono pertanto emizigoti per quasi tutti i geni che si trovano sul cromosoma X.

I geni che si trovano sul cromosoma X (assenti nel cromosoma Y) vengono ereditati in rapporti che differiscono da quelli mendeliani, tipici dei geni situati sugli autosomi. I caratteri corrispondenti a questi geni sono detti **caratteri legati al sesso**.

Il primo esempio studiato di ereditarietà di un carattere legato al sesso è quello del colore degli occhi della drosofila. In questi moscerini gli occhi di tipo selvatico sono di colore rosso, ma nel 1910 Morgan scoprì una mutazione che produceva occhi bianchi. Egli condusse, quindi, esperimenti di incrocio fra drosofile di tipo selvatico e drosofile mutanti.

- Incrociando una femmina omozigote a occhi rossi con un maschio (emizigote) a occhi bianchi, tutti i figli, maschi e femmine, avevano occhi rossi perché tutta la progenie aveva ereditato dalla madre un cromosoma X di tipo selvatico, e perché il rosso domina sul bianco (figura **1.24A**).
- Nell'incrocio reciproco, in cui una femmina a occhi bianchi si accoppiava con un maschio a occhi rossi, il risultato fu inatteso: tutti i figli maschi avevano occhi bianchi e tutte le figlie femmine avevano occhi rossi (figura **1.24B**).

I figli maschi nati dall'incrocio reciproco ereditano il loro unico cromosoma X da una madre a occhi bianchi, e di conseguenza sono emizigoti per l'allele bianco (il cromosoma Y ereditato dal padre, infatti, non contiene il locus per il colore degli occhi).

Le figlie femmine, invece, ricevono dalla madre un cromosoma X contenente l'allele «occhi bianchi» e dal padre un cromosoma X contenente l'allele «occhi rossi»: sono eterozigoti a occhi rossi. Accoppiando queste femmine eterozigoti con maschi a occhi rossi, si avevano figlie tutte a occhi rossi e figli per metà a occhi rossi e per metà a occhi bianchi.

Questi risultati dimostravano che il colore degli occhi nella drosofila si trova sul cromosoma X, e non sull'Y.

Ricorda I geni collocati sui cromosomi sessuali non seguono gli schemi di ereditarietà mendeliani. I caratteri espressi da questi geni vengono chiamati **caratteri legati al sesso**.

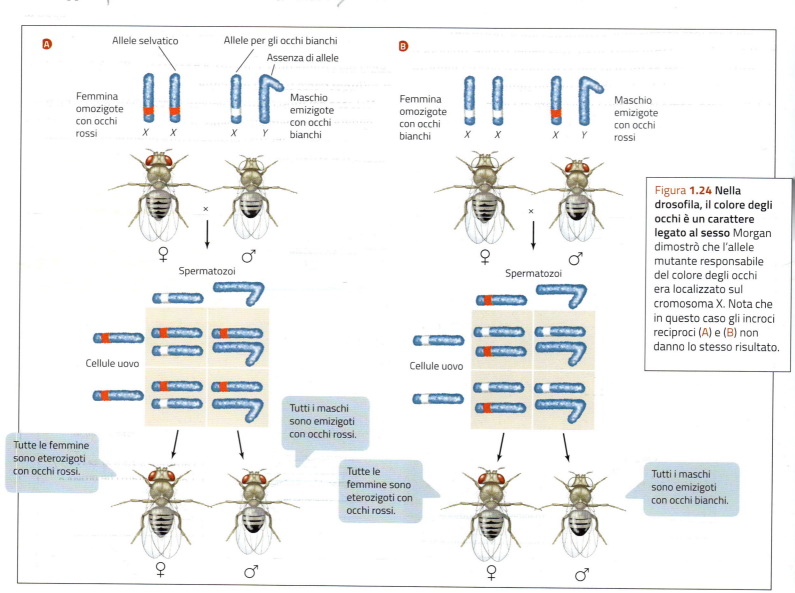

Figura **1.24 Nella drosofila, il colore degli occhi è un carattere legato al sesso** Morgan dimostrò che l'allele mutante responsabile del colore degli occhi era localizzato sul cromosoma X. Nota che in questo caso gli incroci reciproci (A) e (B) non danno lo stesso risultato.

28 Gli esseri umani presentano molte caratteristiche legate al sesso

Sul cromosoma X umano sono stati identificati circa 2000 geni. Gli alleli di questi loci seguono un modello di ereditarietà uguale a quello del colore degli occhi nella drosofila. Per esempio, uno di questi geni presenta un allele mutante recessivo che porta al *daltonismo*, un disturbo ereditario consistente nell'incapacità di distinguere i colori rosso e verde. Il disturbo si manifesta negli individui omozigoti o emizigoti per l'allele mutante recessivo.

Gli alberi genealogici per i fenotipi recessivi legati all'X mostrano le seguenti caratteristiche (figura 1.25).

- Il fenotipo compare più spesso nei maschi che nelle femmine; affinché si esprima nei maschi è sufficiente una sola copia dell'allele raro, mentre nelle femmine ne servono due.
- Un maschio con la mutazione può trasmetterla soltanto alle figlie femmine; a tutti i figli maschi cede il suo cromosoma Y.
- Le femmine che ricevono un cromosoma X mutante sono portatrici, fenotipicamente normali in quanto eterozigoti, ma in grado di trasmettere l'X mutato tanto ai figli quanto alle figlie (anche se lo fanno in media soltanto nel 50% dei casi, perché metà dei loro cromosomi X contiene l'allele normale).
- Il fenotipo mutante può saltare una generazione, qualora la mutazione passi da un maschio a sua figlia (che sarà fenotipicamente normale) e da questa a un suo figlio.

Il daltonismo, come la distrofia muscolare di Duchenne e l'emofilia, è un fenotipo recessivo legato all'X. Le mutazioni umane legate all'X che sono ereditate come fenotipi dominanti sono più rare di quelle recessive, perché i fenotipi dominanti compaiono in tutte le generazioni e le persone che portano una mutazione dannosa, anche se in eterozigosi, spesso non riescono a sopravvivere e riprodursi.

Il cromosoma Y umano è piccolo e contiene poche dozzine di geni, fra questi c'è *SRY*, il gene che determina la mascolinità.

Ricorda Sui cromosomi sessuali della specie umana sono presenti molti geni, le cui varianti alleliche seguono **modelli ereditari legati al sesso**.

29 La determinazione cromosomica del sesso

Il differente corredo cromosomico di due individui di sesso diverso fornisce un mezzo per la determinazione del sesso stesso. In questo caso la determinazione è di tipo genetico e può essere controllata mediante due diversi meccanismi: uno basato sulla **presenza di un gene dominante** e uno **dosaggio-dipendente**.

Nel caso dei mammiferi (specie umana compresa), la mancanza del cromosoma Y (o condizione X0) determina lo sviluppo di caratteri sessuali femminili e ciò ha permesso di comprendere che tale cromosoma è portatore di un gene dominante. La presenza del cromosoma Y, infatti, è necessaria affinché l'embrione si sviluppi verso il sesso maschile.

Nel caso dei moscerini del genere *Drosophila* e dei vermi piatti del genere *Caenorhabditis elegans*, il meccanismo di determinazione del sesso è del tipo dosaggio dipendente: lo sviluppo dei caratteri sessuali, infatti, è controllato dal rapporto tra i cromoso-

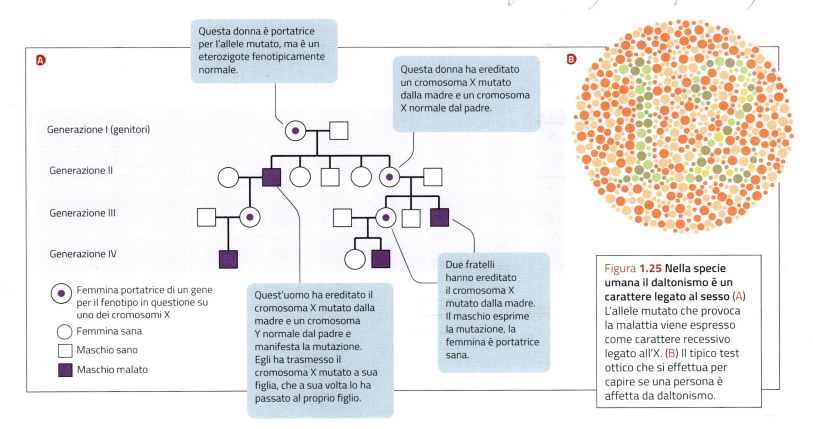

Figura **1.25** Nella specie umana il daltonismo è un carattere legato al sesso (A) L'allele mutato che provoca la malattia viene espresso come carattere recessivo legato all'X. (B) Il tipico test ottico che si effettua per capire se una persona è affetta da daltonismo.

mi sessuali X e gli autosomi. Nonostante le drosofile presentino un cromosoma Y nel maschio, quest'ultimo è irrilevante ai fini della determinazione del sesso, poiché individui X0 sono maschi e individui XXY sono femmine.

Esistono anche casi in cui il sesso è controllato da un unico gene mendeliano. Un esempio è quello di un noto vegetale: l'asparago. Mentre la condizione omozigote recessiva (*mm*) porta alla formazione di un individuo femminile, quella eterozigote (*Mm*) porta alla formazione di un maschio. Dall'incrocio tra una femmina e un maschio si otterrà una progenie costituita per metà da femmine e per metà da maschi.

Ricorda La **determinazione cromosomica del sesso** è controllata da due meccanismi: uno dosaggio-dipendente, come nel caso di *Drosophila*, in cui i caratteri sessuali dipendono dal rapporto tra i cromosomi sessuali e gli autosomi; un altro basato sulla presenza di un gene dominante, come avviene nei mammiferi.

30 La determinazione ambientale del sesso

Se l'accoppiamento tra due organismi con sessi separati caratterizza la maggior parte degli esseri viventi, sono molteplici i casi in cui la determinazione del sesso è frutto di particolari **condizioni ambientali** che agiscono durante le fasi precoci dello sviluppo.

La *Bonellia viridis* è un anellide marino dotato di una lunga proboscide boccale con due lobi (figura **1.26**). Una parte delle sue larve viene trascinata dalla corrente e si deposita sul fondale sviluppandosi in femmine che raggiungeranno poi l'aspetto tipico di questa specie (che può raggiungere anche il metro di lunghezza). Le larve che invece, in modo altrettanto casuale, si arenano sul corpo di una femmina, vi aderiscono e danno origine a maschi, creature millimetriche di aspetto larvale che vivono da parassiti sulla femmina.

Tra i vertebrati, in numerose specie di rettili, lo sviluppo di individui maschi o femmine all'interno delle uova dipende da una serie di parametri ambientali, tra cui la concentrazione di CO_2 e di O_2 nel substrato, il tasso di umidità e, soprattutto, la temperatura. Nel caso della *Testudo graeca*, la tartaruga di terra dei nostri giardini, dalle uova che si sviluppano a 23-27 °C nascono solo maschi, mentre da quelle che si sviluppano a 30-33 °C solo femmine. In situazioni come questa, alterazioni anche lievi dell'ambiente possono modificare il rapporto numerico tra i sessi con gravi ripercussioni sulla sopravvivenza della specie.

Sono, invece, le ore di luce (o *fotoperiodo*) a influenzare il sesso dei nascituri di *Gammarus*, crostaceo d'acqua dolce: infatti in primavera, quando le ore di luce iniziano ad aumentare, nascono i maschi; mentre le femmine nascono soltanto in autunno. In questo modo, nella stagione riproduttiva i maschi che durante l'accoppiamento devono trasportare le femmine, avranno raggiunto una taglia corporea maggiore.

Figura **1.26 Un anellide marino** Femmina di *Bonellia viridis* poggiata sul fondale.

Anche un batterio può determinare il sesso delle specie che infetta: è il caso di *Wolbachia pipientis* che vive all'interno delle gonadi di oltre un milione di specie di insetti, ragni, crostacei e vermi. La maggior parte dei membri di questa famiglia manipola la riproduzione dei loro ospiti per assicurare la propria sopravvivenza, e le vittime di questa manipolazione sono sempre gli ospiti maschi. A seconda del tipo specifico di batterio e della specie ospite coinvolta, i maschi vengono convertiti in femmine, uccisi oppure gli si impedisce di fertilizzare con successo le uova delle femmine non infette.

Ricorda Vi sono numerosi casi in natura in cui la determinazione del sesso è influenzata da **condizioni ambientali**. Alcune variabili possono essere: la temperatura, il fotoperiodo e la presenza di un batterio parassita.

verifiche di fine lezione

Rispondi

A Qual è la differenza tra l'ereditarietà di un carattere legato al sesso e quella di un carattere i cui geni si trovano sugli autosomi?

B Se un carattere è legato al sesso, da quali particolari della trasmissione ereditaria si riconoscerà?

C Che cosa significa il termine «emizigote»?

D Fai alcuni esempi di determinazione ambientale del sesso.

lezione 8

Il trasferimento genico nei procarioti

Le leggi dell'ereditarietà possono essere applicate a tutti i viventi, sia eucarioti sia procarioti. Nei batteri la riproduzione non è legata alla meiosi, ma alla scissione binaria, un processo che produce una progenie identica dal punto di vista genetico (clone). E allora come si evolvono questi organismi? I procarioti aumentano la variabilità genetica tramite mutazioni e particolari processi sessuali che trasferiscono geni da una cellula all'altra.

31 La coniugazione e la ricombinazione

Per fare luce sugli esperimenti che permisero la scoperta del trasferimento del DNA batterico, consideriamo due ceppi del batterio *Escherichia coli* con diversi alleli per ognuno dei sei geni del suo cromosoma. Un ceppo porta alleli dominanti (selvatici) per tre dei geni e alleli recessivi (mutanti) per gli altri tre. Questa situazione è opposta nell'altro ceppo. Ammettiamo che i due ceppi abbiano i seguenti genotipi (ricorda che i batteri sono aploidi): ABC*def* e *abc*DEF, dove le lettere maiuscole indicano gli alleli di tipo selvatico e le minuscole gli alleli mutanti.

Quando questi due ceppi vengono messi in coltura insieme, la maggior parte delle cellule produce dei cloni che manifestano il fenotipo originale. Tuttavia, su milioni di batteri, alcuni mostrano il seguente genotipo: ABCDEF. In che modo possono essere comparsi questi batteri completamente di tipo selvatico? Una possibilità potrebbe essere una mutazione nel batterio *abc*DEF, in cui l'allele *a* è mutato in A, il *b* in B e il *c* in C.

Tuttavia, la mutazione in uno specifico punto del DNA è un evento molto raro. La probabilità che tutti e tre gli eventi siano avvenuti nella stessa cellula è quindi estremamente bassa; molto più bassa della frequenza reale di comparsa delle cellule con genotipo ABCDEF. Perciò le cellule mutanti devono aver ottenuto i geni selvatici in un altro modo. La modalità è risultata essere il trasferimento genico tra le cellule.

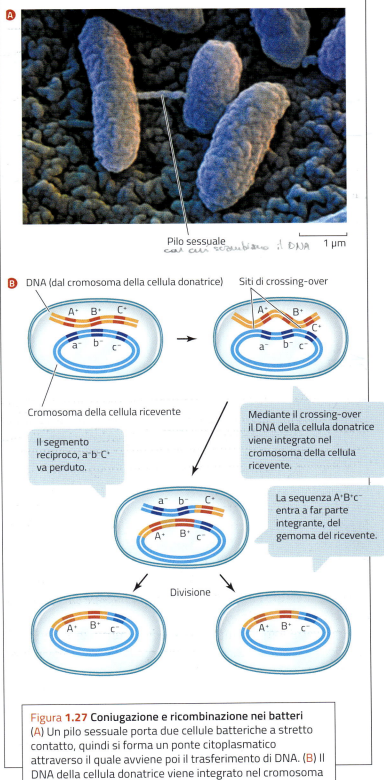

Figura 1.27 Coniugazione e ricombinazione nei batteri
(A) Un pilo sessuale porta due cellule batteriche a stretto contatto, quindi si forma un ponte citoplasmatico attraverso il quale avviene poi il trasferimento di DNA. (B) Il DNA della cellula donatrice viene integrato nel cromosoma della cellula ricevente mediante il crossing-over.

La microscopia elettronica ha mostrato che il trasferimento genico nei batteri avviene attraverso contatti fisici tra le cellule (figura **1.27A**). Il contatto inizia con una protuberanza sottile chiamata *pilo sessuale*, che si estende da una cellula (il donatore) e si attacca a un'altra (il ricevente), mantenendole unite. Il DNA può, quindi, passare dalla cellula donatrice a quella ricevente (ma non viceversa) attraverso un ponte citoplasmatico chiamato *tubo di coniugazione*. Questo processo, che aumenta la variabilità genetica dei batteri, è chiamato **coniugazione batterica**.

Una volta che il DNA del donatore è all'interno della cellula ricevente, può ricombinare nello stesso modo in cui i cromosomi si appaiano (gene per gene) nella profase I della meiosi. Il DNA del donatore si allinea a fianco dei geni omologhi del ricevente, e avviene il crossing-over. Alcuni geni del donatore possono essere integrati nel genoma del ricevente modificando di conseguenza il suo genotipo (figura **1.27B**). Quando le cellule riceventi si dividono, i geni integrati del donatore vengono trasmessi a tutta la progenie.

Ricorda Anche i batteri sono soggetti al trasferimento genico, che garantisce la variabilità genetica nei procarioti. Il trasferimento genico avviene mediante **coniugazione batterica**, tramite un pilo sessuale che collega fisicamente due cellule.

32 La coniugazione batterica per mezzo di plasmidi

In aggiunta al cromosoma principale, molti batteri posseggono piccoli DNA circolari chiamati **plasmidi**, che si duplicano in maniera indipendente. I plasmidi contengono al massimo poche dozzine di geni, che possono essere suddivisi in categorie.

■ **Geni per capacità metaboliche particolari**. Per esempio, i batteri dotati di plasmidi che conferiscono l'abilità di degradare gli idrocarburi vengono usati per bonificare le acque inquinate dal petrolio.

■ **Geni per la resistenza agli antibiotici**. Plasmidi che portano questi geni sono detti *fattori R* e poiché si possono trasferire attraverso coniugazione, sono un pericolo importante per la salute pubblica.

■ **Geni che conferiscono la capacità di produrre pili sessuali**. Alcuni batteri contengono un plasmide, detto *fattore F*, che codifica le proteine che formano il pilo sessuale.

Durante la coniugazione batterica, sono generalmente i *plasmidi F* a essere trasferiti da un batterio all'altro (figura **1.28**). Un singolo filamento del plasmide donatore è trasferito al ricevente, e la sintesi del filamento complementare produce due copie complete del plasmide, una nel donatore e una nel ricevente.

I plasmidi possono duplicarsi indipendentemente dal cromosoma principale, ma talvolta vengono integrati nel cromosoma batterico. In questo caso, il plasmide, durante la coniugazione, può trasferire anche una porzione di cromosoma batterico da una cellula all'altra.

La quantità di DNA cromosomico trasferito in questo modo dipende dal tempo di contatto tra le due cellule. Occorrono circa 100 minuti perché l'intero cromosoma di *E. coli* possa essere trasferito attraverso coniugazione.

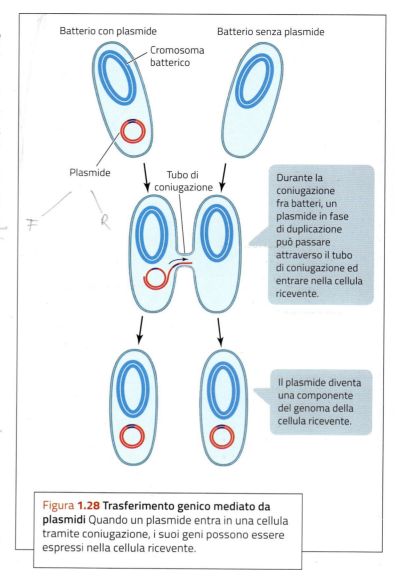

Figura **1.28 Trasferimento genico mediato da plasmidi** Quando un plasmide entra in una cellula tramite coniugazione, i suoi geni possono essere espressi nella cellula ricevente.

Ricorda Molti batteri sono dotati di **plasmidi**, piccoli DNA circolari che conferiscono al batterio determinate proprietà. Durante la coniugazione i plasmidi passano da una cellula all'altra, trasferendo materiale genetico alla cellula ricevente.

verifiche di fine lezione

Rispondi

A Come sono stati scoperti il trasferimento genico e la ricombinazione nei procarioti?

B Perché i fattori R costituiscono un problema di salute pubblica?

C Quali sono le differenze tra la ricombinazione dopo la coniugazione nei procarioti e la ricombinazione durante la meiosi negli eucarioti?

ESERCIZI

Ripassa i concetti

1 Completa la mappa inserendo i termini mancanti.

scissione binaria / coniugazione batterica / Gregor Mendel / metodo scientifico / dominanza / eterozigote / segregazione / assortimento indipendente / omozigote / fenotipo / alleli / eucarioti

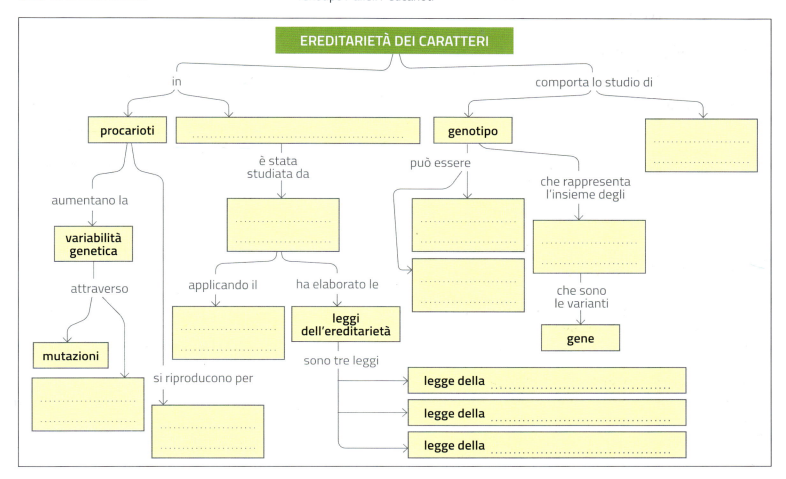

2 Dai una definizione per ciascuno dei seguenti termini associati.

genotipo:	
fenotipo:	La caratteristica osservabile.
recessivo:	Il carattere (e l'allele che lo determina) che non si manifesta negli eterozigoti.
dominante:	
omozigote:	Se i due alleli del genotipo sono uguali.
eterozigote:	
gene:	Tratto di DNA.
locus:	
allele:	

3 Gli studi sull'ereditarietà dei caratteri negli eucarioti sono stati ampliati nel Novecento introducendo nuovi concetti. Associa un caso esempio per ciascuno.
CODOMINANZA: gruppi sanguigni
EREDITÀ POLIGENICA:
DOMINANZA INCOMPLETA:
PLEIOTROPIA:

4 Amplia la mappa costruendo i quadrati di Punnett per tutte le combinazioni alleliche risultanti dall'incrocio di due individui che differiscono per il colore degli occhi. Nell'uomo il carattere *iride scuro* è dominante (S) sul carattere *iride azzurra* (s). Determina genotipo e fenotipo della prole.
a) entrambi eterozigoti;
b) uno eterozigote e uno omozigote recessivo.

Esercizi di fine capitolo

B27

Verifica le tue conoscenze

Test a scelta multipla

5 Perché Mendel scelse di lavorare sulla pianta di pisello? Scegli l'affermazione errata.

(A) perché senza interventi esterni si autofeconda

(B) perché ha pochi cromosomi e perciò è più facile da studiare

(C) perché si può sottoporre facilmente a fecondazione incrociata

(D) perché presenta caratteri facilmente riconoscibili

6 Come sarebbe stata la progenie ottenuta da una pianta di pisello a fiori rossi e una a fiori bianchi, se fosse stata vera la teoria della mescolanza?

(A) 100% a fiori rosa

(B) 50% a fiori rossi, 50% a fiori bianchi

(C) 100% a fiori rossi

(D) non sarebbe stato possibile fare previsioni

7 Che cosa indica il colore giallo dei semi di pisello?

(A) il carattere, perché riguarda l'aspetto della pianta

(B) il tratto, perché è una delle due alternative possibili

(C) il gene, perché è una caratteristica ereditaria

(D) l'allele, perché è dominante sul colore verde

8 Indica quale tra le seguenti affermazioni descrive il termine «loci».

(A) i punti precisi del genotipo dove si trova un gene

(B) i punti precisi di un gene in cui si trova un allele

(C) i punti precisi di un cromosoma in cui si trova un carattere

(D) i punti precisi del cromosoma dove si trova un gene

9 Un allele rappresenta una delle possibili alternative di che cosa?

(A) di un carattere, come il colore di un fiore

(B) di un gene, come quello che controlla il colore del seme

(C) del fenotipo, cioè dell'insieme delle caratteristiche di un organismo

(D) del genotipo, cioè delle informazioni ereditarie di un organismo

10 Indica quale tra le seguenti affermazioni definisce il testcross.

(A) un qualunque esperimento controllato realizzato attraverso un incrocio genetico

(B) l'incrocio tra un individuo di fenotipo recessivo e uno di genotipo ignoto

(C) un incrocio con i fenotipi invertiti tra i due sessi, per evidenziare eventuali cambiamenti

(D) la ripetizione di un incrocio per verificare la correttezza dei risultati statistici

11 Che cosa si intende per assortimento indipendente?

(A) l'associarsi casuale degli alleli di origine paterna e materna quando un organismo attua la meiosi

(B) la scelta casuale degli individui da incrociare per potere ottenere dati statisticamente attendibili

(C) le diverse modalità con cui possono variare tra loro gli alleli di un gene

(D) la formazione di una progenie con un rapporto fenotipico statisticamente vicino a 3:1

12 Individua l'affermazione errata riguardante la terza legge di Mendel.

(A) non si applica a geni situati sullo stesso cromosoma

(B) enuncia che geni diversi segregano gli uni indipendentemente dagli altri

(C) è stata elaborata da Mendel attraverso studi di incroci diibridi

(D) afferma che geni presenti su cromosomi diversi possono essere associati e ereditati congiuntamente

13 Individua l'affermazione errata riguardante gli esperimenti di Morgan sulla *Drosophila melanogaster*.

(A) alleli che codificano per caratteri diversi possono non essere ereditati congiuntamente

(B) esiste una piccola frequenza di ricombinazione dovuta al crossing-over

(C) studiavano l'ereditarietà di due caratteri del moscerino della frutta per verificare la seconda legge di Mendel

(D) possono essere oggi spiegati facendo riferimento al concetto di gruppo di associazione

14 Quale caratteristica non sussiste nel caso di una malattia genetica dovuta a un allele recessivo?

(A) le persone malate hanno in genere due genitori sani

(B) nelle famiglie colpite dalla malattia, circa un quarto dei figli di genitori sani è malato

(C) sono più frequenti i casi in famiglie in cui la malattia si sia già manifestata

(D) tutti i figli di una persona malata avranno a loro volta la malattia

15 Se un carattere è controllato da un solo gene, quanti diversi fenotipi si possono avere?

(A) uno solo, quello dominante

(B) due, quello dominante e quello recessivo

(C) tre, quelli dei due dominanti e quello dell'eterozigote

(D) dipende da quanti alleli esso può avere

16 I gruppi sanguigni del sistema ABO sono quattro. Quanti geni occorrono per determinarli?

(A) un gene con tre diversi alleli

(B) un gene con quattro diversi alleli

(C) due geni con due alleli ciascuno

(D) quattro diversi geni

Test Yourself

17 🇬🇧 In a simple Mendelian monohybrid cross, tall plants are crossed with short plants, and the F_1 plants are allowed to self-pollinate. What fraction of the F_2 generation is both tall and heterozygous?

- (A) 1/8
- (B) 1/4
- (C) 1/3
- (D) 2/3
- (E) 1/2

18 🇬🇧 The phenotype of an individual

- (A) depends at least in part on the genotype
- (B) is either homozygous or heterozygous
- (C) determines the genotype
- (D) is the genetic constitution of the organism
- (E) is either monohybrid or dihybrid

19 🇬🇧 The ABO blood groups in humans are determined by a multiple-allele system in which I^A and I^B are codominant and dominant to I^O. A newborn infant is type A. The mother is type O. Possible genotypes of the father are

- (A) A, B, or AB
- (B) A, B, or O
- (C) O only
- (D) A or AB
- (E) A or O

20 🇬🇧 Which statement about an individual that is homozygous for an allele is not true?

- (A) each of its cells possesses two copies of that allele
- (B) each of its gametes contains one copy of that allele
- (C) it is true-breeding with respect to that allele
- (D) its parents were necessarily homozygous for that allele
- (E) it can pass that allele to its offspring

21 🇬🇧 Which statement about a testcross is not true?

- (A) it tests whether an unknown individual is homozygous or heterozygous
- (B) the test individual is crossed with a homozygous recessive individual
- (C) if the test individual is heterozygous, the progeny will have a 1:1 ratio
- (D) if the test individual is homozygous, the progeny will have a 3:1 ratio
- (E) test cross results are consistent with Mendel's model of inheritance

22 🇬🇧 Linked genes

- (A) must be immediately adjacent to one another on a chromosome
- (B) have alleles that assort independently of one another
- (C) never show crossing over
- (D) are on the same chromosome
- (E) always have multiple alleles

23 🇬🇧 In the F_2 generation of a dihybrid cross

- (A) four phenotypes appear in the ratio 9:3:3:1 if the loci are linked
- (B) four phenotypes appear in the ratio 9:3:3:1 if the loci are unlinked
- (C) two phenotypes appear in the ratio 3:1 if the loci are unlinked
- (D) three phenotypes appear in the ratio 1:2:1 if the loci are unlinked
- (E) two phenotypes appear in the ratio 1:1 whether or not the loci are linked

24 🇬🇧 The genetic sex of a human is determined by

- (A) haploidy, with the male being haploid
- (B) the Y chromosome
- (C) X and Y chromosomes, the male being XX
- (D) the number of X chromosomes, the male being XO
- (E) Z and W chromosomes, the male being ZZ

Verso l'Università

25 Una donna con sei dita per mano ha generato cinque figli, tutti senza questa anomalia. Sapendo che la donna è eterozigote, che il carattere per l'anomalia è dominante e che il padre dei bambini non ha questa anomalia, qual è la probabilità che un sesto figlio abbia sei dita?

- (A) 50%
- (B) 25%
- (C) meno del 25%
- (D) 10%
- (E) 5%

[dalla prova di ammissione al corso di laurea in Medicina e Chirurgia, anno 2010]

26 In una coppia la madre è di gruppo sanguigno A e ha una visione normale dei colori e il padre è omozigote per il gruppo B ed è daltonico. Si può affermare che la coppia NON potrà mai avere:

- (A) figlie femmine di gruppo A non daltoniche
- (B) figlie femmine di gruppo B daltoniche
- (C) figlie femmine di gruppo AB non daltoniche
- (D) figli maschi di gruppo B non daltonici
- (E) figli maschi di gruppo AB daltonici

[dalla prova di ammissione ai corsi di laurea in Medicina e Chirurgia e in Odontoiatria e Protesi Dentaria, anno 2011]

27 Per pleiotropia si intende:

- (A) la somma degli effetti di più geni su uno stesso carattere
- (B) l'influenza di un solo gene su più caratteristiche fenotipiche
- (C) la presenza, negli eterozigoti, di un fenotipo differente sia da quello dell'omozigote dominante sia dell'omozigote recessivo
- (D) la condizione di portatrice sana di caratteri legati al cromosoma X
- (E) l'espressione negli individui eterozigoti del fenotipo dominante e recessivo, ma in parti diverse del corpo

[dalla prova di ammissione ai corsi di laurea in Medicina e Chirurgia e in Odontoiatria e Protesi Dentaria, anno 2012]

Esercizi di fine capitolo

Verifica le tue abilità

28 Leggi e completa le seguenti frasi riferite alle leggi di Mendel.

a) La _prima_ legge di Mendel è detta legge della dominanza.

b) Questa legge si basa sul fatto che uno dei due _alleli_ studiati è dominante.

c) Negli individui della F_1 si verifica una _scomparsa_ dei tratti recessivi.

29 Leggi e completa le seguenti frasi sull'interazione tra alleli.

a) Il numero degli alleli esistenti per un gene può aumentare in seguito a _mutazioni_

b) I genetisti definiscono _selvatico_ l'allele più frequente in natura.

c) Si dice _polimorfico_ un gene in cui l'allele più frequente si trova in meno del 99% dei casi.

30 Leggi e completa le seguenti frasi sulla determinazione del sesso.

a) I cromosomi non coinvolti nella determinazione del sesso si dicono _autosomi_

b) I cromosomi sessuali dei maschi negli uccelli sono _uguali_

c) Infatti è il sesso _femminile_ ad avere diversi cromosomi sessuali.

d) Nella specie umana il sesso dei figli è determinato dal genitore di sesso _maschile_ .

31 Leggi e completa il seguente brano che si riferisce alla trasmissione genetica dei procarioti.

I procarioti, cioè gli organismi senza _nucleo_ , possiedono un solo cromosoma di forma _circolare_ e altre piccole molecole di DNA che si chiamano _plasmidi_ e contengono _pochi_ geni. I procarioti si riproducono per _scissione binaria_ e generano cellule geneticamente _identiche_ (cloni). I procarioti possono però evolvere e modificare il proprio DNA attraverso _mutazioni_ spontanee o attraverso un processo di ricombinazione chiamato _coniugazione_ Attraverso questo processo un batterio, chiamato _donatore_ trasferisce parte del proprio DNA a una cellula _ricevente_ . Il contatto tra le due cellule si realizza grazie alla formazione di un _pilo_ sessuale che si trasforma poi in un _ponte_ citoplasmatico. Il DNA trasferito può poi essere integrato nel _genoma_ del batterio ricevente attraverso il _crossing over_

32 Il quadrato di Punnett permette di prevedere i risultati di un incrocio tra una pianta di pisello eterozigote per la consistenza della buccia (Ll) e una omozigote dominante (LL), entrambe con buccia liscia.
Individua le due affermazioni corrette. Motiva le tue risposte, disegnando il quadrato di Punnett e discutendo i risultati che ottieni.

(A) l'incrocio è un testcross

(B) tutti i figli avranno semi con la buccia liscia

(C) in tutte le caselle del quadrato compare lo stesso genotipo

(D) i figli omozigoti saranno il 50%

33 In una coppia, uno dei due partner ha gruppo sanguigno AB e l'altro gruppo 0.
Indica le due affermazioni corrette. Motiva le tue risposte scrivendo l'incrocio e discutendo i risultati.

(A) i figli potranno essere di qualsiasi gruppo

(B) metà dei figli sarà A e metà sarà B

(C) solo 1 figlio su 4 potrà essere AB

(D) non potranno nascere figli di gruppo 0

34 L'emofilia è una malattia legata al sesso.
Indica le due affermazioni corrette e motiva le tue risposte fornendo degli esempi.

(A) la malattia si trasmette per via sessuale

(B) non tutti i maschi che hanno l'allele per l'emofilia sono malati

(C) solo le femmine possono essere portatrici sane

(D) la malattia è più frequente nei maschi

35 Un genetista incrocia una pianta di pisello con i fiori viola e una con i fiori bianchi e ottiene una progenie composta da metà piante con fiori bianchi e metà piante con fiori viola.
Scegli l'affermazione corretta e disegna il relativo quadrato di Punnett.

(A) la pianta genitrice con i fiori viola era eterozigote e quella con i fiori bianchi omozigote

(B) la pianta genitrice con i fiori viola era omozigote e quella con i fiori bianchi eterozigote

(C) ambedue le piante erano eterozigoti per il gene considerato

(D) la pianta con i fiori viola era omozigote dominante e quella con i fiori bianchi omozigote recessiva

36 La sindrome di Klinefelter è una malattia legata al sesso. Qual è il cariotipo degli individui affetti da questa malattia? Indica l'affermazione corretta.

(A) X0

(B) XX

(C) XXY

(D) Y0

B30   Capitolo **B1** Da Mendel ai modelli di ereditarietà

Verso l'esame

DISCUTI
37 Discuti le relazioni esistenti tra carattere, tratto, gene, allele.

SPIEGA
38 Mendel viene ricordato anche per il modo esemplare in cui ha condotto le sue ricerche sperimentali.
Sulla base delle tue conoscenze, spiega quali sono i motivi di questo giudizio, mostrando come il procedere di Mendel segua i criteri del metodo scientifico.

ENUNCIA
39 Enuncia la terza legge di Mendel e spiegane il fondamento biologico.

RICERCA E IPOTIZZA
40 Gli scienziati hanno compreso che il gene SRY è responsabile della mascolinità, studiando due malattie genetiche: la sindrome di Klinefelter e la sindrome di Turner.
Effettua una ricerca per individuare le caratteristiche genotipiche e fenotipiche delle persone affette da queste patologie. Fai un'ipotesi su come gli scienziati hanno dedotto che il cromosoma Y contiene il gene della mascolinità.

ANALIZZA E DEDUCI
41 L'ittiosi è una famiglia di patologie legate al sesso che determina squamosità e spessore eccessivo della cute. Un medico sta studiando una forma di questa patologia in una famiglia in cui un uomo malato ha sposato una cugina e dal matrimonio sono nati cinque figli: tre maschi malati e due femmine, una malata e una sana.
Prova a dedurre una spiegazione dei dati e determina i genotipi dei genitori e dei figli.

DEDUCI
42 Una donna normalmente capace di vedere i colori è figlia di una coppia anch'essa normale, ma il nonno materno era daltonico, così come quello paterno.
Ricostruisci l'albero genealogico e stabilisci qual è la probabilità che la donna abbia un figlio daltonico da un uomo non affetto dalla patologia.

ANALIZZA I DATI E DEDUCI
43 In una pianta vengono selezionate tre linee pure, una con fiori viola, una con fiori lavanda e una con fiori bianchi: incrociando la pianta lavanda con una a fiori bianchi, si ottiene una progenie tutta viola. L'autofecondazione della F1 produce 277 piante di cui 157 viola, 71 bianche e 49 lavanda.
Qual è la base genetica di questo carattere e quali sono i genotipi coinvolti?

RIFLETTI
44 Per quali ragioni la meiosi è alla base della comprensione della terza legge di Mendel?

RICERCA
45 Quando Mendel ha pubblicato le sue leggi sull'ereditarietà, erano già stati scoperti i cromosomi?
Ricerca informazioni su quando sono stati scoperti i cromosomi.

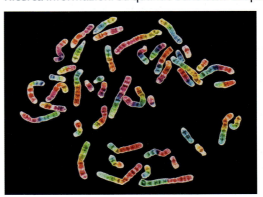

RIFLETTI
46 L'anemia falciforme è una patologia causata da un allele anomalo, che determina la formazione di globuli rossi malformati, con gravi danni all'organismo. Gli eterozigoti manifestano sintomi più lievi degli omozigoti per l'allele mutato. A livello molecolare, essi possiedono 50% di emoglobina normale e il 50% di emoglobina anormale.
Sulla base di queste conoscenze, indica a quale tipo di modello ereditario si può ascrivere la malattia studiata a livello di organismo. A quale modello si può ascrivere se, invece, lo studio è condotto a livello molecolare? Motiva le tue risposte.

ANALIZZA I DATI
47 Gli infermieri di un reparto maternità hanno il timore di aver scambiato tre neonati e per sicurezza confrontano il gruppo sanguigno dei lattanti con quello delle tre coppie di genitori.
Sai che i tre bambini hanno gruppo sanguigno AB, O e A, e che le tre coppie di genitori presentano genotipo:
1) AO × AA   2) AA × BB   3) AO × OO
Assegna a ogni coppia il proprio neonato.

DEDUCI
48 L'albinismo è una malattia genetica recessiva che colpisce tutti i vertebrati, non solo l'uomo; è determinata da una mutazione genetica che compromette la sintesi del pigmento melanina nella cute, nei peli e nei capelli.
Se due ragazzi con normale pigmentazione della cute, ma aventi entrambi un genitore albino, si sposano, quale probabilità esiste che abbiano un figlio affetto dalla patologia? Disegna l'albero genealogico che rappresenti le tre generazioni coinvolte.

Esercizi di fine capitolo

capitolo

B2

Il linguaggio della vita

lezione

1

I geni sono fatti di DNA

Nella seconda metà dell'Ottocento grazie ad alcuni importanti esperimenti, cominciò a farsi strada nella storia della biologia l'idea che il segreto della vita fosse contenuto nel DNA. All'inizio del Novecento, poi, i genetisti avevano già stabilito una relazione fra i geni e i cromosomi, ma furono necessari altri cinquant'anni per comprendere il ruolo centrale del DNA.

1 Le basi molecolari dell'ereditarietà

La scoperta dell'esistenza del materiale ereditario risale al 1869, quando il medico svizzero Friedrich Miescher identificò, all'interno dei nuclei dei globuli bianchi, la presenza di una sostanza ricca di fosfato che denominò **nucleina**.

Negli anni a seguire venne scoperta la natura chimica della nucleina, che venne chiamata DNA. Negli anni Venti, poi, del Novecento gli scienziati divennero consapevoli che i cromosomi sono fatti di DNA e proteine; non c'era però alcun indizio che chiarisse il ruolo svolto da queste sostanze nella trasmissione dell'informazione genetica. I biologi partivano dal presupposto che il materiale genetico dovesse:

- essere presente in quantità differenti a seconda della specie;
- avere la capacità di duplicarsi;
- essere in grado di agire all'interno della cellula regolandone lo sviluppo.

L'attenzione dei biologi era concentrata soprattutto sulle proteine per tre ragioni:

1. sono biomolecole che presentano una grande varietà di strutture e funzioni specifiche;
2. sono presenti non solo nei cromosomi, ma anche nel citoplasma dove svolgono diverse funzioni chiave;
3. malattie genetiche e mutazioni determinano come effetto una variazione nella produzione di determinate proteine.

> La **nucleina** di Miescher divenne **acido nucleico** quando se ne scoprirono le proprietà chimiche e **acido desossiribonucleico**, in seguito, per distinguere il DNA dall'RNA.

Grazie a due serie fondamentali di esperimenti, condotte una sui batteri e l'altra sui virus, nella prima metà del Novecento è stato possibile dimostrare che il materiale genetico non è costituito dalle proteine, ma dal DNA.

Ricorda La scoperta del **materiale ereditario** inizia con l'identificazione della nucleina, ma furono necessari altri esperimenti per chiarire che era il DNA, non le proteine, il depositario dell'informazione genetica.

2 Il «fattore di trasformazione» di Griffith

Nel 1928, il medico inglese Frederick Griffith studiava il batterio *Streptococcus pneumoniae* o pneumococco, uno degli agenti patogeni della polmonite umana; lo scopo di Griffith era sviluppare un vaccino contro questa malattia che, prima della scoperta degli antibiotici, mieteva molte vittime. Griffith stava lavorando con due diversi ceppi di pneumococco (figura 2.1).

- Il ceppo S (*smooth*, in inglese «liscio») era costituito da cellule che producevano colonie a superficie liscia. Essendo ricoperte da una capsula polisaccaridica, queste cellule erano protette dagli attacchi del sistema immunitario dell'ospite. Se iniettate in topi di laboratorio, esse si riproducevano e provocavano la polmonite; il ceppo quindi era virulento.
- Il ceppo R (*rough*, in inglese «ruvido») era costituito da cellule che producevano colonie a superficie irregolare. Queste cellule, prive di una capsula protettiva non erano virulente.

Griffith inoculò in alcuni topi degli pneumococchi S uccisi dal calore e osservò che i batteri erano disattivati, cioè incapaci di produrre l'infezione. Quando, però, somministrò a un altro gruppo di topi una miscela di batteri R vivi ed S uccisi dal calore, con sua grande meraviglia, notò che gli animali contraevano la polmonite e morivano. Esaminando il sangue di questi animali, Griffith lo trovò pieno di batteri vivi, molti dei quali dotati delle caratteristiche del ceppo virulento S; egli concluse che in presenza degli pneumococchi S uccisi, alcuni degli pneumococchi R vivi si erano *trasformati* in organismi del ceppo virulento S.

Il **ceppo** in microbiologia è una popolazione di batteri che deriva da un unico antenato e, di conseguenza, è geneticamente identica.

La trasformazione non dipendeva da qualcosa che avveniva nel corpo del topo, perché fu dimostrato che la semplice incubazione in una provetta di batteri R vivi insieme a batteri S uccisi dal calore produceva la stessa trasformazione. Alcuni anni dopo, un altro gruppo di scienziati scoprì che la trasformazione delle cellule R poteva essere prodotta anche da un estratto acellulare di cellule S uccise dal calore (un *estratto acellulare* contiene tutti gli ingredienti delle cellule frantumate, ma non cellule integre).

Questo dimostrava che una qualche sostanza, chiamata **fattore di trasformazione**, estratta da pneumococchi S morti poteva agire sulle cellule R, provocando un cambiamento ereditario. Rimaneva solo da individuare la natura chimica della sostanza.

Ricorda Studiando il batterio della polmonite, Griffith scoprì che una sostanza contenuta in cellule batteriche morte trasformava geneticamente altre cellule vive.
La sostanza fu chiamata **fattore di trasformazione**.

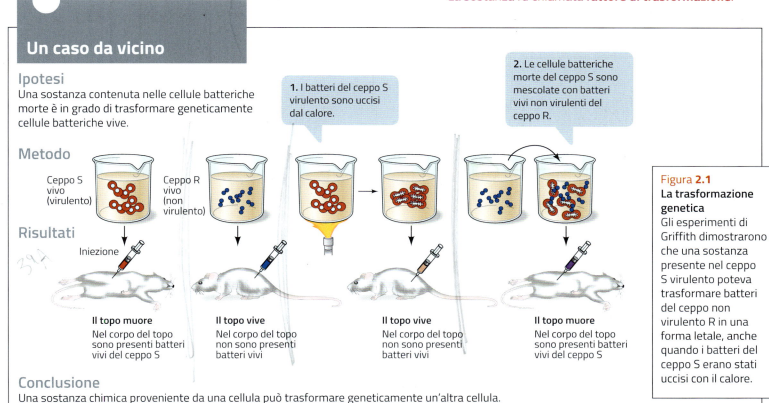

Un caso da vicino

Ipotesi
Una sostanza contenuta nelle cellule batteriche morte è in grado di trasformare geneticamente cellule batteriche vive.

Metodo

Risultati

1. I batteri del ceppo S virulento sono uccisi dal calore.
2. Le cellule batteriche morte del ceppo S sono mescolate con batteri vivi non virulenti del ceppo R.

Ceppo S vivo (virulento) — Ceppo R vivo (non virulento)

Iniezione

Il topo muore — Nel corpo del topo sono presenti batteri vivi del ceppo S
Il topo vive — Nel corpo del topo non sono presenti batteri vivi
Il topo vive — Nel corpo del topo non sono presenti batteri vivi
Il topo muore — Nel corpo del topo sono presenti batteri vivi del ceppo S

Conclusione
Una sostanza chimica proveniente da una cellula può trasformare geneticamente un'altra cellula.

Figura **2.1**
La trasformazione genetica
Gli esperimenti di Griffith dimostrarono che una sostanza presente nel ceppo S virulento poteva trasformare batteri del ceppo non virulento R in una forma letale, anche quando i batteri del ceppo S erano stati uccisi con il calore.

3 L'esperimento di Avery: il fattore di trasformazione è il DNA

Il riconoscimento del fattore di trasformazione ha costituito una tappa fondamentale nella storia della biologia, raggiunta con fatica da Oswald Avery e collaboratori. Essi sottoposero i campioni contenenti il fattore di trasformazione dello pneumococco a vari trattamenti per distruggere tipi diversi di molecole (proteine, acidi nucleici, carboidrati e lipidi) e poi controllarono se i campioni trattati conservavano la capacità di trasformazione.

L'esito fu sempre lo stesso: se si distruggeva il **DNA** del campione, l'attività di trasformazione andava persa, ma ciò non avveniva quando si distruggevano le proteine, i carboidrati o i lipidi (figura **2.2**). Infine Avery isolò del DNA praticamente puro da un campione che conteneva il fattore di trasformazione dello pneumococco e dimostrò che esso provocava la trasformazione batterica. Oggi sappiamo che durante la trasformazione avviene il trasferimento del gene che codifica l'enzima che catalizza la sintesi della capsula polisaccaridica.

Il lavoro di Avery e del suo gruppo ha rappresentato una pietra miliare nel percorso per stabilire che il materiale genetico delle cellule batteriche è il DNA. Tuttavia, quando fu pubblicato (nel 1944) non fu accolto come meritava, e questo per due ragioni. La prima è che molti scienziati pensavano che il DNA fosse chimicamente troppo semplice per essere il materiale genetico, specialmente se confrontato con la complessità chimica delle proteine. La seconda, e forse più importante, ragione è che la genetica batterica costituiva un campo di studio nuovo: ancora non si era neppure del tutto certi che i batteri *possedessero* geni.

Ricorda Partendo dall'esperimento di Griffith, Avery dimostrò che l'unica molecola in grado di indurre la trasformazione batterica era il **DNA** degli pneumococchi virulenti.

4 Gli esperimenti di Hershey e Chase: il DNA è il materiale genetico

Le incertezze relative ai batteri furono superate quando i ricercatori identificarono i geni e le mutazioni. Batteri e virus, infatti, sembravano andare incontro a processi genetici simili a quelli delle drosofile e dei piselli. Per scoprire la natura chimica del materiale genetico furono dunque progettati esperimenti scegliendo di usare questi organismi modello relativamente semplici.

Nel 1952 i genetisti statunitensi Alfred Hershey e Martha Chase pubblicarono un lavoro che ebbe una risonanza immediata maggiore di quello di Avery. L'esperimento di Hershey e Chase, teso a stabilire se il materiale genetico fosse il DNA o le proteine, fu eseguito su un virus che infetta i batteri. Questo virus, chiamato **batteriofago T2** o **fago T2** è composto da una molecola di DNA impacchettata in un rivestimento proteico, proprio le due sostanze sospettate di essere il materiale genetico.

I **batteriofagi** sono virus che infettano i batteri. Il termine deriva da *phageîn*, «mangiare» in greco, poiché agli inizi del Novecento si sperava di usarli come cura contro i batteri patogeni.

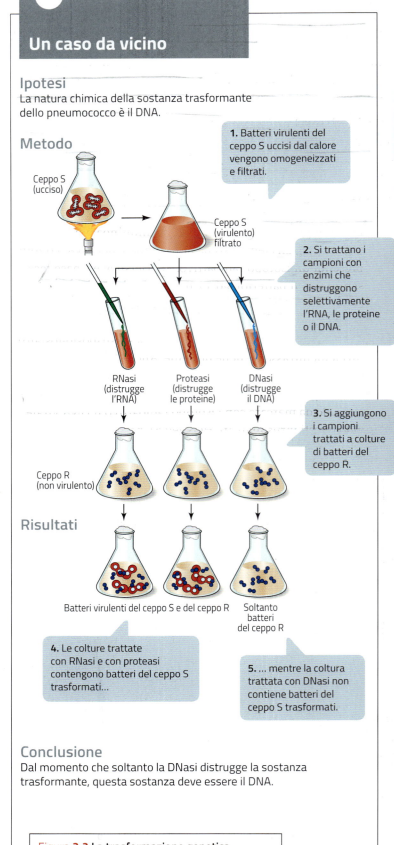

Un caso da vicino

Ipotesi
La natura chimica della sostanza trasformante dello pneumococco è il DNA.

Metodo

1. Batteri virulenti del ceppo S uccisi dal calore vengono omogeneizzati e filtrati.

2. Si trattano i campioni con enzimi che distruggono selettivamente l'RNA, le proteine o il DNA.

3. Si aggiungono i campioni trattati a colture di batteri del ceppo R.

Risultati

4. Le colture trattate con RNasi e con proteasi contengono batteri del ceppo S trasformati...

5. ... mentre la coltura trattata con DNasi non contiene batteri del ceppo S trasformati.

Conclusione
Dal momento che soltanto la DNasi distrugge la sostanza trasformante, questa sostanza deve essere il DNA.

Figura **2.2 La trasformazione genetica mediante DNA** Gli esperimenti condotti da Avery hanno dimostrato che la sostanza responsabile della trasformazione genetica negli esperimenti di Griffith corrisponde al DNA degli pneumococchi virulenti del ceppo S.

Quando un batteriofago T2 attacca un batterio, una parte del virus (ma non *tutto* il virus) penetra nella cellula batterica (figura 2.3). Circa 20 minuti dopo l'infezione, la cellula va incontro a lisi e libera decine di particelle virali. Evidentemente il virus è in qualche modo capace di riprodursi all'interno del batterio. Hershey e Chase ne dedussero che l'ingresso di una qualche componente virale agisse sul programma genetico della cellula batterica ospite, trasformandola in una fabbrica di batteriofagi. Si accinsero quindi a stabilire quale parte del virus, le proteine o il DNA, penetrasse nella cellula batterica. Per rintracciare le due componenti del virus lungo il suo ciclo vitale, i due ricercatori le marcarono con isotopi radioattivi selettivi.

- Le proteine contengono zolfo (negli amminoacidi cisteina e metionina), un elemento che non compare nel DNA. Lo zolfo presenta un isotopo radioattivo: ^{35}S. Hershey e Chase fecero sviluppare il batteriofago T2 in una coltura batterica contenente ^{35}S, in modo da marcare con questo isotopo radioattivo le proteine delle particelle virali.
- Il DNA è ricco di fosforo (nell'ossatura desossiribosio-fosfato), un elemento assente nelle proteine. Anche il fosforo presenta un isotopo radioattivo: ^{32}P. Così i ricercatori fecero sviluppare un altro lotto di T2 in una coltura batterica contenente ^{32}P, in modo da marcare con l'isotopo radioattivo il DNA virale.

Usando questi virus marcati, Hershey e Chase eseguirono i loro esperimenti (figura 2.4).

Un caso da vicino

Ipotesi
Una delle componenti dei fagi, il DNA o le proteine, costituisce il materiale genetico, che penetra nei batteri e dirige l'assemblaggio di nuove particelle virali.

Metodo

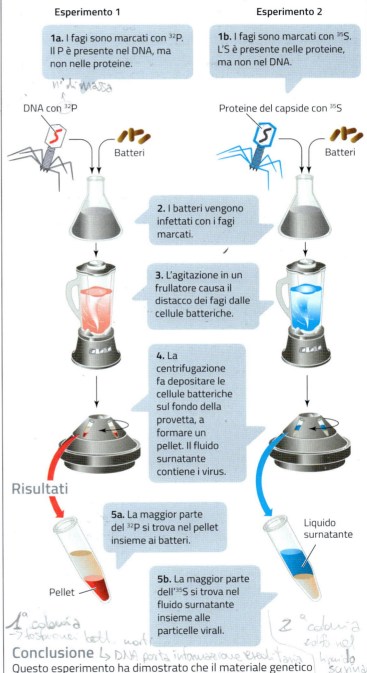

Esperimento 1
1a. I fagi sono marcati con ^{32}P. Il P è presente nel DNA, ma non nelle proteine.

Esperimento 2
1b. I fagi sono marcati con ^{35}S. L'S è presente nelle proteine, ma non nel DNA.

2. I batteri vengono infettati con i fagi marcati.

3. L'agitazione in un frullatore causa il distacco dei fagi dalle cellule batteriche.

4. La centrifugazione fa depositare le cellule batteriche sul fondo della provetta, a formare un pellet. Il fluido surnatante contiene i virus.

Risultati
5a. La maggior parte del ^{32}P si trova nel pellet insieme ai batteri.

5b. La maggior parte dell'^{35}S si trova nel fluido surnatante insieme alle particelle virali.

Conclusione
Questo esperimento ha dimostrato che il materiale genetico è costituito dal DNA e non dalle proteine.

Figura 2.4 L'esperimento di Hershey-Chase Quando cellule batteriche venivano infettate con batteriofagi T2 radiomarcati, soltanto il DNA marcato si trovava nei batteri, mentre le proteine marcate rimanevano nella soluzione.

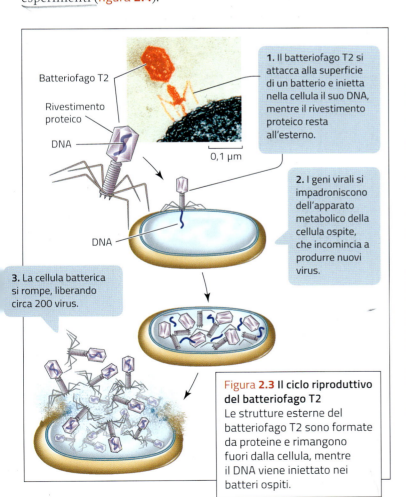

1. Il batteriofago T2 si attacca alla superficie di un batterio e inietta nella cellula il suo DNA, mentre il rivestimento proteico resta all'esterno.

2. I geni virali si impadroniscono dell'apparato metabolico della cellula ospite, che incomincia a produrre nuovi virus.

3. La cellula batterica si rompe, liberando circa 200 virus.

Figura 2.3 Il ciclo riproduttivo del batteriofago T2
Le strutture esterne del batteriofago T2 sono formate da proteine e rimangono fuori dalla cellula, mentre il DNA viene iniettato nei batteri ospiti.

Lezione **1** I geni sono fatti di DNA

In un primo esperimento, i ricercatori lasciarono che i batteri venissero infettati da un batteriofago marcato con ^{32}P e in un secondo esperimento da un batteriofago marcato con ^{35}S.

Dopo pochi minuti dall'infezione, le soluzioni contenenti i batteri infettati furono prima agitate in un frullatore, in modo abbastanza energico da staccare dalla superficie batterica le parti del virus che non erano penetrate nel batterio (ma non così tanto da provocare la lisi del batterio), poi furono sottoposte a *centrifugazione* per separare i batteri.

Se si centrifuga ad alta velocità una soluzione o una sospensione, i soluti o le particelle sospese si separano secondo un gradiente di densità: i residui del virus (cioè le parti che non sono penetrate nel batterio), che sono più leggeri, rimangono nel liquido surnatante; le cellule batteriche, che sono più pesanti, si addensano in un sedimento (pellet) che si deposita sul fondo della provetta.

Hershey e Chase scoprirono, così, che la maggior parte di ^{35}S (e quindi delle proteine virali) era contenuta nel liquido surnatante, mentre la maggior parte di ^{32}P (e quindi del DNA virale) rimaneva all'interno dei batteri. Questi risultati suggerivano che a trasferirsi nei batteri era stato il DNA: quindi era proprio questa la sostanza capace di modificare il programma genetico della cellula batterica.

Ricorda Infettando due colture batteriche con batteriofagi T2 marcati sulle proteine o sul DNA del virus, Hershey e Chase conclusero che era il DNA a entrare nei batteri, modificandone il programma genetico.

verifiche di fine lezione

Rispondi

A Quali proprietà deve avere il materiale genetico?
B Quali esperimenti hanno dimostrato che il materiale genetico è il DNA?
C Descrivi come Hershey e Chase usarono i diversi isotopi radioattivi nei loro esperimenti.

PER SAPERNE DI PIÙ

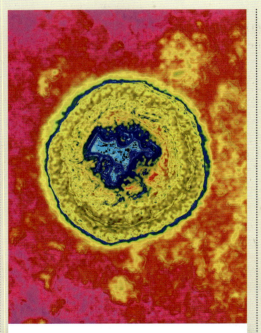

Strumenti da biotecnologi: i virus

I virus, temibili parassiti cellulari per l'essere umano, oggi sono anche un importante mezzo per le biotecnologie!

Un **virus** è un parassita delle cellule. Ha una struttura molto semplice, in cui l'acido nucleico (DNA o RNA) è racchiuso in un involucro proteico, a volte rivestito da un mantello lipidico derivato dalle membrane cellulari. Le dimensioni dei virus variano in media da 20 a 500 nm; sono quindi più piccoli di una cellula batterica (2 µm) o animale (5-10 µm).

I virus, infatti, non sono cellule, e rappresentano un raggruppamento unico rispetto alle altre forme di vita esistenti, che sono tutte cellulari. Sono, invece, parassiti altamente efficienti e specializzati, in grado di infettare ogni organismo oggi esistente.

I **batteriofagi** o fagi costituiscono una classe di virus che infetta i batteri. Questi virus si attaccano alla parete batterica, la perforano e iniettano il loro DNA all'interno della cellula, dove sarà utilizzato per generare nuove copie di sé stesso e per costruire nuove particelle virali che usciranno poi dalla cellule infetta.

Batteriofagi e batteri hanno rappresentato importanti strumenti per l'analisi genetica e molecolare nel corso degli anni. I batteri sono organismi unicellulari che crescono rapidamente e facilmente in laboratorio (una cellula batterica si duplica in media ogni 20 minuti); hanno un DNA di dimensioni limitate (circa un milione di nucleotidi, contro i sei miliardi delle cellule umane) ed è facile selezionare diverse varianti (dette *mutanti*) alterando le condizioni di crescita. Inoltre è abbastanza facile trasferire geni da un batterio all'altro, rendendo così possibile lo studio delle loro funzioni.

I batteriofagi, grazie alla loro capacità di iniettare il DNA nei batteri, si sono ben presto rivelati **vettori** molto efficienti per trasportare geni da una cellula all'altra. È sufficiente sostituire il DNA fagico con quello preparato dallo sperimentatore, contenente i geni da trasferire. In questo modo il fago inietterà il gene extra nei batteri, ma non sarà più in grado di moltiplicarsi e uccidere le cellule.

Anche virus che infettano le cellule animali si possono usare come vettori, per esempio per la *terapia genica*; in questo caso un gene difettoso viene sostituito con la sua copia funzionale, permettendo di curare malattie genetiche.

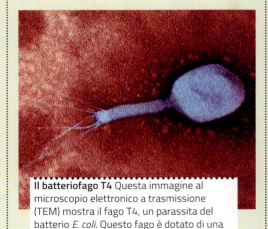

Il batteriofago T4 Questa immagine al microscopio elettronico a trasmissione (TEM) mostra il fago T4, un parassita del batterio *E. coli*. Questo fago è dotato di una testa icosaedrica che contiene il materiale genetico, una lunga coda con cui inietta il suo genoma nell'ospite, e fibre finali che consentono l'adesione alla superficie del batterio.

lezione 2

La struttura del DNA

Non appena gli scienziati si convinsero che il materiale genetico era il DNA, cominciarono le ricerche per conoscere l'esatta struttura tridimensionale di questa molecola. Si sperava che la conoscenza della struttura del DNA potesse chiarire in che modo il DNA si duplica fra una divisione nucleare e l'altra, e come esso dirige la sintesi proteica.

5 La scoperta della struttura del DNA

Per decifrare la struttura del DNA è stato necessario che la raccolta di numerosi dati sperimentali di vario tipo si confrontasse con alcune considerazioni teoriche. La prova decisiva fu ottenuta con la *cristallografia a raggi X*, un metodo di indagine utilizzato per stabilire la struttura di macromolecole come acidi nucleici e proteine (figura 2.5). Nei primi anni Cinquanta, la biofisica inglese Rosalind Franklin ebbe l'idea di utilizzare questo metodo per studiare come fossero disposti gli atomi che formavano il DNA.

Il suo lavoro fu decisivo: senza i dati da lei ottenuti, i tentativi di descrivere la struttura del DNA sarebbero andati a vuoto. A sua volta, il lavoro della Franklin dipese dal successo ottenuto dal biofisico inglese Maurice Wilkins nel preparare campioni di DNA con fibre orientate in modo estremamente regolare (la regolarità della struttura interna è una prerogativa dei cristalli), e quindi assai più adatti a essere sottoposti a diffrazione. Le cristallografie preparate con questi campioni di DNA dalla Franklin suggerirono che la molecola fosse a forma di elica.

La **diffrazione** è un fenomeno che si verifica quando la luce incontra sul suo percorso un ostacolo di dimensioni molto ridotte. In tal caso, la radiazione, invece di procedere in linea retta, sembra piegarsi.

Ricorda Grazie a metodologie di indagine teoriche come la cristallografia a raggi X, i due biofisici Franklin e Wilkins individuarono la **struttura del DNA**.

6 La composizione chimica del DNA

Importanti indizi sulla struttura del DNA provenivano anche dalla sua composizione chimica. I biochimici sapevano che il DNA era un polimero di *nucleotidi* e che ciascun nucleotide era composto da: una molecola dello zucchero ribosio, un gruppo fosfato e una base azotata. La sola differenza fra i quattro nucleotidi presenti nel DNA risiedeva nelle basi azotate: le purine **adenina** (A) e **guanina** (G) e le pirimidine **citosina** (C) e **timina** (T).

Nel 1950, il chimico di origine austriaca Erwin Chargaff riscontrò alcune regolarità nella composizione del DNA.

- La percentuale dei quattro tipi di nucleotidi è sempre la stessa nel DNA di cellule provenienti da tessuti diversi del medesimo individuo.
- La composizione delle molecole di DNA non è influenzata da fattori esterni o dall'età dell'organismo.
- Il rapporto tra la percentuale delle due purine A e G varia da una specie all'altra; ciò suggerisce una relazione con il «significato» del messaggio scritto nella biomolecola.
- In tutte le specie, la quantità di adenina è uguale alla quantità di timina (A = T) e la quantità di guanina è uguale alla quantità di citosina (G = C); di conseguenza la quantità totale delle

Figura 2.5 **La cristallografia a raggi X ha contribuito a rivelare la struttura del DNA** La cristallografia effettuata da Rosalind Franklin (A) ha permesso ai ricercatori di comprendere la struttura elicoidale della molecola di DNA. (B) La posizione degli atomi in una sostanza chimica cristallizzata può essere determinata in base al quadro di diffrazione dei raggi X che l'hanno attraversata. Il quadro del DNA è estremamente regolare e ripetitivo.

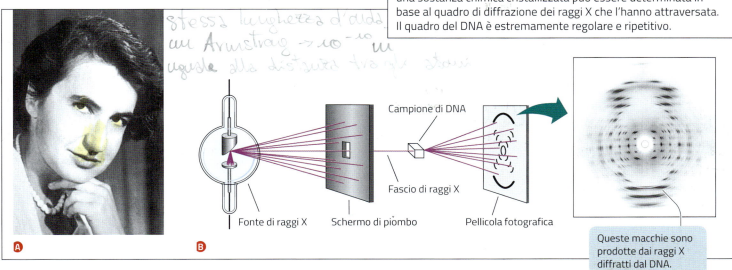

Queste macchie sono prodotte dai raggi X diffratti dal DNA.

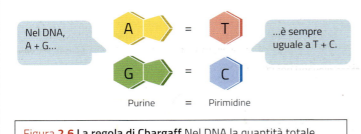

Figura 2.6 **La regola di Chargaff** Nel DNA la quantità totale delle purine è pari a quella delle pirimidine.

purine (A + G) è uguale a quella delle pirimidine (T + C), come si vede nella figura **2.6**.

Ricorda Gli studi biochimici e le regolarità di struttura riscontrate da Chargaff aggiunsero un importante tassello alla scoperta della **composizione chimica del DNA**.

7 Il modello a doppia elica di Watson e Crick

A rendere più rapida la soluzione del rompicapo della struttura del DNA è stata l'idea di costruire modelli tridimensionali a partire dalle informazioni relative alle dimensioni molecolari e agli angoli di legame.

Questa tecnica, originariamente applicata a studi sulla struttura delle proteine dal biochimico americano Linus Pauling, fu impiegata dal fisico inglese Francis Crick e dal genetista statunitense James D. Watson (figura **2.7A**), entrambi attivi a Cambridge in Gran Bretagna.

Watson e Crick si sforzarono di mettere insieme in un unico modello coerente tutto ciò che fino a quel momento era stato appurato circa la struttura del DNA. Possiamo riassumere così le informazioni di cui disponevano i due ricercatori:

- i risultati della cristallografia (vedi figura **2.5**) mostravano che la molecola di DNA era a forma di elica;
- i precedenti tentativi di costruire un modello in accordo con i dati fisici e chimici suggerivano che nella molecola ci fossero due catene polinucleotidiche affiancate che correvano in direzioni opposte, cioè erano antiparallele (figura **2.7B**);
- i risultati di Chargaff suggerivano che la quantità totale di purine fosse pari a quella delle pirimidine.

All'inizio del mese di aprile del 1953, Watson e Crick pubblicarono la loro proposta per la struttura del DNA. Tale struttura spiegava tutte le proprietà note della sostanza e apriva la strada alla comprensione delle sue funzioni biologiche. La struttura pubblicata originariamente ha subito alcuni ritocchi marginali, ma è rimasta invariata nelle sue caratteristiche principali.

Ricorda Il modello tridimensionale elaborato da Watson e Crick riuniva tutti i dati raccolti sul DNA e ne svelava la **struttura a doppia elica**.

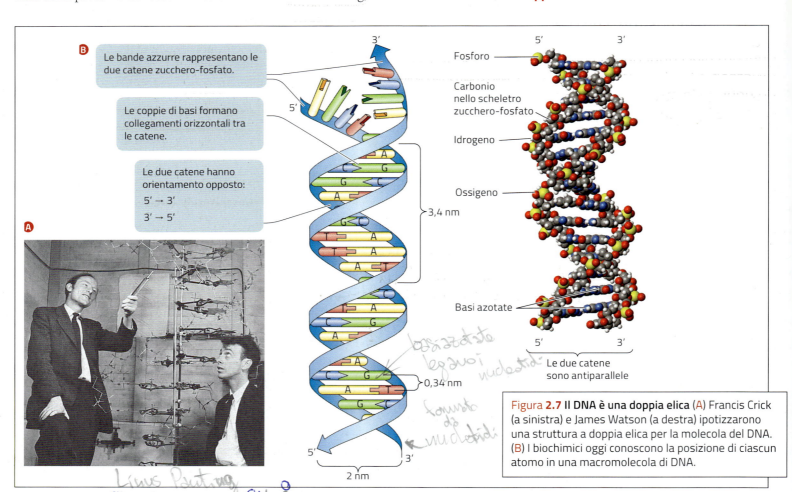

Figura 2.7 **Il DNA è una doppia elica** (A) Francis Crick (a sinistra) e James Watson (a destra) ipotizzarono una struttura a doppia elica per la molecola del DNA. (B) I biochimici oggi conoscono la posizione di ciascun atomo in una macromolecola di DNA.

L'entità centrale della vita

Una volta dimostrato che i geni sono fatti di DNA, ci vollero ancora dieci anni prima che Watson e Crick arrivassero a definire la struttura della molecola, nella primavera del 1953.

È impossibile sopravvalutare l'importanza del DNA, che è l'entità centrale della vita. La trasmissione dei caratteri ereditari, la crescita e quasi ogni altra funzione o fattore rilevanti per la biologia sono sotto il suo controllo. Il DNA sta alla vita come gli atomi stanno alla materia.

Come è ormai leggendario, la scoperta della struttura del DNA da parte di Watson e Crick fu dovuta in parti quasi uguali a un modello fisico della molecola, che essi avevano costruito in base a ciò che si sapeva della sua composizione chimica, e a una serie di fotografie della molecola ottenute con la tecnica della diffrazione dei raggi X da Maurice Wilkins, fisico divenuto biologo, e dalla cristallografa Rosalind Franklin. La struttura a doppia elica postulata da Watson e Crick dipendeva da vari fattori, tra cui gli angoli tra i legami chimici, le forze di dispersione e i legami ionici tra le componenti della molecola. In particolare essi teorizzarono che l'ossatura della molecola è fatta di sottounità saldate tra loro da legami che non sono allineati lungo una retta. Ogni sottounità è invece inclinata di 36° rispetto alla successiva, cosicché dopo dieci ripetizioni la struttura compie una rotazione completa di 360°. Ecco perché la molecola è elicoidale.

Watson era rimasto colpito dallo stile elegante con cui Linus Pauling scriveva i suoi articoli scientifici – «Il linguaggio era brillante e ricco di artifici retorici» – e decise di scrivere i risultati suoi e di Crick nello stesso stile sfolgorante. Non ci riuscì del tutto, ma il risultato fu comunque uno tra gli articoli più importanti della storia della scienza: una «Lettera» di una paginetta, novecento parole, pubblicata dalla rivista britannica *Nature* il 25 aprile 1953. La lettera cominciava così:

Desideriamo suggerire una struttura per il sale dell'acido desossiribonucleico (DNA). Questa struttura possiede caratteristiche inedite che hanno notevole interesse biologico.

Gli autori poi illustravano le ragioni di quella struttura, e spiegavano perché la doppia ossatura di zuccheri e gruppi fosfato fosse tenuta insieme da coppie di basi disposte su un piano perpendicolare rispetto all'asse del filamento. Watson e Crick avevano messo a nudo la struttura della molecola che è al cuore di ogni forma di vita sulla Terra.

Nel suo libro *La doppia elica* Watson racconta che, quando compresero che la loro struttura era corretta, Crick andò all'*Eagle*, uno dei loro pub preferiti in Bene't Street a Cambridge, e si vantò «con tutti gli astanti del fatto che avevamo trovato il segreto della vita».

Un comprensibile motivo d'orgoglio, ma non l'intera verità, come si evince chiaramente dall'ultima frase del loro famosissimo articolo:

Non è sfuggito alla nostra attenzione il fatto che lo specifico appaiamento da noi ipotizzato suggerisce immediatamente un possibile meccanismo di duplicazione per il materiale genetico.

Ciò che avevano scoperto non era il segreto della vita, ma dell'ereditarietà: avevano svelato la forma fisica della struttura biologica con cui le sequenze genetiche vengono copiate e poi riprodotte nelle cellule figlie.

Ma la vita non è soltanto trasmissione dei caratteri ereditari, e nelle cellule il DNA ha un ruolo che va al di là della semplice riproduzione di copie di se stesso. La duplicazione in realtà è secondaria rispetto alla funzione principale degli acidi nucleici nelle cellule: il controllo della produzione delle proteine, le basi della struttura fisica di ogni essere vivente. Le proteine sono formate da amminoacidi e una specifica sequenza di basi nel DNA contiene le istruzioni per legare insieme le giuste combinazioni di amminoacidi, formando una data proteina. Tuttavia, come aveva suggerito Erwin Schrödinger dieci anni prima, tali istruzioni sono scritte in codice; più specificamente, sono espresse in un messaggio chimico cifrato in cui una certa tripletta di basi rappresenta un determinato amminoacido.

Quando Watson e Crick fornirono la struttura della molecola di DNA, la chiave per leggere il codice genetico era ancora sconosciuta. Il loro celebre articolo non contiene le parole «amminoacido», «proteina» o «codice genetico». Un altro dei segreti della vita era dunque nascosto nel **sistema di codificazione molecolare del DNA**. Trovarne la chiave avrebbe significato portare alla luce la «stele di Rosetta» degli organismi viventi.

Tratto da *Cosa è la vita?*, di Ed Regis, Zanichelli, Bologna, 2010

CHIAVI DI LETTURA

8. La struttura molecolare del DNA

La molecola del DNA è costituita da due catene polinucleotidiche appaiate e avvolte intorno allo stesso asse a formare una doppia elica. La molecola presenta tre caratteristiche importanti:
1. le due catene sono complementari e antiparallele;
2. i legami tra i nucleotidi all'interno di ciascuna catena sono legami covalenti, mentre quelli che uniscono i due filamenti appaiati sono legami a idrogeno;
3. l'elica ha diametro costante e avvolgimento destrogiro; l'avvolgimento crea un solco maggiore e un solco minore.

Esaminiamo ora in dettaglio le diverse caratteristiche della molecola di DNA (figura 2.8).

La struttura delle catene. Ogni catena o filamento del DNA è formata da una sequenza di nucleotidi uniti mediante legami covalenti tra il gruppo fosfato legato al carbonio 5' di un nucleotide e l'ossigeno legato al carbonio in posizione 3' del nucleotide precedente. I legami covalenti si formano per condensazione tra un gruppo ossidrile (–OH) del desossiribosio e uno del gruppo fosfato (–OPO$_3^-$). Pertanto, ogni nucleotide della catena forma legami con altri due nucleotidi.

Le due catene sono complementari. Nella molecola di DNA le due catene sono tenute insieme da legami a idrogeno tra le basi, che sono rivolte verso il centro e si appaiano in modo specifico; zuccheri e gruppi fosfato invece sono disposti verso l'esterno e formano l'ossatura verticale della molecola.

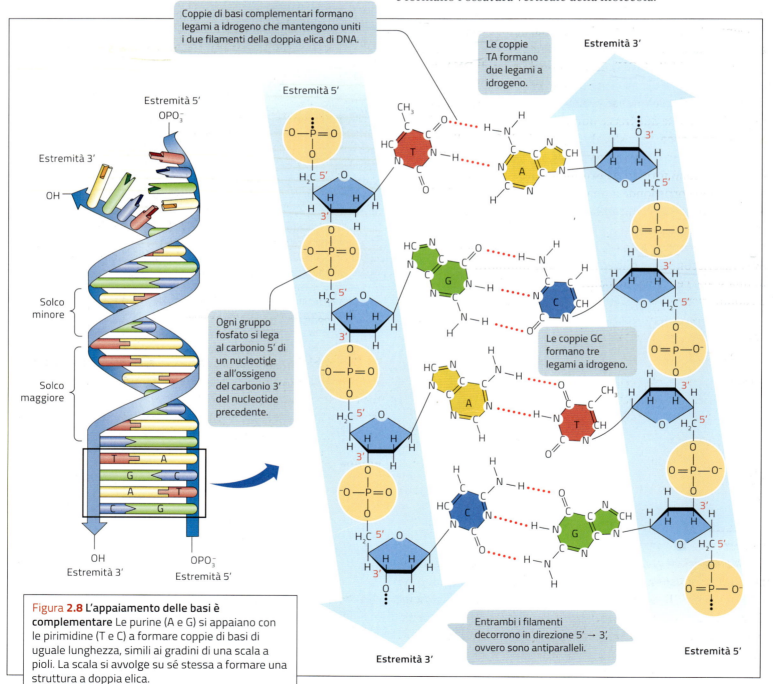

Figura 2.8 L'appaiamento delle basi è complementare Le purine (A e G) si appaiano con le pirimidine (T e C) a formare coppie di basi di uguale lunghezza, simili ai gradini di una scala a pioli. La scala si avvolge su sé stessa a formare una struttura a doppia elica.

L'appaiamento delle basi azotate dei due filamenti avviene secondo regole costanti: l'adenina (A) si appaia con la timina (T) formando due legami a idrogeno; la guanina (G) si appaia con la citosina (C) formando tre legami a idrogeno. Ciascuna coppia di basi contiene pertanto una purina (A o G) e una pirimidina (T o C); questo schema di appaiamento prende il nome di *complementarietà delle basi*, o appaiamento di Watson e Crick. Queste regole spiegano le osservazioni di Chargaff sui rapporti costanti tra purine e pirimidine nel DNA.

■ **Le due catene sono antiparallele**. Oltre a essere complementari, i due filamenti sono anche *antiparalleli*, cioè sono orientati in direzioni opposte. Si nota il diverso orientamento delle due catene considerando la disposizione dei gruppi terminali liberi (cioè non legati a un altro nucleotide) all'estremità di ciascuna di esse.

Ogni catena presenta a un'estremità, detta **estremità 5'**, un gruppo fosfato (–OPO$_3$) e all'altra estremità, detta **estremità 3'**, un gruppo ossidrile (–OH). In una doppia elica di DNA, l'estremità 5' di un filamento corrisponde all'estremità 3' dell'altro filamento; in altre parole, se per ciascun filamento si traccia una freccia da 5' a 3', le due frecce puntano in direzione opposta.

■ **La doppia elica**. La molecola del DNA ha la forma di una doppia elica: possiamo immaginarla come una scala a pioli in cui i montanti sono formati da gruppi fosfato e zuccheri alternati; ogni scalino corrisponde a una coppia di basi. Le coppie di basi sono planari (distese orizzontalmente) e sono stabilizzate da interazioni idrofobiche.

Poiché le coppie AT e GC hanno la stessa lunghezza, e quindi si inseriscono agevolmente fra i due montanti come i pioli di una scala, l'elica ha un diametro costante. Ogni piolo inoltre è ruotato rispetto a quello precedente di circa 36°. L'elica pertanto compie un giro completo ogni 10 coppie di basi. L'elica è destrogira: osservandola dall'alto essa appare avvolgersi in senso orario (figura 2.9).

Ricorda La molecola del DNA ha la forma di una **doppia elica** costituita da due catene polinucleotidiche appaiate grazie alla complementarietà delle basi e antiparallele, cioè orientate in direzioni opposte.

9 La struttura del DNA è correlata alla sua funzione

La struttura del DNA proposta da Watson e Crick spiegava elegantemente due funzioni fondamentali del DNA.

■ **Nel materiale genetico è depositata l'informazione genetica di un organismo**. Le informazioni genetiche sono contenute nella sequenza lineare delle basi azotate che formano ciascun filamento. Con i suoi milioni di nucleotidi, tale sequenza può immagazzinare un'enorme quantità di informazioni ed essere così responsabile delle differenze fra specie e fra individui. Il DNA dunque è perfettamente adatto a questa funzione.

Figura 2.9 L'architettura del DNA Il DNA ha la forma di una spirale che si avvolge in senso orario, come appare in questo monumento situato nel quartiere Zhongguancun di Pechino, in Cina.

■ **Il materiale genetico va incontro a duplicazione durante il ciclo cellulare**. La duplicazione del DNA può realizzarsi facilmente grazie alla complementarietà delle basi appaiate: ogni filamento, separato da quello complementare, può essere utilizzato come stampo per produrre un nuovo filamento.

Ricorda La variabilità della sequenza e la complementarietà delle basi azotate consentono al DNA di essere il **depositario dell'informazione genetica** e di **duplicarsi** durante il ciclo cellulare.

verifiche di fine lezione

Rispondi
A. Quali caratteristiche ha la struttura del DNA?
B. Qual è la relazione fra la struttura a doppia elica del DNA e le sue funzioni?
C. Quali informazioni ricavarono Watson e Crick dal lavoro dei ricercatori che li avevano preceduti?

lezione

3

Processo chimico nel nucleo

La duplicazione del DNA è semiconservativa

Negli anni successivi alla scoperta di Watson e Crick, la ricerca si incentrò sul possibile meccanismo di duplicazione del DNA, cercando di comprendere il meccanismo con cui il materiale genetico effettivamente si duplicava.

10 La molecola di DNA è in grado di duplicare sé stessa

La pubblicazione originaria di Watson e Crick suggeriva una modalità di duplicazione del DNA di tipo *semiconservativo*, ma all'epoca erano state formulate ipotesi diverse circa il modo in cui la cellula duplica il proprio materiale genetico (figura **2.10**). Ricerche successive dimostrarono che il suggerimento era corretto: ogni filamento parentale funziona da stampo per un nuovo filamento, cosicché le due molecole di DNA neoformate contengono un filamento vecchio e uno nuovo.

Il primo esperimento, svolto da Arthur Kornberg, dimostrò che era possibile sintetizzare un nuovo DNA con la stessa composizione di basi di un DNA di partenza in una provetta che conteneva tre tipi di sostanze:

1. i quattro nucleotidi nella forma di desossiribonucleosidi trifosfati dATP, dCTP, dGTP e dTTP (contenenti una base azotata legata al desossiribosio);
2. l'enzima DNA polimerasi;
3. un DNA **stampo** per guidare l'ingresso dei nucleotidi.

L'esperimento di Kornberg, però, non permetteva di elaborare un modello su *come* avvenisse la duplicazione: ogni nuova molecola conteneva un filamento «vecchio» e uno neosintetizzato oppure la molecola di partenza serviva solo da «stampo»? Per scoprire questo furono necessari ulteriori ricerche e la risposta fu trovata nel 1958 grazie al lavoro di Matthew Meselson e Franklin Stahl.

Ricorda Studi successivi al lavoro di Watson e Crick dimostrarono che il DNA si duplicava secondo un **modello di tipo semiconservativo** in cui ogni molecola di DNA contiene un intero filamento vecchio e uno neosintetizzato.

PER CAPIRE MEGLIO
video: La duplicazione del DNA

11 Le due fasi della duplicazione del DNA

La **duplicazione semiconservativa** del DNA richiede precise condizioni: oltre ai nucleosidi trifosfato necessari per costruire la nuova molecola, è indispensabile un DNA preesistente, un complesso di duplicazione, un **primer** (o innesco, ovvero un filamento di DNA che serve da punto di partenza per la duplicazione) e numerose proteine. La duplicazione avviene in due tappe successive.

1. La doppia elica del DNA, con l'aiuto di specifici enzimi, si despiralizza e si rompono i legami a idrogeno tra basi appaiate, per permettere l'allontanamento dei due filamenti stampo e renderli disponibili all'appaiamento con nuove basi.
2. I nucleotidi liberi si uniscono a ciascun nuovo filamento in crescita secondo una sequenza determinata dall'appaiamento per complementarietà con le basi del filamento stampo. La formazione dei legami fosfodiesterici è catalizzata dall'enzima **DNA polimerasi**.

Un punto importante da ricordare è che i nucleotidi si vanno ad aggiungere al nuovo filamento in accrescimento solo all'estremità 3', quella dove il filamento di DNA presenta un gruppo ossidrile libero sul carbonio 3' del desossiribosio terminale (figura **2.11**). Il nuovo nucleotide trifosfato si lega al gruppo –OH in 3' del nucleotide del filamento in crescita, mediante un legame fosfodiestere. L'energia necessaria alla reazione è liberata dalla rottura dei legami fra un fosfato del nucleotide entrante e gli altri due gruppi fosfato, rilasciati come pirofosfato inorganico.

> Un **estere** è una sostanza derivante dall'unione per condensazione tra un acido e un alcol. Quindi un **fosfodiestere** è un composto in cui una molecola di acido fosforico si lega a due gruppi alcolici.

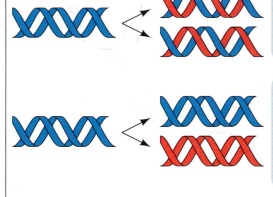

In base al **modello semiconservativo** ciascuna molecola di DNA contiene un intero filamento vecchio e un intero filamento nuovo.

In base al **modello conservativo** la molecola originaria viene mantenuta e si assiste alla sintesi di un'intera molecola nuova.

In base al **modello dispersivo** la sintesi del DNA origina due molecole i cui filamenti sono costituiti da frammenti di DNA vecchio e neosintetizzato.

Figura **2.10 Tre modelli per la duplicazione del DNA** In ciascun modello, il DNA originario è rappresentato in blu, i filamenti neosintetizzati in rosso.

 **PER CAPIRE MEGLIO** video: DNA replication

 **PER RIPASSARE** video: La duplicazione del DNA

Ricorda La **duplicazione** del DNA richiede precise condizioni e si svolge **in due fasi**: separazione dei due filamenti del DNA stampo e allungamento di ciascun filamento neosintetizzato per aggiunta di nucleotidi all'estremità 3'.

12 Il complesso di duplicazione

Perché il DNA si duplichi, il filamento stampo deve interagire con un enorme complesso proteico, detto **complesso di duplicazione**, che catalizza le reazioni necessarie e contiene più proteine che svolgono svariate funzioni (figura 2.12).

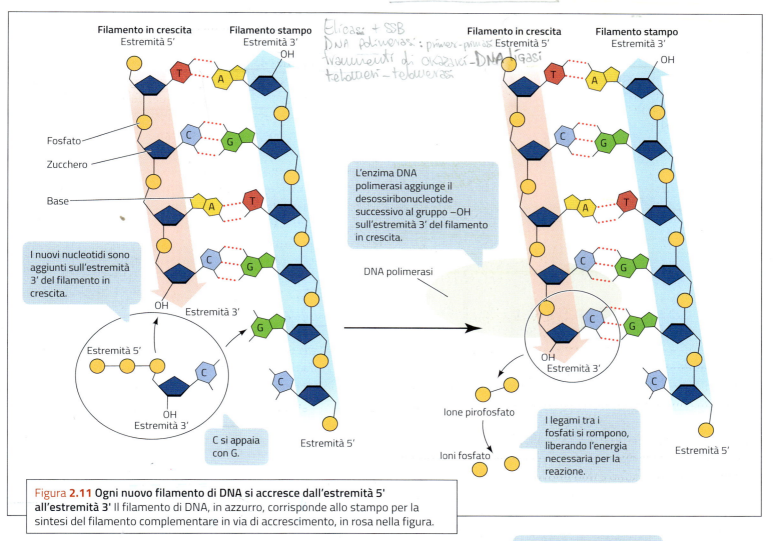

Figura **2.11 Ogni nuovo filamento di DNA si accresce dall'estremità 5' all'estremità 3'** Il filamento di DNA, in azzurro, corrisponde allo stampo per la sintesi del filamento complementare in via di accrescimento, in rosa nella figura.

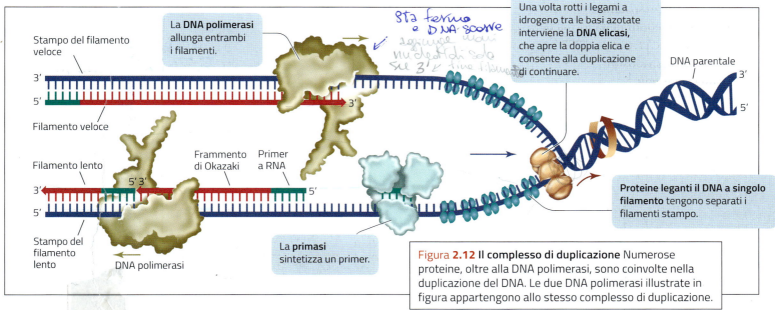

Figura **2.12 Il complesso di duplicazione** Numerose proteine, oltre alla DNA polimerasi, sono coinvolte nella duplicazione del DNA. Le due DNA polimerasi illustrate in figura appartengono allo stesso complesso di duplicazione.

Lezione **3** La duplicazione del DNA è semiconservativa

B43

Il primo evento è lo svolgimento e la separazione (*denaturazione*) dei filamenti di DNA. I due filamenti sono tenuti insieme da legami deboli (legami a idrogeno e forze di van der Waals). Un enzima chiamato **DNA elicasi** utilizza l'energia ottenuta dall'idrolisi dell'ATP per svolgere e separare i due filamenti; **proteine leganti il singolo filamento** (*single-strand binding proteins*, SSB) si legano ai filamenti svolti per impedire che si riassocino in una doppia elica. Il processo rende entrambi i filamenti disponibili all'appaiamento delle basi complementari.

Ricorda Il DNA si duplica solo in presenza di un grosso **complesso di duplicazione** costituito da diverse proteine con funzioni differenti. Molte di queste proteine sono enzimi, come l'elicasi che denatura i due filamenti del DNA, rendendoli accessibili.

13 La formazione delle forcelle di duplicazione

Il complesso di duplicazione si lega al DNA in corrispondenza di una sequenza di basi, detta **origine della duplicazione** (*ori*).

I piccoli cromosomi circolari dei batteri possiedono una sola origine della duplicazione (figura 2.13). Intanto che il DNA attraversa il complesso di duplicazione, le forcelle si allargano in senso circolare formando due molecole di DNA intrecciate, che poi vengono separate da un apposito enzima. Le DNA polimerasi lavorano molto rapidamente: nel batterio *E. coli* la duplicazione procede alla velocità di 1000 coppie di basi al secondo, cosicché i suoi 4,7 milioni di basi si duplicano in appena 20-40 minuti.

Le polimerasi umane sono più lente (50 basi al secondo), inoltre i cromosomi sono molto più lunghi (circa 80 milioni di basi): per sbrigare il lavoro in meno di un'ora ci vogliono molte polimerasi e centinaia di complessi di duplicazione che lavorano in parallelo uno di fianco all'altro lungo il cromosoma.

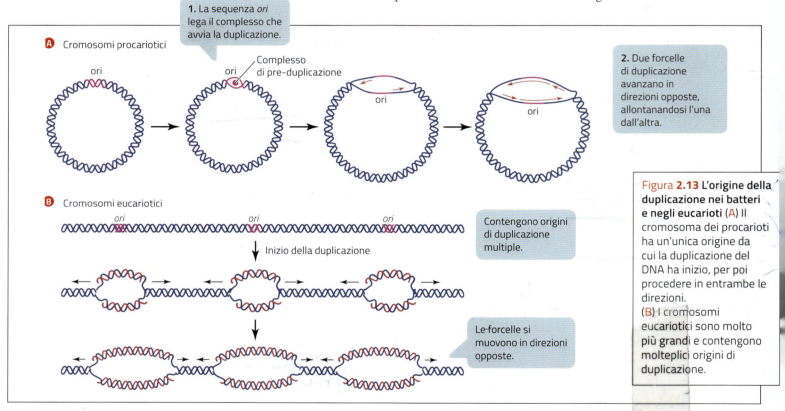

Figura 2.13 L'origine della duplicazione nei batteri e negli eucarioti (A) Il cromosoma dei procarioti ha un'unica origine da cui la duplicazione del DNA ha inizio, per poi procedere in entrambe le direzioni.
(B) I cromosomi eucariotici sono molto più grandi e contengono molteplici origini di duplicazione.

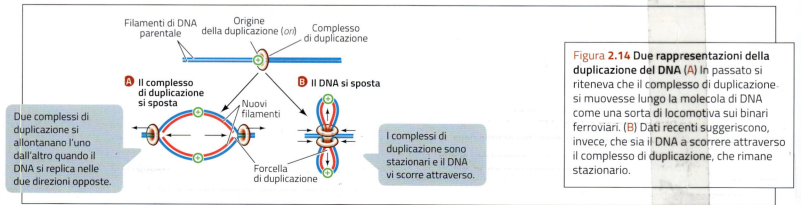

Figura 2.14 Due rappresentazioni della duplicazione del DNA (A) In passato si riteneva che il complesso di duplicazione si muovesse lungo la molecola di DNA come una sorta di locomotiva sui binari ferroviari. (B) Dati recenti suggeriscono, invece, che sia il DNA a scorrere attraverso il complesso di duplicazione, che rimane stazionario.

A partire dall'origine della duplicazione, il DNA si duplica *in entrambe le direzioni*, formando due distinte **forcelle di duplicazione**, ovvero i siti in cui il DNA si svolge ed espone le basi azotate. Entrambi i filamenti del DNA agiscono contemporaneamente da stampo per la formazione di nuovi filamenti, guidata dalla complementarietà delle basi.

In questa fase, dati recenti, mostrano che il complesso di duplicazione sta fermo, fissato a strutture nucleari, mentre il DNA si sposta, infilandosi nel complesso come filamento singolo e riemergendone a doppio filamento (figura **2.14**).

Ricorda Il complesso di duplicazione avvia la sintesi di nuovo DNA a partire da un punto specifico della sequenza chiamato ori. Da questo punto il DNA comincia a svolgersi in **due forcelle di duplicazione** distinte, che faranno entrambe da stampo ai nuovi filamenti.

14 Le caratteristiche delle DNA polimerasi

Gli enzimi appartenenti alla classe delle **DNA polimerasi** sono molecole molto più grandi dei desossiribonucleosidi trifosfati e anche del DNA stampo, che è lungo ma sottile (figura **2.15A**).

I modelli molecolari del complesso batterico DNA polimerasi-filamento stampo mostrano un enzima che assomiglia a «una mano semiaperta», con il palmo che contiene il sito attivo dell'enzima, e le quattro dita conformate in modo da riconoscere la forma delle quattro diverse basi nucleotidiche (figura **2.15B**). Le DNA polimerasi possiedono due caratteristiche importanti:

1. Sono capaci di allungare un filamento polinucleotidico legando in modo covalente un nucleotide per volta a un filamento preesistente, ma non riescono a iniziarne uno dal nulla. Per questo motivo è necessario un filamento di avvio, detto **primer** (o *innesco*). Nella duplicazione del DNA, il primer è un breve filamento singolo di RNA (figura **2.16**). Questo filamento di RNA (complementare al filamento stampo di DNA) è sintetizzato, nucleotide dopo nucleotide, da un enzima chiamato **primasi**. Al termine della duplicazione, il primer viene eliminato e sostituito da DNA.

2. Le DNA polimerasi lavorano in una sola direzione, ovvero gli enzimi aggiungono nucleotidi solo all'estremità 3' del primer fino al completamento della duplicazione di quel tratto di DNA. Di conseguenza, l'allungamento procede in modo diverso sui due filamenti antiparalleli di DNA.

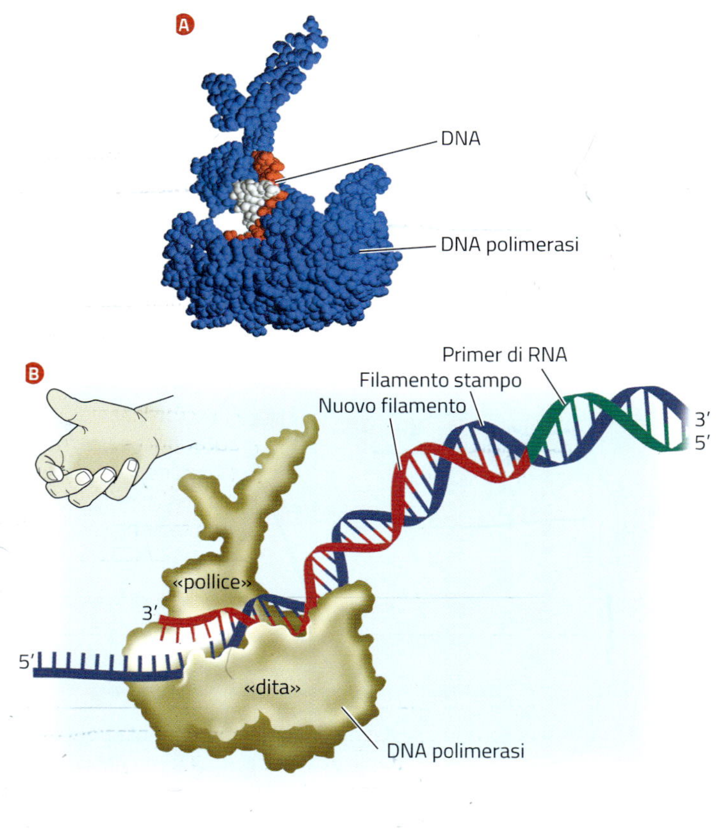

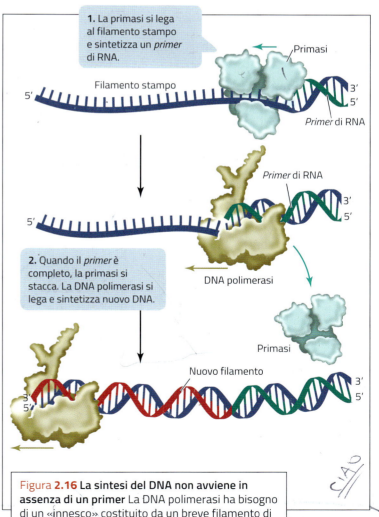

Figura **2.15 La DNA polimerasi si lega al filamento stampo** (A) L'enzima DNA polimerasi (in blu) è molto più grande della molecola di DNA (rossa e bianca). (B) La DNA polimerasi ha una struttura a forma di mano, e da questo punto di vista, le sue «dita» possono essere immaginate avvolgersi attorno al DNA e riconoscere le diverse forme delle quattro basi azotate.

Figura **2.16 La sintesi del DNA non avviene in assenza di un primer** La DNA polimerasi ha bisogno di un «innesco» costituito da un breve filamento di RNA a cui l'enzima può aggiungere altri nucleotidi.

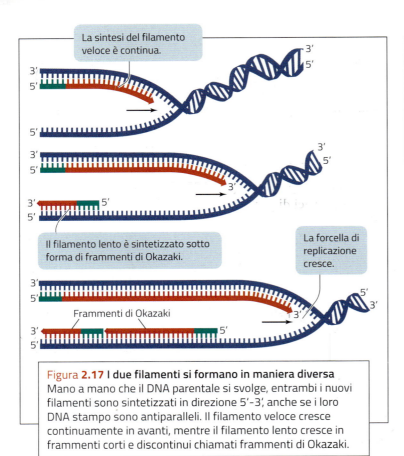

Figura 2.17 **I due filamenti si formano in maniera diversa**
Mano a mano che il DNA parentale si svolge, entrambi i nuovi filamenti sono sintetizzati in direzione 5'-3', anche se i loro DNA stampo sono antiparalleli. Il filamento veloce cresce continuamente in avanti, mentre il filamento lento cresce in frammenti corti e discontinui chiamati frammenti di Okazaki.

La sintesi del filamento che ha l'estremità 3' libera in corrispondenza della forcella procede in modo continuo: questo filamento è detto **filamento veloce**. La sintesi dell'altro filamento, detto **filamento lento**, procede in modo discontinuo e a ritroso, operando su segmenti isolati e relativamente piccoli (100-200 nucleotidi per volta negli eucarioti e 1000-2000 nei procarioti). Ciò accade perché il filamento lento punta nella direzione «sbagliata»: mano a mano che la forcella si apre, la sua estremità 3' libera si allontana sempre di più dal punto di apertura, cosicché si viene a formare uno spazio vuoto, non duplicato, che sarebbe destinato a diventare sempre più ampio. Per risolvere il problema vengono prodotti brevi segmenti discontinui, detti frammenti di Okazaki (dal nome del loro scopritore, il biochimico giapponese Reiji Okazaki), che poi vengono uniti insieme (figura 2.17).

I **frammenti di Okazaki** sono sintetizzati allo stesso modo del filamento veloce, cioè per aggiunta di un nuovo nucleotide per volta all'estremità 3' del filamento di nuova formazione; la sintesi del filamento lento, però, procede in direzione opposta rispetto all'apertura della forcella di duplicazione, quindi ha bisogno di un proprio primer. Nei batteri, la DNA polimerasi III parte da un primer e sintetizza i frammenti di Okazaki fino a raggiungere il primer del frammento precedente. A questo punto la DNA polimerasi I rimuove il vecchio primer e lo sostituisce con nuovo DNA, lasciando un piccolo stacco dovuto all'assenza del legame fosfodiesterico terminale fra due frammenti di Okazaki adiacenti. La formazione di questo legame è poi catalizzata da un altro enzima, la **DNA ligasi**, che unisce i frammenti producendo un filamento lento completo (figura 2.18).

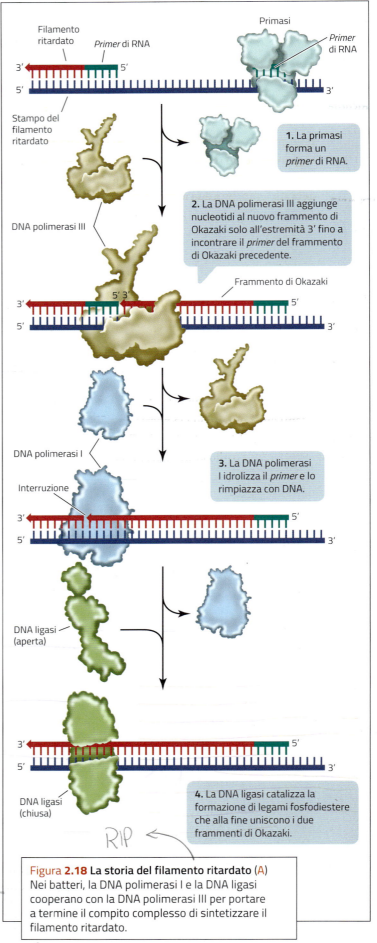

Figura 2.18 **La storia del filamento ritardato (A)**
Nei batteri, la DNA polimerasi I e la DNA ligasi cooperano con la DNA polimerasi III per portare a termine il compito complesso di sintetizzare il filamento ritardato.

Lavorando insieme, la DNA elicasi, le due DNA polimerasi, la primasi, la DNA ligasi, e le altre proteine del complesso di duplicazione sintetizzano nuovo DNA con una velocità e un'accuratezza inimmaginabili.

Ricorda Le **DNA polimerasi** possono operare solo allungando un polinucleotide preesistente, per questo hanno bisogno di un primer che faccia da innesco. Esse lavorano aggiungendo un nucleotide per volta all'estremità 3' e questo comporta che la sintesi di uno dei due filamenti, definito lento, proceda in modo discontinuo.

15 I telomeri non si duplicano completamente

Come abbiamo appena visto, la duplicazione del filamento lento avviene per aggiunta dei frammenti di Okazaki ai primer di RNA. Dopo la rimozione del primer terminale non è più possibile sintetizzare il DNA che lo sostituisca, perché non c'è un'estremità 3' da prolungare (in altre parole, manca un filamento di DNA complementare). Pertanto il nuovo cromosoma, formatosi con la duplicazione del DNA, presenta a entrambe le estremità un pezzetto di DNA a filamento singolo. A questo punto si attivano dei meccanismi che tagliano via la porzione a filamento singolo, insieme a una parte a filamento doppio. Di conseguenza, a ogni divisione cellulare, il cromosoma si accorcia.

In molti eucarioti le estremità dei cromosomi portano delle sequenze ripetitive chiamate **telomeri** (figura **2.19A**). Nella specie umana, la sequenza del telomero è TTAGGG ed è ripetuta circa 2500 volte. A questi tratti ripetuti si legano speciali proteine che mantengono stabili le estremità del cromosoma.

Nei cromosomi umani, a ogni ciclo di duplicazione del DNA e divisione cellulare, il DNA telomerico può perdere da 50 a 200 coppie di basi; perciò, dopo 20-30 divisioni, i cromosomi non sono più capaci di partecipare alla divisione cellulare, e la cellula muore.

La perdita dei telomeri spiega in parte perché le cellule non durano per tutta la vita dell'organismo. Eppure alcune cellule che continuano a dividersi, come le cellule staminali del midollo osseo e le cellule produttrici dei gameti, conservano il loro DNA telomerico: in queste cellule esiste un enzima, la **telomerasi**, che catalizza l'aggiunta della sequenza telomerica eventualmente persa (figura **2.19B**). La telomerasi contiene una sequenza di RNA che funziona da stampo per la sequenza telomerica ripetuta.

Le telomerasi possono essere importanti nella lotta contro il cancro. Questo enzima è presente in oltre il 90% delle cellule tumorali umane e può rappresentare un elemento indispensabile per la capacità di queste cellule di continuare a dividersi. Poiché la maggior parte delle cellule non ha questa capacità, la telomerasi rappresenta un bersaglio promettente per i farmaci antitumorali.

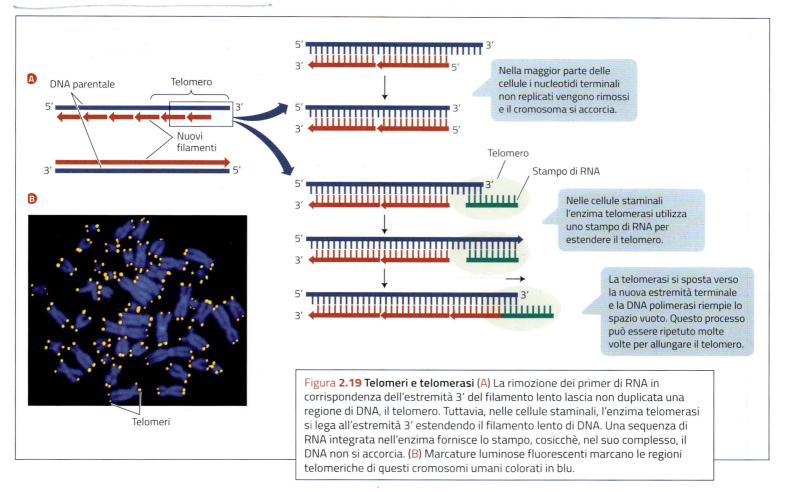

Figura **2.19 Telomeri e telomerasi** (A) La rimozione dei primer di RNA in corrispondenza dell'estremità 3' del filamento lento lascia non duplicata una regione di DNA, il telomero. Tuttavia, nelle cellule staminali, l'enzima telomerasi si lega all'estremità 3' estendendo il filamento lento di DNA. Una sequenza di RNA integrata nell'enzima fornisce lo stampo, cosicché, nel suo complesso, il DNA non si accorcia. (B) Marcature luminose fluorescenti marcano le regioni telomeriche di questi cromosomi umani colorati in blu.

Figura 2.20 Un nobel contro l'invecchiamento cellulare
Nella foto la biologa statunitense Carol Greider, che insieme a E. Blackburn e J. Szostak vinse il Nobel per la medicina grazie agli studi sulla telomerasi.

L'interesse per la telomerasi è legato anche all'invecchiamento. Se a cellule umane in coltura si aggiunge un gene che esprime alti livelli di telomerasi, i telomeri di quelle cellule non si accorciano; anziché morire dopo 20-30 generazioni cellulari, le cellule diventano *immortali*. Resta da vedere se esiste una qualche relazione fra l'immortalità cellulare e l'invecchiamento dell'intero organismo.

Le ricerche sui telomeri e sulla telomerasi hanno portato i loro scopritori gli statunitensi Elizabeth Blackburn (figura **2.20**), Carol Greider e Jack Szostak, a vincere il premio Nobel per la medicina nel 2009.

Ricorda Nella maggior parte delle cellule, i cromosomi si accorciano a ogni duplicazione perché il DNA del filamento stampo non replicato all'estremità 3' viene rimosso. Nelle cellule staminali, invece, le **telomerasi** utilizzano un RNA stampo per estendere il telomero e impedire l'accorciamento del cromosoma.

16 La correzione degli errori di duplicazione del DNA

Il DNA deve essere replicato accuratamente e mantenuto fedelmente. Ciò è essenziale per il funzionamento di ogni cellula, sia che si tratti di un procariote sia di un organismo pluricellulare complesso. Tuttavia, la replicazione del DNA non è perfettamente accurata e il DNA è soggetto a danni dovuti a sostanze chimiche e altri agenti esterni.

Il meccanismo della duplicazione del DNA è straordinariamente preciso, ma non è perfetto. Innanzitutto la DNA polimerasi compie una quantità notevole di errori: il tasso osservato nelle DNA polimerasi umane, pari a un errore ogni 10^6 basi duplicate, produrrebbe 60 000 mutazioni ogni volta che una cellula umana si divide. Inoltre, il DNA delle cellule che non sono in divisione è soggetto a danni provocati da alterazioni chimiche naturali delle basi o da agenti ambientali.

Per fortuna le cellule dispongono di almeno tre meccanismi di riparazione:

1. una **correzione di bozze** (*proofreading*) che corregge gli errori a mano a mano che la DNA polimerasi li compie;
2. una **riparazione delle anomalie di appaiamento** (*mismatch repair*), che esamina il DNA subito dopo che si è duplicato e corregge gli appaiamenti sbagliati;
3. una **riparazione per escissione**, che rimuove le basi anomale dovute a un agente chimico e le sostituisce con basi funzionali.

Ogni volta che introduce un nuovo nucleotide in un filamento polinucleotidico in allungamento, la DNA polimerasi (coadiuvata da altre proteine del complesso di duplicazione, tra cui un'altra DNA polimerasi, detta DNA polimerasi I) svolge una funzione di correzione di bozze (figura **2.21A**). Se si accorge di un appaiamento sbagliato, toglie il nucleotide introdotto impropriamente e ci riprova. Questo processo ha un tasso di errore di uno ogni 10 000 coppie di basi e riduce il tasso generale di errore di duplicazione a circa una base ogni 10^9 basi duplicate.

Dopo che il DNA è stato duplicato, una seconda serie di proteine esamina la molecola neoformata in cerca di errori di appaiamento sfuggiti alla correzione di bozze (figura **2.21B**). Questo meccanismo di riparazione delle anomalie è in grado di accorgersi che una coppia di basi, per esempio AC, non va bene: ma come fa a «sapere» se la coppia giusta è AT oppure GC?

Il meccanismo di riparazione delle anomalie riesce a riconoscere la base sbagliata perché un filamento di DNA appena duplicato subisce dei cambiamenti chimici. Per esempio, nei procarioti ad alcune adenine si va ad aggiungere un gruppo metile (–CH$_3$). Subito dopo la duplicazione, il filamento neoformato, che contiene l'errore, non è ancora metilato ed è quindi riconoscibile dal meccanismo di riparazione.

Le molecole di DNA si possono danneggiare anche durante la vita della cellula a causa di radiazioni ad alta energia, di agenti chimici mutageni presenti nell'ambiente o di reazioni chimiche spontanee. Porre rimedio a questo tipo di danni è compito del meccanismo di riparazione per escissione (figura **2.21C**).

Appositi enzimi ispezionano costantemente il DNA della cellula e, quando trovano basi improprie o alterate, o punti nei quali un filamento contiene più basi dell'altro (con conseguente formazione di un'ansa non appaiata), tagliano via il filamento difettoso. Un altro enzima rimuove la base colpevole e quelle adiacenti, mentre la DNA polimerasi sintetizza e attacca una nuova sequenza di basi al posto di quella estirpata.

Ricorda Il DNA è soggetto sia ad alterazioni dovute a cause esterne sia a errori di appaiamento delle basi. Grazie a **tre meccanismi di riparazione**, la DNA polimerasi e altre proteine riparano i danni al DNA.

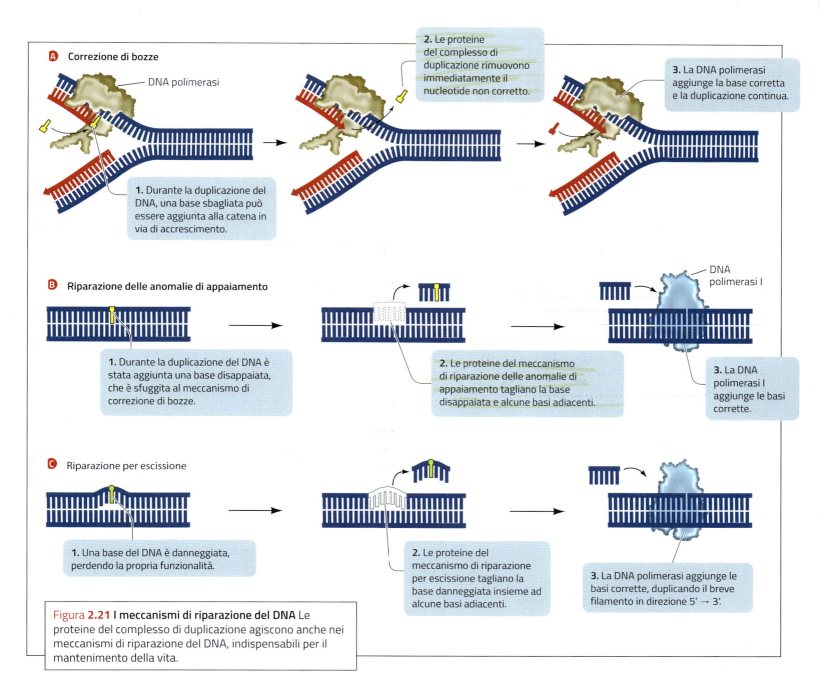

Figura 2.21 I meccanismi di riparazione del DNA Le proteine del complesso di duplicazione agiscono anche nei meccanismi di riparazione del DNA, indispensabili per il mantenimento della vita.

verifiche di fine lezione

Rispondi

- **A** Che cosa significa l'espressione «duplicazione semiconservativa»?
- **B** Quali enzimi sono necessari per la duplicazione del DNA? Quale funzione svolge ciascuno di essi?
- **C** Perché il filamento veloce si duplica in modo continuo, mentre quello lento si deve duplicare in frammenti?
- **D** Quali sono i meccanismi di riparazione del DNA? Descrivili brevemente.

READ & LISTEN

The scientific method and the study of DNA replication

Louis Pasteur's observations and "prepared mind" led to unique insights and scientific breakthroughs in the late nineteenth century. This pattern of research continues to advance the scientific enterprise, resulting in discoveries such as the drug cisplatin.

Over a century ago, the great French microbiologist Louis Pasteur said «chance favors only the prepared mind». He meant that great discoveries come not just from a flash of insight, but from careful observations made by people whose background has made them ready to interpret their observations in a new way. Such *prepared minds* have sparked the development of many new cancer drugs.

Testicular cancer occurs without warning with rapid cell divisions of germ cells. It often spreads to other organs, such as the lungs and brain. With a lifetime risk of about 1 in 250 males, it typically strikes men in their twenties and is the most common cancer in young men. Despite its potential lethality, testicular cancer is one of the few tumors of adults that is highly curable. The cure is primarily due to a drug called cisplatin.

From bacteria to cancer cells

Dr. Barnett Rosenberg, a scientist at Michigan State University, was curious about how electric fields might affect cells. He put bacteria into a growth medium with platinum electrodes connected to a battery. The result was striking: the bacteria stopped dividing. Thinking he was on the road to a major discovery about electromagnetism and cells, Rosenberg tried the experiment again, this time using copper and zinc electrodes. This time the bacteria kept dividing, with no adverse effects. Only platinum electrodes inhibited cell division.

In light of the data, Rosenberg revised his hypothesis to propose that something leaked out of the platinum electrodes into the medium, and that this something blocked cell division. He confirmed his hypothesis by treating bacteria with the medium in which the platinum electrodes had been inserted; the bacteria did not divide. Realizing that cancer cells have uncontrolled cell division, he duplicated his experiments with tumor cells in a laboratory dish. This led to the isolation and development of cisplatin. The drug was so successful with testicular cancer that it has also been used with some success on other tumors.

An essential event for cell division is the complete and precise duplication of the genetic material, DNA. The two strands of DNA unwind and separate, each strand acting as a template for the building of a new strand. Strand separation is possible because the two strands are held together by weak forces, including hydrogen bonds. Cisplatin forms covalent bonds with nucleotides on opposite strands of the DNA, irreversibly cross-linking the two strands together. As a result, the DNA strands cannot separate for replication or expression. With such severe damage to its DNA, the cell then undergoes programmed cell death.

Answer the questions

1. What did Pasteur mean when he said «Chance favors only the prepared mind»?
2. How are the studies on bacteria connected with testicular cancer researches?
3. Why do researchers use cisplatin for cancer therapy?

ESERCIZI

Ripassa i concetti

1 **Completa la mappa inserendo i termini mancanti.**
origine della duplicazione / Watson e Crick / complessi di duplicazione / complementari / cristallografia ai raggi X / 1953 / Chargaff / nucleotidi / due filamenti / modello semiconservativo / legami a idrogeno / C e G

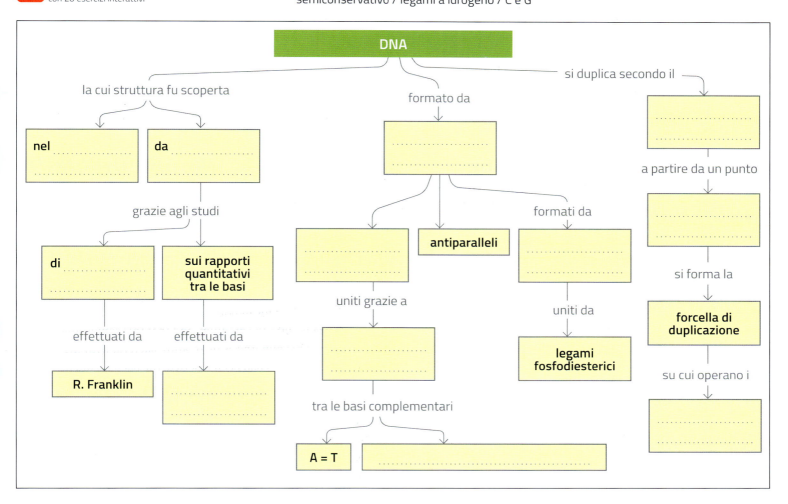

2 Dai una definizione per ciascuno dei seguenti termini associati.

purine:	
pirimidine:	Basi azotate presenti nel DNA formate da un
complementare:	Filamento del DNA
antiparallelo:	
nucleotide:	Unità ripetitive degli acidi nucleici formati da
nucleoside:	
filamento veloce:	Copia di DNA sintetizzata sullo stampo che ha direzione
filamento lento:	

3 Completa la parte della mappa che riassume la duplicazione del DNA, disegnando i box per includere i seguenti termini:
filamento nuovo / DNA polimerasi / nucleosidi trifosfati / filamento veloce / filamento vecchio / frammenti di Okazaki / ligasi / primer a RNA

4 Dato il segmento genico: AAAGTTGAGATCCCTGTCGCGGGGAGCAT, ricavato dal sequenziamento del fungo *Amanita excelsa*, disegna il filamento complementare di DNA.

Verifica le tue conoscenze

Test a scelta multipla

5 I biologi inizialmente pensavano che le proteine, e non il DNA, contenessero l'informazione ereditaria. Secondo te perché?

(A) le proteine sono biomolecole versatili

(B) le proteine si trovano anche nel citoplasma cellulare, mentre il DNA è confinato nel nucleo

(C) le proteine sono costituite da 20 diversi amminoacidi, mentre il DNA presenta solo 4 diversi tipi di nucleotidi

(D) le proteine sono presenti in quantità diverse nelle diverse specie

6 L'esperimento di Griffith con *S. pneumoniae* dimostrò che

(A) il materiale genetico è DNA

(B) il DNA è a doppia elica

(C) l'ereditarietà è determinata da una specifica sostanza

(D) il DNA contiene fosforo, ma non azoto

7 Individua il completamento errato. Nel loro esperimento Hershey e Chase

(A) si proponevano di verificare quale parte del batteriofago si trasferiva nella cellula batterica durante l'infezione

(B) dedussero che lo zolfo radioattivo entrava nelle cellule batteriche

(C) utilizzarono fagi marcati con fosforo e zolfo radioattivi

(D) usarono la centrifuga per separare le cellule batteriche dai residui dei virus

8 Quale delle seguenti affermazioni relative ai batteriofagi è corretta?

(A) sono parassiti unicellulari dei batteri

(B) quando infettano una cellula ospite penetrano al suo interno

(C) sono formati da proteine e un acido nucleico

(D) possono infettare sia procarioti sia eucarioti

9 Le cristallografie ai raggi X eseguite da Rosalind Franklin furono importanti perché consentirono di

(A) comprendere la struttura elicoidale della molecola di DNA

(B) confermare sperimentalmente la regola di Chargaff

(C) stabilire che le eliche del DNA sono anticomplementari

(D) determinare che il DNA è il materiale genetico

10 Quale delle seguenti affermazioni riguardanti il DNA è errata?

(A) la quantità di adenina e guanina è sempre uguale a quella di citosina e timina

(B) la quantità di adenina è uguale a quella di timina

(C) la quantità di citosina è uguale a quella di guanina

(D) la quantità di adenina e timina è sempre uguale a quella di citosina e guanina

11 Individua il completamento errato. Il modello di struttura del DNA proposto da Watson e Crick afferma che

(A) il DNA ha una conformazione a doppia elica

(B) le due catene sono complementari e antiparallele

(C) le basi azotate che si appaiano secondo regole definite e costanti sono tenute insieme da legami covalenti

(D) in ogni filamento i nucleotidi sono uniti da legami fosfodiesterici

12 Nel DNA si trovano legami

(A) covalenti tra le basi appaiate e tra i nucleotidi di un'elica

(B) a idrogeno tra deossiribosio e basi azotate, oltre a legami covalenti tra desossiribosio e fosfato

(C) covalenti tra i nucleotidi di un'elica e legami a idrogeno tra le basi appaiate

(D) covalenti tra i nucleotidi di un'elica e legami ionici tra le basi appaiate

13 Quale delle seguenti funzioni non è spiegata dal modello di Watson e Crick?

(A) il DNA contiene le informazioni genetiche

(B) il materiale genetico si esprime nel fenotipo

(C) il materiale genetico è in grado di duplicarsi

(D) il materiale genetico è soggetto a mutazioni

14 Individua il completamento errato a proposito della DNA polimerasi.

(A) ha bisogno di un primer per iniziare la sintesi delle nuove molecole di DNA

(B) può lavorare aggiungendo nucleotidi solo in direzione 5' → 3'

(C) usa l'energia liberata dal distacco di due gruppi fosfato del nucleotide, per formare i legami fosfodiesterici

(D) opera in modo identico sulle due eliche del DNA

15 La DNA polimerasi può operare un meccanismo di correzione tramite

(A) la correzione di bozze

(B) la riparazione per escissione

(C) la riparazione delle anomalie di appaiamento

(D) la retromutazione

16 I frammenti di Okazaki si formano

(A) dalla degradazione del DNA

(B) prima dell'assemblaggio del filamento lento

(C) quando un fago infetta un batterio

(D) a causa dell'azione della DNA ligasi

17 Individua il completamento errato circa la riparazione delle anomalie di disaccoppiamento.

(A) individua eventuali disappaiamenti sfuggiti al correttore di bozze

(B) individua la base sbagliata perché non è ancora stata metilata

(C) rimuove esclusivamente la base disaccoppiata

(D) riduce il tasso di errore e quindi di mutazioni

Test yourself

18 🇬🇧 Griffith's studies of *Streptococcus pneumoniae*

(A) showed that DNA is the genetic material of bacteria

(B) showed that DNA is the genetic material of bacteriophages

(C) demonstrated the phenomenon of bacterial transformation

(D) proved that prokaryotes reproduce sexually

(E) proved that protein is not the genetic material

19 🇬🇧 In the Hershey–Chase experiment

(A) DNA was labeled with radioactive sulfur

(B) most of the phage DNA never entered the bacteria

(C) proteins carried genetic information

(D) DNA from the virus is inserted into the bacteria after the phage attaches to its host

(E) DNA formed the coat of the bacteriophages

20 🇬🇧 Which statement about complementary base pairing is not true?

(A) it plays a role in DNA replication

(B) in DNA, T pairs with A

(C) purines pair with purines, and pyrimidines pair with pyrimidines

(D) in DNA, C pairs with G

(E) the base pairs are of equal lenght

21 🇬🇧 In semiconservative replication of DNA

(A) the original double helix remains intact and a new double helix forms

(B) the strands of the double helix separate and act as templates for new strands

(C) polymerization is catalyzed by RNA polymerase

(D) polymerization is catalyzed by a double-helical enzyme

(E) DNA is synthesized from amino acids.

Verso l'Università

22 Quale tra i seguenti elementi non è coinvolto nella duplicazione del DNA?

(A) primer a RNA

(B) ligasi

(C) anticodone

(D) elicasi

(E) DNA polimerasi

[dalla prova di ammissione a Medicina Veterinaria, anno 2011]

23 I frammenti di Okazaki:

(A) sono il prodotto del taglio del DNA da parte degli enzimi di restrizione

(B) sono segmenti di DNA prodotti in modo discontinuo durante la duplicazione del DNA

(C) sono sequenze nucleotidiche che danno inizio alla duplicazione del DNA

(D) sono prodotti dall'azione della DNA elicasi

(E) sono sequenze ripetitive all'estremità dei cromosomi

[dalla prova di ammissione a Odontoiatria e Protesi Dentaria, anno 2010]

24 In un frammento di DNA vengono calcolate le percentuali di ognuna delle quattro basi azotate presenti. In quale/i dei seguenti casi la somma dei valori ottenuti rappresenta sempre il 50% del totale delle basi?
1) % adenina + % timina;
2) % citosina + % guanina;
3) % guanina + % timina

(A) solo 3

(B) solo 1

(C) solo 2

(D) solo 1 e 2

(E) tutti

[dalla prova di ammissione a Medicina e Chirurgia, anno 2013]

25 Un frammento di DNA a doppia elica contiene 12 molecole di timina e 15 molecole di guanina. Quanti singoli legami idrogeno tra basi azotate sono complessivamente presenti all'interno di questo frammento di DNA?

(A) 69

(B) 27

(C) 54

(D) 66

(E) 81

[dalla prova di ammissione a Medicina e Chirurgia e a Odontoiatria, anno 2014]

26 Molecole di DNA di organismi appartenenti alla stessa specie differiscono tra loro in quanto presentano:

(A) una diversa sequenza delle basi azotate

(B) basi azotate diverse

(C) una diversa complementarità tra le basi azotate

(D) zuccheri diversi

(E) amminoacidi diversi

[dalla prova di ammissione a Medicina e Chirurgia, anno 2008]

27 Sia il seguente tratto di DNA: ATTGGCAGCCCC. Identificare la sequenza che rappresenta correttamente la sua duplicazione.

(A) TAACCGTCGGGG

(B) TAAGCCTCGGGG

(C) TAACCATCGGGA

(D) TAACCCACGGGG

(E) TAACCGTCGCCC

[dalla prova di ammissione a Medicina e Chirurgia, anno 2008]

Esercizi di fine capitolo

B53

Verifica le tue abilità

28 Leggi e completa le seguenti frasi riferite alla scoperta della struttura del DNA.
a) Rosalind Franklin grazie alla .... stabilì la conformazione del DNA.
b) Fu Erwin Chargaff a stabilire le regole di .... delle basi azotate.
c) A Linus Pauling si deve l'ideazione di modelli .... delle molecole.

29 Leggi e completa, con i termini opportuni, le seguenti frasi riferite alla struttura del DNA.
a) La distanza costante tra le due eliche impedisce che la .... si possa appaiare all'adenina.
b) L'appaiamento tra citosina e guanina è consentito dalla formazione di tre legami ....
c) L'elica compie un giro completo ogni .... coppie di basi.
d) Le due eliche decorrono in direzioni ....

30 Leggi e completa, con i termini opportuni, le seguenti frasi riferite alla duplicazione del DNA.
a) La duplicazione del DNA avviene attraverso il modello ....
b) Il punto .... è il punto di partenza del processo.
c) L'apertura della molecola del DNA forma due .... di duplicazione.
d) Tale apertura richiede che un enzima provveda a rompere i legami a idrogeno tra le due ....
e) Un complesso, detto .... si posiziona sulla molecola di DNA.
f) La sintesi del .... procede in modo discontinuo e a ....

31 Nella prima metà del Novecento si sapeva che l'informazione genetica era portata da una specifica sostanza.
Quali delle seguenti affermazioni relative alle conoscenze di quel periodo sono corrette?
Ⓐ il materiale genetico era in quantità diverse nelle varie specie
Ⓑ il materiale genetico doveva essere in grado di riprodursi
Ⓒ il DNA era il più logico candidato al ruolo di materiale genetico
Ⓓ il materiale genetico doveva avere una doppia elica

32 I legami idrogeno che si formano tra le basi azotate sono legami
Ⓐ deboli, per consentire che si verifichino mutazioni genetiche
Ⓑ deboli, per facilitare l'apertura e la chiusura delle due eliche
Ⓒ forti, per consentire alla molecola di mantenere la doppia elica
Ⓓ forti, per contribuire a evitare errori durante la duplicazione
Prova quindi a ipotizzare che cosa succederà a una molecola di DNA scaldata fino a una temperatura di circa 100 °C.

33 La seguente linea del tempo ripercorre le principali tappe delle scoperte scientifiche su cromosomi e DNA. Completa i riquadri inserendo la data e la scoperta scientifica.
Date: 1928, 1882, 1869, 1953, 1865, 1952, 1944
Scoperta scientifica:
1. pubblicano su *Nature* la scoperta della struttura del DNA
2. osserva al microscopio i filamenti che si separano durante la duplicazione cellulare
3. scopre il fattore di trasformazione
4. presenta a Brno il suo saggio *Esperimenti sugli ibridi delle piante*
5. confermano che il DNA contiene l'informazione genetica
6. scopre la nucleina
7. individua il DNA come fattore di trasformazione

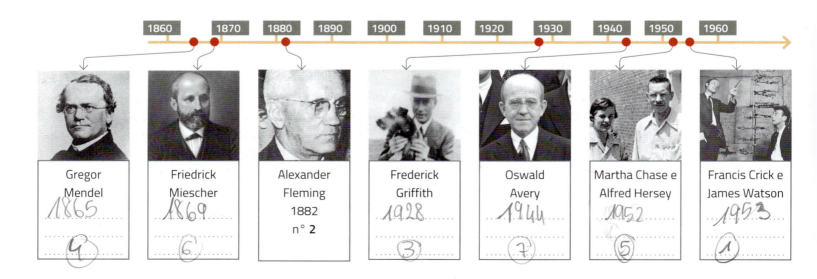

Verso l'esame

DEFINISCI

34 Usando un linguaggio appropriato definisci i seguenti termini:
- virus
- batteriofago
- filamento di DNA
- catene complementari
- duplicazione semiconservativa
- DNA polimerasi
- telomerasi
- primer a RNA
- correzione di bozze
- elicasi

ELENCA

35 Watson e Crick furono subito coscienti che il loro modello consentiva di spiegare in modo piuttosto ovvio alcune delle proprietà fondamentali del materiale genetico.
Elenca quali siano queste proprietà e chiarisci come il modello della doppia elica permettesse di spiegarle.

ENUNCIA

36 Un ruolo fondamentale per comprendere la natura del materiale genetico fu svolto da Chargaff.
Enuncia le sue regole.

DISEGNA

37 Disegna la struttura del DNA in modo semplificato, mostrando i vari costituenti e spiegando che cosa significa che le due eliche del DNA sono antiparallele.

RIFLETTI

38 Hershey e Chase avrebbero potuto utilizzare per il loro esperimento con i batteriofagi, O e N radioattivi al posto di S e P? Perché?

CALCOLA

39 La lunghezza del genoma di una specie viene normalmente espressa in funzione del numero di coppie di basi che lo formano (bp = *base pairs*).
Sapendo che il DNA di *Homo sapiens* è costituito da $3,234 \cdot 10^9$ bp, ed è lungo circa 1,1 m, calcola la lunghezza del DNA del batterio *Escherichia coli* ($4,6 \cdot 10^6$ bp) e del gallo *Gallus Gallus domesticus* ($1,6 \cdot 10^9$ bp).
Servendoti dei dati forniti per *Homo sapiens*, calcola la distanza che c'è tra due nucleotidi adiacenti (e quindi tra le basi).

1) 1,5 mm
2) 0,5 m

COMPLETA

40 Degli scienziati prendono una colonia di *Escherichia coli* e la lasciano crescere in un mezzo di coltura in cui c'è solo l'isotopo N-15. Quindi tutte le cellule di *E. coli* avranno nel proprio DNA esclusivamente l'isotopo N-15.
Al tempo t=0 trasferiscono alcune cellule del batterio in un mezzo di coltura in cui è presente solo l'isotopo N-14. A partire da questo istante di tempo, *E. coli* costruirà i nuovi filamenti di DNA usando nelle basi azotate l'isotopo N-14.
Sapendo che ogni 20 minuti *Escherichia coli* si duplica, completa il disegno qui accanto e specifica nella tabella le percentuali di abbondanza delle molecole ai diversi tempi.

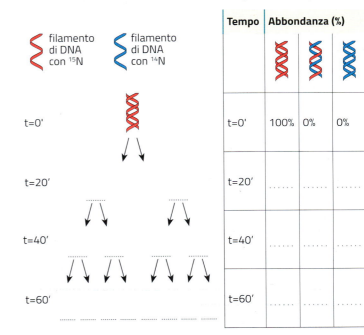

ARGOMENTA

41 L'esperimento di Meselson e Stahl fu definito «il più bell'esperimento in biologia», e in effetti le sue fasi mostrano con chiarezza il ragionamento analitico della scienza applicata.
Argomenta l'esperimento in questione, sottolineando come l'interpretazione dei dati segua il metodo scientifico.

DEDUCI

42 Due gruppi di ricercatori stanno studiando dei batteri che hanno la capacità di biodegradare gli idrocarburi presenti nei terreni contaminati. Il primo gruppo individua un ceppo batterico in cui il DNA è costituito dal 21% di adenina, il secondo caratterizza e quantifica l'abbondanza della adenina (23%) nei batteri individuati.
Può trattarsi della stessa tipologia di batteri? Perché? Spiega il ragionamento seguito.

No perché la percentuale delle basi azotate è sempre uguale in una specie.

capitolo

B3

L'espressione genica: dal DNA alle proteine

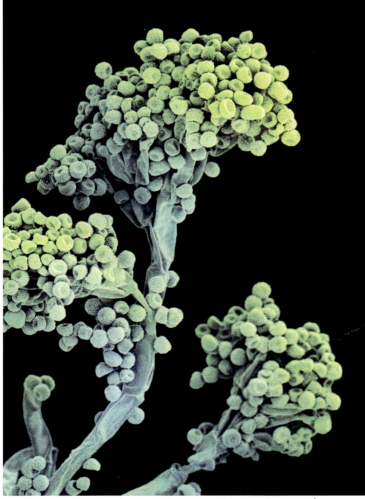

lezione

1

I geni guidano la costruzione delle proteine

In che modo il DNA determina il fenotipo di un organismo? Agli inizi del secolo scorso gli scienziati avevano scoperto che le differenze fenotipiche, anche di grossa portata, derivavano da differenze in determinate proteine. Tutti gli studi dimostravano una stretta relazione tra geni e proteine.

1 La relazione tra geni ed enzimi

Gli scienziati che indagano su un fenomeno biologico cercano *organismi modello* che, oltre a mostrare il fenomeno in esame, siano anche facili da coltivare in laboratorio. Nei capitoli precedenti abbiamo incontrato vari esempi di organismi modello, fra i quali *Pisum sativum* ed *Escherichia coli*.

A tale elenco aggiungiamo la comune muffa del pane, *Neurospora crassa* (foto a sinistra). È una muffa appartenente ai funghi pluricellulari ascomiceti; è facile da coltivare e per gran parte del ciclo vitale è aploide, il che rende immediata l'interpretazione genetica dei risultati, non essendoci rapporti di dominanza-recessività.

I genetisti statunitensi George W. Beadle ed Edward L. Tatum ipotizzarono che l'effetto sull'organismo dell'espressione di un gene, cioè il fenotipo, fosse mediato dall'attività di un enzima; questa idea li portò a vincere il premio Nobel per la medicina nel 1958. I due ricercatori fecero crescere *Neurospora* su un terreno di coltura minimo; partendo da questo terreno, gli enzimi dei ceppi selvatici di *Neurospora* erano capaci di catalizzare tutte le reazioni metaboliche necessarie a fabbricare i costituenti chimici delle cellule (figura 3.1). In seguito sottoposero un ceppo selvatico di *Neurospora* a un trattamento con raggi X, che agiscono da agenti mutageni, ovvero provocano mutazioni.

I batteri vengono fatti crescere su un **terreno di coltura**, un mezzo (solido o liquido) capace di fornire loro quel che serve per crescere. Un **terreno minimo** contiene solo una fonte di carbonio organico e sali minerali. Un **terreno completo** è arricchito con estratti di proteine e vitamine.

Un caso da vicino

Ipotesi
Ogni gene produce un enzima della via metabolica.

Metodo
Si posizionano le spore (cellule singole che si dividono per produrre colonie di muffa) di ogni ceppo mutante «*arg*» su un substrato minimo, con o senza supplementi.

Risultati

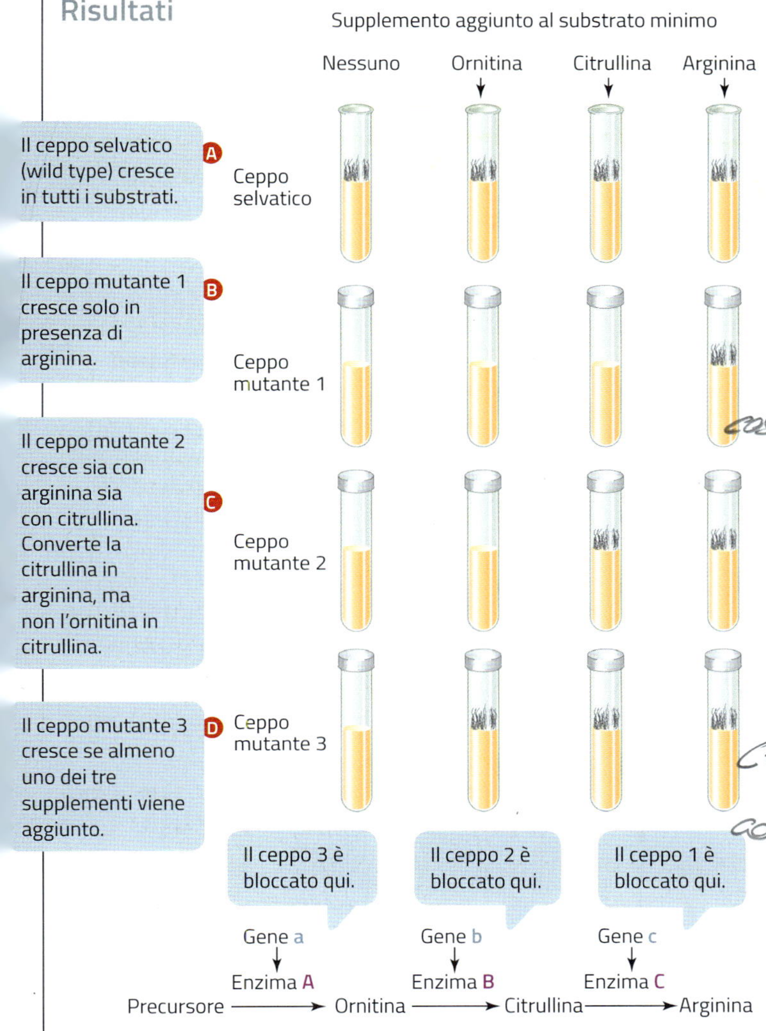

Supplemento aggiunto al substrato minimo

Nessuno Ornitina Citrullina Arginina

A Il ceppo selvatico (wild type) cresce in tutti i substrati.

Ceppo selvatico

B Il ceppo mutante 1 cresce solo in presenza di arginina.

Ceppo mutante 1

C Il ceppo mutante 2 cresce sia con arginina sia con citrullina. Converte la citrullina in arginina, ma non l'ornitina in citrullina.

Ceppo mutante 2

D Il ceppo mutante 3 cresce se almeno uno dei tre supplementi viene aggiunto.

Ceppo mutante 3

Il ceppo 3 è bloccato qui.   Il ceppo 2 è bloccato qui.   Il ceppo 1 è bloccato qui.

Gene a   Gene b   Gene c

Enzima A   Enzima B   Enzima C

Precursore ⟶ Ornitina ⟶ Citrullina ⟶ Arginina

Se un organismo non può convertire un dato composto in un altro, presumibilmente manca dell'enzima richiesto per tale conversione e la mutazione si trova nel gene che codifica per quell'enzima.

Conclusione
Ogni gene specifica un particolare enzima.

Figura 3.1 Un gene, un enzima Beadle e Tatum studiarono alcuni mutanti «*arg*» di *Neurospora crassa*. Per crescere, questi ceppi necessitano dell'aggiunta di diversi composti al terreno di coltura (ornitina e citrullina sono due amminoacidi precursori dell'arginina), così da poter sintetizzare l'amminoacido arginina. Lo schema mostra l'esperimento che portò alla formulazione dell'assunto «un gene, un enzima».

Quando esaminarono le muffe trattate, trovarono che alcuni ceppi mutanti non erano più in grado di svilupparsi sul terreno minimo, ma potevano farlo aggiungendo una sostanza nutritiva. I mutanti avevano subito mutazioni nei geni che codificano gli enzimi impiegati per sintetizzare quelle sostanze nutritive.

Per ciascun ceppo, Beadle e Tatum individuarono il composto che, aggiunto al terreno minimo, bastava a sostenerne la crescita. Il loro lavoro sperimentale consentì di stabilire che le mutazioni avevano un effetto semplice e che ogni mutazione in un determinato gene causava la perdita di funzionalità dell'enzima specificato dal quel gene. Tale conclusione è diventata famosa come l'ipotesi «un gene, un enzima». Oggi conosciamo centinaia di malattie ereditarie in cui un gene difettoso determina un errore nella produzione di uno specifico enzima.

Ricorda Grazie ad alcuni esperimenti su *Neurospora crassa*, Beadle e Tatum formularono l'ipotesi «**un gene, un enzima**».

2 Un passo in più: un gene, un polipeptide

La relazione gene-enzima, poi, ha subito alcune modifiche. Innanzitutto oggi sappiamo che i geni sono sequenze di nucleotidi in una molecola di DNA. In secondo luogo, non tutte le proteine che influiscono sul fenotipo sono enzimi. Oltre a ciò, spesso le proteine, compresi molti enzimi, hanno una struttura quaternaria: sono composte cioè da varie catene polipeptidiche.

L'emoglobina, per esempio, contiene quattro catene polipeptidiche, due di un tipo e due di un altro; ogni catena polipeptidica è specificata da un gene distinto. Anziché dire «un gene, un enzima» è più giusto usare l'espressione «**un gene, un polipeptide**». In altre parole, la funzione di un gene è il controllo della produzione di un singolo polipeptide specifico.

Il gene non costruisce direttamente il polipeptide, ma fornisce le informazioni che la cellula «traduce» nella catena polipeptidica corrispondente. Per questo si dice che il gene *esprime* un singolo polipeptide. Questa affermazione è valida per la maggior parte dei geni, ma non ha valore universale: alcuni geni si esprimono controllando *altre* sequenze di DNA. I geni che determinano la produzione di un polipeptide rappresentano comunque il livello fondamentale di controllo dello sviluppo della cellula.

Ricorda Ulteriori studi modificarono l'assunto di Beadle e Tatum in «**un gene, un polipeptide**».

verifiche di fine lezione

Rispondi

A Perché Beadle e Tatum formularono l'espressione «un gene, un enzima»?

B Perché è più corretto dire «un gene, un polipeptide»?

C Come definiresti un gene in termini funzionali?

lezione 2

L'informazione passa dal DNA alle proteine

Dopo aver proposto la struttura tridimensionale del DNA, Crick cominciò a considerare il problema del rapporto funzionale fra DNA e proteine. Questo lo portò a enunciare quello che chiamò il *dogma centrale* della biologia molecolare.

3 Il dogma centrale: la trascrizione e la traduzione

Una volta definita la struttura del DNA, molti scienziati spostarono la loro attenzione sui processi che consentono di passare dal DNA alle proteine. L'acido desossiribonucleico è infatti il detentore dell'informazione genetica ed è quasi interamente confinato nel nucleo, mentre le proteine determinano il fenotipo di un organismo e sono sintetizzate nel citoplasma.

Tra questi c'era uno degli scopritori della struttura del DNA, Francis Crick, che nel 1958 enunciò quello che lui stesso definì il **dogma centrale della biologia molecolare**: il gene è un tratto di DNA contenente le informazioni per la produzione di una catena polipeptidica, ma la proteina non contiene l'informazione per la produzione di altre proteine, dell'RNA o del DNA (figura 3.2). Tale principio solleva due interrogativi:
1. in che modo l'informazione passa dal nucleo al citoplasma?
2. in che rapporto stanno una determinata sequenza nucleotidica del DNA e una determinata sequenza amminoacidica di una proteina?

Per rispondere a queste domande Crick propose due ipotesi.

La trascrizione e l'ipotesi del messaggero. Per spiegare in che modo l'informazione passa dal nucleo al citoplasma, il gruppo di Crick propose che da un filamento di DNA di un particolare gene si formasse per copia complementare una molecola di RNA. L'**RNA messaggero** o **mRNA** si sposta poi dal nucleo al citoplasma dove, a livello dei ribosomi, serve da stampo per la sintesi delle proteine. Il processo con cui si forma questo RNA si chiama **trascrizione** (figura 3.3).

Negli anni Settanta del secolo scorso, tuttavia, è stato scoperto un virus, chiamato **retrovirus**, che ha come materiale genetico una molecola di RNA ed è in grado, nel corso di un'infezione, di ricopiarla in DNA, in quanto possiede un enzima virale detto **trascrittasi inversa**.

La traduzione e l'ipotesi dell'adattatore. Per spiegare in che modo una sequenza di DNA si trasforma nella sequenza di amminoacidi di un polipeptide, Crick suggerì l'ipotesi dell'adattatore: deve esistere una *molecola adattatrice* capace di legarsi in modo specifico a un amminoacido e di riconoscere una sequenza di nucleotidi. La immaginò provvista di due regioni, una che svolge la funzione di legame e l'altra che svolge la funzione di riconoscimento. Tale molecola adattatrice è poi stata trovata: si tratta dell'**RNA transfer**, o **tRNA**.

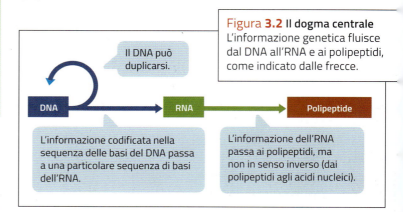

Figura **3.2** Il dogma centrale
L'informazione genetica fluisce dal DNA all'RNA e ai polipeptidi, come indicato dalle frecce.

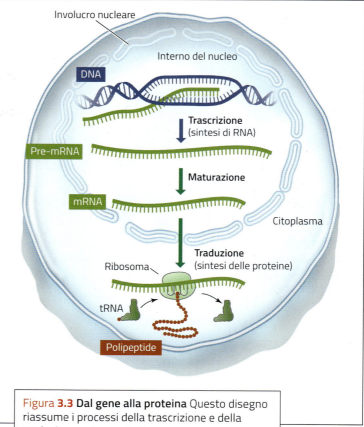

Figura **3.3** Dal gene alla proteina Questo disegno riassume i processi della trascrizione e della traduzione nei procarioti.

Dato che riconosce il messaggio genetico dell'mRNA e allo stesso tempo trasporta specifici amminoacidi, il tRNA è in grado di *tradurre* il linguaggio del DNA in linguaggio delle proteine. Gli adattatori di tRNA legati agli amminoacidi si allineano lungo la sequenza dell'mRNA in modo tale da garantire la costruzione della giusta sequenza per la crescita di una catena polipeptidica: un processo chiamato **traduzione** (*vedi* figura 3.3).

L'osservazione della reale espressione di migliaia di geni ha confermato l'ipotesi che il tRNA agisca da intermediario fra l'informazione di una sequenza nucleotidica dell'mRNA e la sequenza amminoacidica di una proteina.

Ricorda — Il **dogma centrale della biologia** afferma che l'informazione genetica passa dal DNA, all'RNA alle proteine tramite molecole adattatrici: i tRNA.

4 L'RNA è leggermente diverso dal DNA

Un intermediario fondamentale fra il tratto di una molecola di DNA corrispondente a un gene e il polipeptide che a esso corrisponde è, quindi, l'**RNA** (acido ribonucleico). Questo polinucleotide è simile al DNA, ma differisce per tre aspetti:

1. generalmente l'RNA è formato da un unico filamento;
2. la molecola di zucchero che si trova nell'RNA è il ribosio, anziché il desossiribosio del DNA;
3. tre basi azotate (adenina, guanina e citosina) dell'RNA sono le stesse del DNA, ma la quarta base dell'RNA è l'**uracile** (U), che ha una struttura simile alla timina che sostituisce.

L'RNA si appaia alle basi di un filamento singolo di DNA. Questo appaiamento obbedisce alle stesse regole di complementarietà delle basi che valgono per il DNA, salvo che *l'adenina si appaia con l'uracile* anziché con la timina. Inoltre l'RNA, pur essendo a filamento singolo, può ripiegarsi su se stesso e assumere forme complesse in seguito a un appaiamento di basi intramolecolare.

Esistono numerose classi di RNA, ognuna delle quali svolge funzioni specifiche. Le principali sono:

- **RNA messaggero** (o mRNA): è «l'intermediario» che porta una copia delle informazioni di un tratto di DNA ai ribosomi. La sua caratteristica più importante è la *sequenza lineare*;
- **RNA transfer** (o tRNA): è «l'adattatore» che porta gli amminoacidi ai ribosomi e li colloca nella posizione corretta grazie a una precisa e complessa *struttura tridimensionale*;
- **RNA ribosomiale** (o rRNA): entra a far parte dei ribosomi e permette di realizzare la sintesi proteica. Ha quindi un ruolo *strutturale* e *funzionale*.

Ricorda — L'**RNA** è un polinucleotide simile al DNA, ma differisce da esso perché è a unico filamento, contiene lo zucchero ribosio, ha l'uracile al posto della timina.

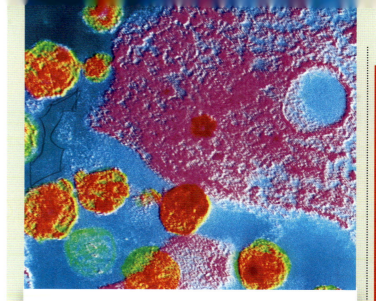

PER SAPERNE DI PIÙ

Un'eccezione al dogma centrale: i virus a RNA

Esistono virus a RNA e altri in grado di convertire il loro RNA in DNA.

Molti virus, come il virus del mosaico del tabacco e il virus dell'influenza, hanno come materiale genetico l'RNA anziché il DNA. L'RNA è potenzialmente in grado di funzionare da trasportatore dell'informazione e di esprimersi nelle proteine, ma, se l'RNA di solito è a filamento singolo, come fa a duplicarsi? Generalmente i virus risolvono il problema con una trascrizione da RNA a RNA, da cui ottengono un RNA complementare al loro genoma. Questo filamento «opposto» viene usato per sintetizzare copie multiple del genoma virale.

Il genoma del virus dell'immunodeficienza umana (HIV) e di certe forme tumorali rare è anch'esso a RNA, ma non si duplica da RNA a RNA. Dopo aver infettato la cellula ospite, questi virus, grazie alla trascrittasi inversa, eseguono una copia in DNA del proprio genoma e la usano per produrre altro RNA. Questo RNA serve sia come stampo per fare altre copie del genoma virale sia come mRNA per produrre le proteine virali.

DNA ⇄ RNA → Polipeptide

La sintesi del DNA a partire dall'RNA prende il nome di *trascrizione inversa*; i virus che la mettono in atto sono detti *retrovirus*. La parte fondamentale del dogma di Crick, il fatto che l'informazione genetica non può ritornare dalle proteine agli acidi nucleici, non è smentita da questa parziale eccezione. In altri termini, Crick ha affermato che il fenotipo non può passare informazioni al genotipo; ciò resta a tutt'oggi perfettamente confermato dai fatti.

verifiche di fine lezione

Rispondi

A. Che cosa afferma il dogma centrale della biologia molecolare?
B. Quali ruoli svolgono gli RNA presenti nelle cellule?
C. Quali sono le differenze tra DNA e RNA?

Lezione **2** L'informazione passa dal DNA alle proteine

lezione

3

La trascrizione: dal DNA all'RNA

La trascrizione, cioè la formazione di uno specifico RNA a partire dal DNA, richiede uno stampo di DNA, ATP, GTP, CTP e UTP che facciano da substrato, e l'enzima RNA polimerasi. Lo stesso processo è responsabile della sintesi del tRNA e dell'RNA ribosomiale (rRNA). Anche questi RNA sono codificati da geni specifici.

5 La trascrizione avviene in tre tappe

All'interno di ciascun gene viene trascritto uno solo dei due filamenti di DNA, il filamento stampo, mentre il filamento complementare resta non trascritto. Questa differenza funzionale non vale per tutta la molecola di DNA: il filamento che in un gene è stampo, in un altro gene può non esserlo.

Il processo di trascrizione è suddiviso in tre stadi: inizio, allungamento e terminazione (figura 3.4). L'inizio richiede un **promotore** (o *primer*), una speciale sequenza di DNA alla quale si lega molto saldamente la RNA polimerasi. Per ogni gene (nei procarioti, per ogni serie di geni) c'è almeno un promotore.

I promotori sono importanti sequenze di controllo che «dicono» all'RNA polimerasi tre cose: da dove far partire la trascrizione, quale filamento del DNA trascrivere e in quale direzione procedere.

I promotori funzionano un po' come i segni di punteggiatura perché stabiliscono come debba essere letta la sequenza di parole di una frase. Una parte di ogni promotore è il *sito di inizio*, dove incomincia la trascrizione.

Ogni gene ha un promotore, ma non tutti i promotori sono uguali; alcuni sono più efficaci di altri nel dare inizio alla trascrizione.

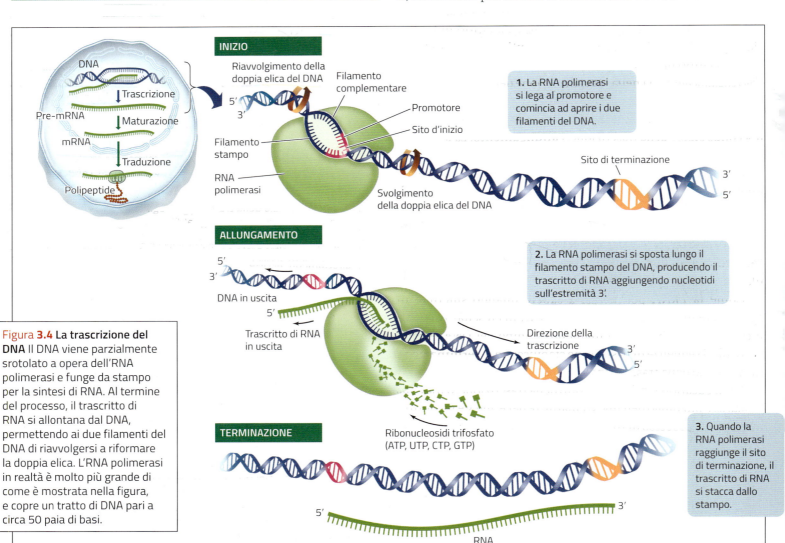

Figura 3.4 La trascrizione del DNA Il DNA viene parzialmente srotolato a opera dell'RNA polimerasi e funge da stampo per la sintesi di RNA. Al termine del processo, il trascritto di RNA si allontana dal DNA, permettendo ai due filamenti del DNA di riavvolgersi a riformare la doppia elica. L'RNA polimerasi in realtà è molto più grande di come è mostrata nella figura, e copre un tratto di DNA pari a circa 50 paia di basi.

Esistono differenze fra i promotori degli eucarioti e quelli dei procarioti. Nei procarioti, il promotore è una sequenza di DNA situata in prossimità dell'estremità 5' della regione che codifica una proteina. Un promotore procariotico possiede due sequenze fondamentali: la **sequenza di riconoscimento**, ossia la sequenza riconosciuta dall'RNA polimerasi, e il **TATA box** (così denominato poiché ricco di coppie di basi AT), che si trova più vicino al sito di inizio e in corrispondenza del quale il DNA inizia a denaturarsi per esporre il filamento stampo.

Le cose sono notevolmente diverse negli eucarioti (figura 3.5). L'RNA polimerasi degli eucarioti non è in grado di legarsi semplicemente al promotore e di iniziare a trascrivere; essa infatti si lega al DNA soltanto dopo che sul cromosoma si sono associate varie proteine regolatrici dette **fattori di trascrizione**. Il primo fattore di trascrizione si lega al TATA box, inducendo un cambiamento di forma sia di sé stesso sia del DNA, favorendo così il legame di altri fattori di trascrizione (tra cui l'RNA polimerasi) che vanno a formare il *complesso di trascrizione*.

Alcune sequenze del DNA, come il TATA box, si trovano comunemente nei promotori di molti geni eucariotici e vengono riconosciute da fattori di trascrizione presenti in tutte le cellule dell'organismo. Altre sequenze dei promotori sono specifiche di particolari geni e vengono riconosciute da fattori di trascrizione presenti soltanto in particolari tessuti (figura 3.6). Questi specifici fattori di trascrizione svolgono un ruolo importante nel *differenziamento*, ossia nella specializzazione delle cellule durante lo sviluppo.

Dopo che l'RNA polimerasi si è legata al promotore, comincia il secondo stadio della trascrizione: l'**allungamento**. La RNA polimerasi apre il DNA e legge il filamento stampo in direzione 3'→5'. Come la DNA polimerasi, anche la RNA polimerasi aggiunge i nuovi nucleotidi all'estremità 3' del filamento in crescita, quindi la direzione in cui cresce l'RNA è da 5' a 3', ma non ha bisogno di un primer per dare inizio al processo. Il nuovo RNA si allunga verso l'estremità 3' partendo dalla prima base che costituisce l'estremità 5'; di conseguenza l'RNA trascritto è antiparallelo al filamento di stampo del DNA.

Come fa l'RNA polimerasi a sapere quando smettere di aggiungere nucleotidi al trascritto di RNA in crescita? Analogamente al sito di inizio, sul filamento stampo del DNA ci sono particolari sequenze di basi che ne stabiliscono la **terminazione** (terzo stadio della trascrizione).

Negli eucarioti il primo prodotto della trascrizione, o *trascritto primario*, è più lungo dell'mRNA maturo e deve andare incontro a un notevole processo di trasformazione prima di essere tradotto.

Ricorda La **trascrizione** è il processo attraverso il quale si forma una molecola di RNA a partire da uno stampo di DNA. Avviene in tre tappe: inizio, allungamento e terminazione, e negli eucarioti coinvolge varie proteine regolatrici.

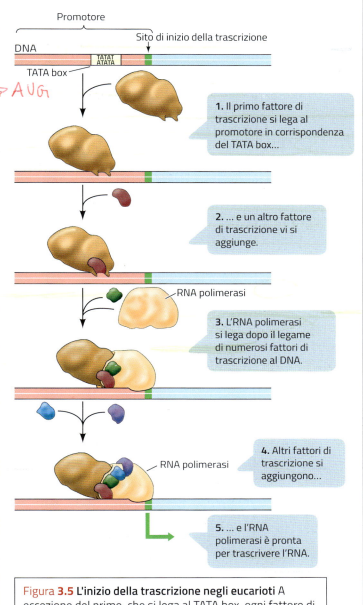

Figura 3.5 **L'inizio della trascrizione negli eucarioti** A eccezione del primo, che si lega al TATA box, ogni fattore di trascrizione di questo complesso possiede siti di legame soltanto per altre proteine del complesso e non si lega direttamente al DNA.

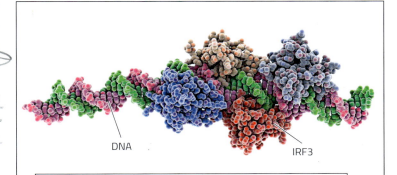

Figura 3.6 **Il fattore di trascrizione IRF3 lega il DNA** Modello molecolare del fattore di trascrizione per l'interferone avvolto attorno alla molecola di DNA che codifica per le catene α e β dell'interferone (proteina prodotta dai leucociti in risposta a un'infezione da virus).

CODONE = sequenza 3 basi → specifica un particolare amminoacido

6   Il codice genetico

La sequenza di nucleotidi che compone l'RNA (e quindi il gene) contiene le informazioni necessarie a ottenere gli amminoacidi: è il linguaggio del **codice genetico**. Il messaggio contenuto nella molecola di RNA può essere visto come una serie lineare di parole di tre lettere. Ogni sequenza di tre basi (le tre «lettere») lungo la catena polinucleotidica dell'RNA è un'unità di codice, o **codone**, e specifica un particolare amminoacido. Ciascun codone è complementare alla corrispondente tripletta di basi nella molecola di DNA su cui è stato trascritto. Il codice genetico crea una corrispondenza tra i codoni e i loro specifici amminoacidi.

Come puoi notare nella figura **3.7**, ci sono molti più codoni di quanti siano i diversi amminoacidi delle proteine. Con quattro possibili «lettere» (le basi) si possono scrivere 64 (4^3) parole di tre lettere (i codoni), ma gli amminoacidi specificati da questi codoni sono solo 20. AUG, che codifica la metionina, è anche il **codone di inizio**, il segnale che avvia la traduzione (o sintesi proteica). Tre codoni (UAA, UAG, UGA) funzionano da segnali di terminazione della traduzione, o **codoni di stop**; quando il dispositivo per la traduzione raggiunge uno di questi codoni, la traduzione si interrompe e il polipeptide si stacca. Il codice genetico presenta due caratteristiche principali.

■ **Il codice è degenerato ma non è ambiguo.** Tolti i codoni di inizio e di stop, restano 60 codoni, molti di più di quelli necessari per codificare gli altri 19 amminoacidi: infatti a quasi tutti gli amminoacidi corrispondono più codoni. Perciò si dice che il codice è *degenerato* (si intende che è *ridondante*, ovvero esistono più «parole» che «oggetti»). Per esempio, la leucina è rappresentata da sei codoni diversi. Il codice genetico non è però ambiguo: un amminoacido può essere specificato da più codoni, ma un codone può specificare un solo amminoacido.

■ **Il codice genetico è (quasi) universale.** Oltre 40 anni di esperimenti su migliaia di organismi di ogni tipo dimostrano che il codice è *quasi* universale, cioè nella maggior parte delle specie un codone specifica sempre lo stesso amminoacido. Quindi il codice deve essersi affermato in tempi remoti e da allora si è conservato immutato durante tutta l'evoluzione. Si conoscono tuttavia alcune eccezioni: il codice dei mitocondri e dei cloroplasti è un po' diverso sia rispetto a quello dei procarioti sia delle cellule eucariotiche; in un gruppo di protisti, UAA e UAG codificano la glutammina anziché funzionare da codoni di stop. Il significato di queste differenze non è chiaro, ma sono modeste e rare.

Ricorda   La traduzione del messaggio in proteine richiede un **codice genetico**, ovvero una chiave di lettura universale per tutti gli organismi.

		Seconda lettera				
		U	**C**	**A**	**G**	
U		UUU UUC Fenilalanina	UCU UCC Serina	UAU UAC Tirosina	UGU UGC Cisteina	U C
		UUA UUG Leucina	UCA UCG Serina	UAA STOP UAG STOP	UGA STOP UGG Triptofano	A G
C		CUU CUC CUA CUG Leucina	CCU CCC CCA CCG Prolina	CAU CAC Istidina / CAA CAG Glutammina	CGU CGC CGA CGG Arginina	U C A G
A		AUU AUC Isoleucina / AUA / AUG Metionina; INIZIO	ACU ACC ACA ACG Treonina	AAU AAC Asparagina / AAA AAG Lisina	AGU AGC Serina / AGA AGG Arginina	U C A G
G		GUU GUC GUA GUG Valina	GCU GCC GCA GCG Alanina	GAU GAC Acido aspartico / GAA GAG Acido glutammico	GGU GGC GGA GGG Glicina	U C A G

Prima lettera (colonna sinistra) — Terza lettera (colonna destra)

Figura 3.7 Il codice genetico
L'informazione genetica è codificata nell'RNA sotto forma di unità di tre lettere (codoni), formate dalle basi uracile (U), citosina (C), adenina (A) e guanina (G). Per decifrare un codone, si ricerca la prima lettera nella colonna a sinistra, quindi si scorre orizzontalmente cercando la seconda lettera nella fila in alto, e infine si legge l'amminoacido corrispondente alla terza lettera della colonna di destra nella casella così selezionata.

verifiche di fine lezione

Rispondi

A Come e da quali proteine regolatrici è sintetizzato il trascritto di RNA?

B Qual è la funzione del promotore?

C Che cos'è il codice genetico? E che cosa vuol dire «degenerato»?

PER SAPERNE DI PIÙ

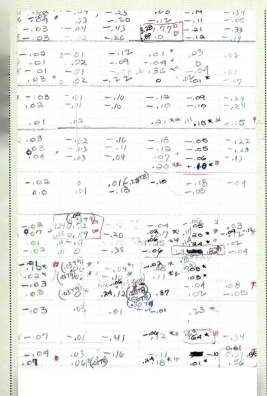

Quattro lettere, venti parole

Agli inizi degli anni Sessanta, i biologi molecolari sono riusciti a «decrittare» il codice genetico. Il problema in cui erano impegnati li lasciava perplessi: come è possibile scrivere 20 «parole» con un alfabeto di sole quattro «lettere»?

Come fanno le quattro basi (A, U, G, C) a specificare 20 diversi amminoacidi?
Una possibilità era un codice a triplette, basato su codoni di tre lettere.

Disponendo di sole quattro lettere (A, U, G, C), chiaramente un codice a una sola lettera poteva codificare in modo non ambiguo soltanto quattro amminoacidi, e non 20. Un codice a due lettere ne avrebbe codificati 4 x 4 = 16, ancora troppo pochi. Ma un codice a triplette avrebbe potuto render conto di 4 x 4 x 4 = 64 codoni, più che sufficienti per 20 amminoacidi.

Il primo passo verso la decifrazione del codice genetico è stato compiuto nel 1961 dai biochimici Marshall W. Nirenberg e J. Heinrich Matthaei (figura A), quando capirono che come messaggero potevano usare un semplice *polinucleotide artificiale* invece che un mRNA naturale, ben più complesso. Riuscirono, poi, a identificare il polipeptide codificato da tale messaggero artificiale.

I due ricercatori prepararono un mRNA artificiale in cui tutte le basi erano costituite dall'uracile (un mRNA sintetico detto, appunto, *poli U*). Aggiungendo un poli U in una provetta contenente gli ingredienti necessari alla sintesi proteica, si formò una catena polipeptidica tutta composta da un solo tipo di amminoacido: la fenilalanina.

Dunque un poli U codificava la fenilalanina; di conseguenza, UUU era la parola in codice – il codone – per specificare la fenilalanina (figura B).

Sulla scia di questo successo, Nirenberg e Matthaei dimostrarono ben presto che CCC codifica la prolina, e AAA codifica la lisina (poli G presentava qualche problema dal punto di vista chimico e inizialmente non fu preso in esame). UUU, CCC e AAA erano tre codoni fra i più facili; per venire a capo degli altri fu necessario modificare l'approccio sperimentale.

In seguito, altri scienziati hanno scoperto che era possibile legare a un ribosoma semplici mRNA artificiali lunghi tre sole basi (ciascuno equivalente a un codone) e che il complesso risultante induceva la formazione di un legame fra il tRNA corrispondente e il suo amminoacido specifico. Così, per esempio, un semplice UUU faceva legare al ribosoma il tRNA che trasportava la fenilalanina.

Dopo questa scoperta è stato relativamente semplice decifrare l'intero codice genetico. Per scoprire l'amminoacido rappresentato da un certo codone, Nirenberg ha ripetuto il suo esperimento usando un campione di mRNA artificiale con quel codone e ha osservato quale amminoacido si andava a legare.

Figura A Un messaggio criptato
Gli scienziati Matthaei (a sinistra) e Nirenberg (a destra) con i loro esperimenti trovarono la chiave per capire come andava decifrata la molecola della vita.

Si prepara un estratto di cellule batteriche contenente tutte le componenti necessarie per sintetizzare le proteine, tranne l'mRNA.

Si aggiunge alla soluzione un mRNA artificiale contenente solo un'unica base più volte ripetuta.

Il polipeptide prodotto è sostituito da un solo amminoacido ripetuto.

+ poli U  →

+ poli C  →

Figura B La decifrazione del codice genetico
Nirenberg e Matthaei usarono un sistema di «sintesi in vitro (in provetta)» per determinare gli amminoacidi specificati da mRNA sintetici di composizione conosciuta.

lezione

4

La traduzione: dall'RNA alle proteine

La traduzione delle informazioni portate dall'mRNA avviene nei ribosomi e richiede la presenza di tRNA, enzimi, fattori di vario genere, ATP e naturalmente amminoacidi. In questo paragrafo esamineremo il ruolo di ciascuna sostanza e le diverse tappe del processo di sintesi proteica che porta alla formazione di una catena polipeptidica, che in seguito verrà modificata e trasformata in una proteina funzionante.

7 Il ruolo del tRNA

Come già aveva proposto Crick con la sua ipotesi dell'adattatore, la traduzione dell'mRNA in proteine richiede una molecola che metta in relazione l'informazione contenuta nei codoni dell'mRNA con specifici amminoacidi delle proteine. Questa funzione è svolta dal tRNA.

Per garantire che la proteina fabbricata sia quella specificata dall'mRNA, il tRNA deve leggere correttamente i codoni dell'mRNA e associare a ciascuno l'amminoacido corrispondente. Per farlo la molecola di tRNA svolge tre funzioni:

1. «si carica» di un amminoacido;
2. si associa alle molecole di mRNA;
3. interagisce con i ribosomi.

La struttura molecolare del tRNA è strettamente collegata a queste funzioni e non è univoca: per ognuno dei 20 amminoacidi c'è almeno un tipo specifico di molecola di tRNA. Ogni tRNA contiene circa 75-80 nucleotidi e presenta una *configurazione* che è mantenuta da legami a idrogeno fra i tratti della sequenza che contengono basi complementari (figura 3.8).

La configurazione di una molecola di tRNA è perfettamente adattata alle interazioni con speciali siti di legame sui ribosomi. All'estremità 3' di ogni molecola di tRNA si trova un *sito di attacco per l'amminoacido*: il punto in cui l'amminoacido specifico si lega in modo covalente. Verso la metà della sequenza del tRNA c'è un gruppo di tre basi, chiamato **anticodone**, che costituisce il sito di appaiamento fra basi complementari con l'mRNA.

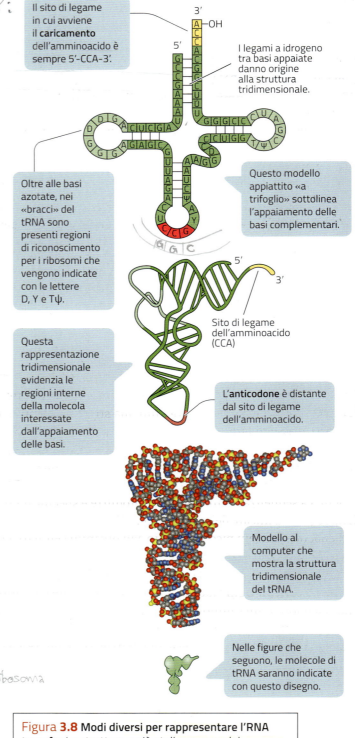

Figura **3.8** Modi diversi per rappresentare l'RNA transfer La struttura a più steli con anse del tRNA si adatta bene alle sue funzioni: il legame con l'amminoacido, l'associazione con l'mRNA e l'interazione con il ribosoma.

Ricorda Il meccanismo della traduzione richiede una molecola di **tRNA** in grado di leggere in modo corretto i codoni sull'mRNA, associare a ciascuno l'amminoacido corrispondente, e interagire con i ribosomi.

8 Gli enzimi attivanti legano i tRNA agli amminoacidi

Il caricamento di ciascun tRNA con l'amminoacido corrispondente è realizzato da una famiglia di enzimi attivanti noti con il nome di *amminoacil-tRNA-sintetasi*. Ogni enzima attivante è specifico per un solo amminoacido e per il tRNA corrispondente; grazie alla sua struttura tridimensionale il tRNA viene riconosciuto dall'enzima attivante, con un tasso di errore molto basso. Anche il tasso di errore nel riconoscimento dell'amminoacido è basso, dell'ordine di 1 su 1000.

L'amminoacido si attacca all'estremità 3' del tRNA con un legame ricco di energia, formando un tRNA carico. Questo legame fornirà l'energia necessaria alla formazione del legame peptidico che manterrà uniti gli amminoacidi adiacenti.

Ricorda Il caricamento dei diversi tRNA avviene grazie a una famiglia di enzimi, gli **amminoacil-tRNA-sintetasi**, che legano l'amminoacido al tRNA tramite un legame ad alta energia.

9 Per la traduzione servono i ribosomi

Un ruolo determinante nella sintesi proteica è svolto dai **ribosomi**. Essi non sono dei veri organuli, ma strutture complesse in grado di assemblare correttamente una catena polipeptidica, trattenendo nella giusta posizione l'mRNA e i tRNA carichi. I ribosomi *non* sono specifici per la sintesi di un solo polipeptide; ogni ribosoma può usare qualsiasi mRNA e tutti i tipi di tRNA carichi. La sequenza polipeptidica da produrre è specificata *solo* dalla sequenza lineare dei codoni dell'mRNA.

Sebbene siano più piccoli rispetto agli organuli cellulari, i ribosomi hanno una massa di svariati milioni di dalton (Da, l'unità di massa atomica unificata) e ciò li rende assai più voluminosi dei tRNA carichi. Ogni ribosoma è costituito da due subunità, una maggiore e una minore (figura 3.9) che si uniscono solo durante la traduzione. Negli eucarioti, la **subunità maggiore** è composta da tre molecole diverse di RNA ribosomiale (rRNA) e da 45 molecole proteiche differenti, disposte secondo uno schema preciso; la **subunità minore** contiene una sola molecola di rRNA e 33 molecole proteiche diverse.

I ribosomi dei procarioti sono un po' più piccoli e contengono proteine ed RNA diversi, ma sono anch'essi formati da due subunità. Anche i mitocondri e i cloroplasti contengono ribosomi, simili a quelli dei procarioti.

Sulla subunità maggiore del ribosoma si trovano tre siti di legame per i tRNA. Un tRNA carico scorre tra un sito e l'altro seguendo un ordine preciso.

- Nel **sito A** (amminoacilico) l'anticodone del tRNA carico si lega al codone dell'mRNA, allineando l'amminoacido che va aggiunto alla catena polipeptidica in crescita.
- Nel **sito P** (peptidilico) il tRNA cede il proprio amminoacido alla catena polipeptidica in crescita.
- Nel **sito E** (dall'inglese *exit*, uscita) viene a trovarsi il tRNA che ha ormai consegnato il proprio amminoacido, prima di staccarsi dal ribosoma, tornare nel citosol e raccogliere un'altra molecola di amminoacido per ricominciare il processo.

Ricorda I **ribosomi** sono complessi che consentono la sintesi proteica. Sono costituiti da due subunità separate che si uniscono durante la traduzione.

10 Le tappe della traduzione: l'inizio

Come la trascrizione, anche la traduzione avviene in tre tappe: inizio, allungamento e terminazione.

Come abbiamo visto il codone di inizio nell'mRNA è AUG (*vedi* figura 3.7). Per complementarietà delle basi, l'anticodone di un tRNA caricato con metionina si lega al codone di inizio. Perciò il primo amminoacido di una catena polipeptidica è sempre la metionina, anche se non tutte le proteine mature portano questo amminoacido come N-terminale; in molti casi, dopo la traduzione la metionina iniziale viene rimossa da un enzima.

La traduzione dell'mRNA incomincia con la formazione di un **complesso di inizio**, costituito da un tRNA caricato con il primo

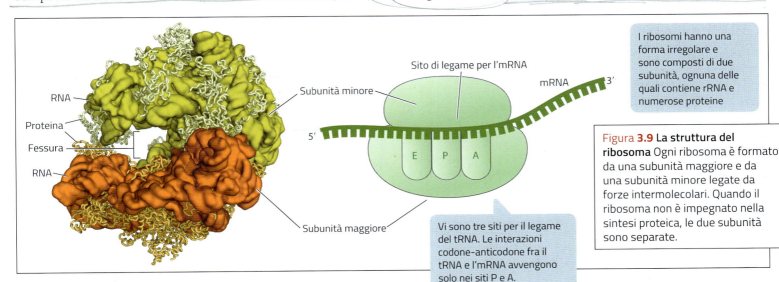

Figura 3.9 La struttura del ribosoma Ogni ribosoma è formato da una subunità maggiore e da una subunità minore legate da forze intermolecolari. Quando il ribosoma non è impegnato nella sintesi proteica, le due subunità sono separate.

I ribosomi hanno una forma irregolare e sono composti di due subunità, ognuna delle quali contiene rRNA e numerose proteine

Vi sono tre siti per il legame del tRNA. Le interazioni codone-anticodone fra il tRNA e l'mRNA avvengono solo nei siti P e A.

amminoacido della catena polipeptidica (la metionina) e da una subunità ribosomiale minore, entrambi legati all'mRNA (figura 3.10). Per prima cosa l'rRNA della subunità minore si lega a un sito di legame complementare lungo l'mRNA, situato «a monte» (verso l'estremità 5') del codone che dà effettivamente inizio alla traduzione.

Dopo che il tRNA caricato con metionina si è legato all'mRNA, la subunità maggiore del ribosoma si unisce al complesso. A questo punto il tRNA caricato con metionina scorre nel sito P del ribosoma, mentre il sito A si allinea al secondo codone dell'mRNA.

Queste componenti sono tenute insieme correttamente da un gruppo di proteine dette **fattori di inizio**.

Ricorda L'inizio della traduzione comporta la formazione del **complesso di inizio** costituito da un tRNA carico e dalle due subunità del ribosoma, legati insieme all'mRNA.

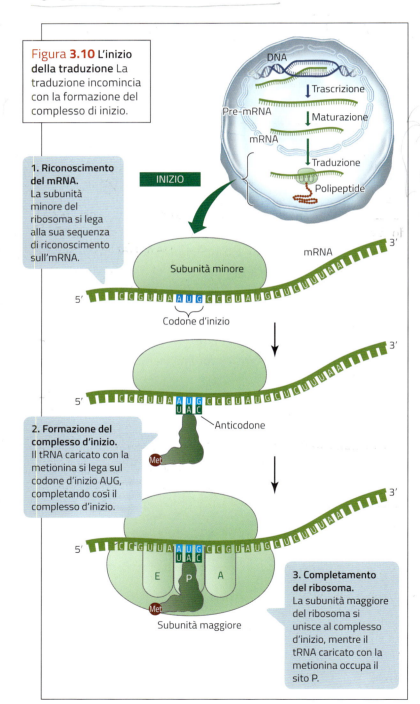

Figura **3.10** L'inizio della traduzione La traduzione incomincia con la formazione del complesso di inizio.

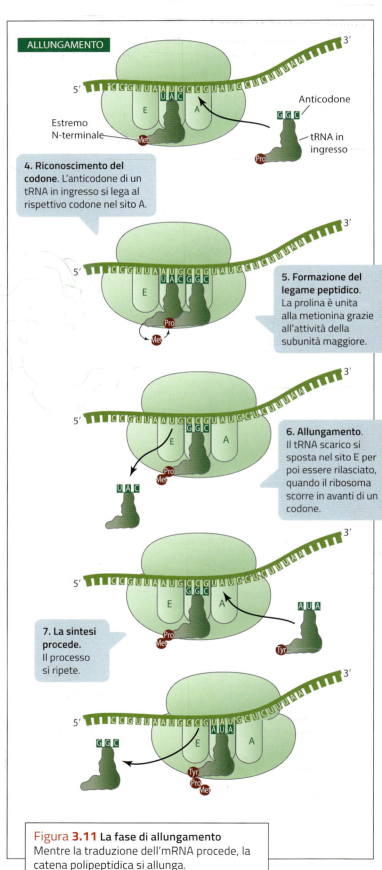

Figura **3.11** La fase di allungamento
Mentre la traduzione dell'mRNA procede, la catena polipeptidica si allunga.

11 Le tappe della traduzione: l'allungamento

L'allungamento procede così: nel sito A della subunità maggiore rimasto libero entra adesso il tRNA carico, il cui anticodone è complementare al secondo codone dell'mRNA (figura 3.11). Quindi la subunità maggiore catalizza due reazioni:

- rompe il legame fra il tRNA nel sito P e il suo amminoacido;
- catalizza la formazione di un **legame peptidico** fra questo amminoacido e quello attaccato al tRNA situato nel sito A. Ora il secondo amminoacido è legato alla metionina, ma è ancora attaccato al proprio tRNA posto nel sito A.

Dopo aver consegnato la propria metionina, il primo tRNA si sposta nel sito E, quindi si stacca dal ribosoma e torna nei citosol per caricarsi con un'altra metionina. Il secondo tRNA, che ora porta un dipeptide (una catena di due amminoacidi) slitta nel sito P, intanto che il ribosoma si sposta di un codone lungo l'mRNA.

Il processo di allungamento della catena polipeptidica continua a mano a mano che si ripetono le seguenti tappe:

- il successivo tRNA carico entra nel sito A rimasto libero e qui il suo anticodone si lega al codone dell'mRNA;
- l'amminoacido appena portato dal tRNA forma un legame peptidico con la catena amminoacidica presente nel sito P, prelevandola così dal tRNA del sito P;
- il tRNA del sito P si sposta nel sito E, da cui poi si distacca. Il ribosoma *avanza* di un codone, cosicché l'intero complesso tRNA-polipeptide viene a trovarsi nel sito P libero.

Tutte queste tappe si svolgono con la partecipazione di proteine dette **fattori di allungamento**.

Ricorda Durante la fase di **allungamento** un nuovo tRNA carico entra nel sito A della subunità maggiore, che promuove la formazione del legame peptidico e l'allungamento della catena polipeptidica.

12 Le tappe della traduzione: la terminazione

La terminazione avviene quando nel sito A entra uno dei tre **codoni di stop**: il ciclo di allungamento si arresta e la traduzione ha termine (figura 3.12). Questi codoni, UAA, UAG e UGA, non codificano nessun amminoacido e non si legano a un tRNA, ma a un fattore di rilascio che consente l'idrolisi del legame fra la catena polipeptidica e il tRNA nel sito P.

A questo punto il polipeptide appena terminato si separa dal ribosoma; come C-terminale ha l'ultimo amminoacido che si è unito alla catena, mentre come N-terminale, almeno inizialmente, ha una metionina.

L'informazione che stabilisce quale configurazione finale avrà e quale sia la sua destinazione cellulare definitiva è già contenuta nella sua sequenza amminoacidica.

La catena polinucleotidica rilasciata dal ribosoma non è necessariamente già funzionale. Avverranno una serie di modificazioni post-traduzionali che possono influire sul ruolo e sulla funzione del polipeptide.

Ricorda La fase di **terminazione** della traduzione avviene quando nell'mRNA compare un codone di stop: il ciclo di allungamento si blocca e il polipeptide si stacca dal ribosoma.

TERMINAZIONE

8. Il legame con un fattore di rilascio. Un fattore di rilascio si lega al complesso quando un codone di stop entra nel sito A.

9. Il distacco del polipeptide. Il fattore di rilascio distacca il polipeptide dal tRNA nel sito P.

10. Terminazione del processo. Le componenti restanti (l'mRNA e le subunità del ribosoma) si separano.

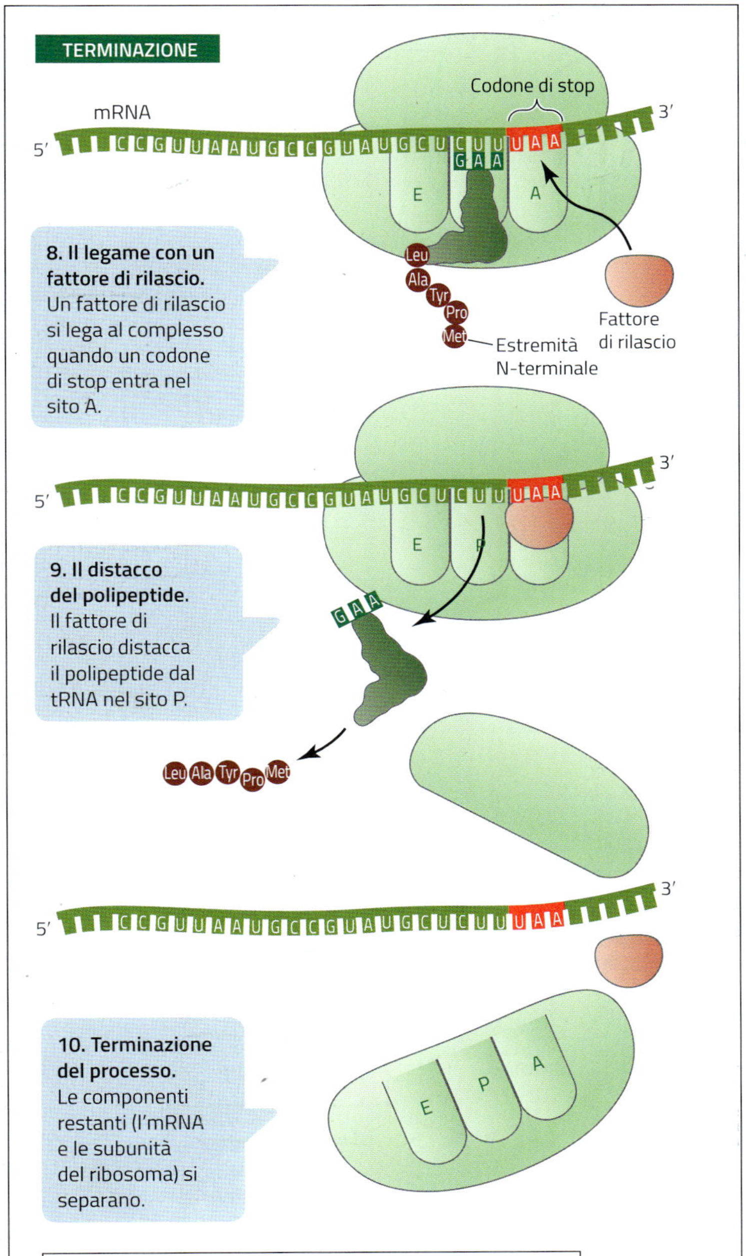

Figura 3.12 La fase di terminazione La traduzione si arresta quando il sito A del ribosoma incontra un codone di stop sull'mRNA.

Lezione 4 La traduzione: dall'RNA alle proteine

④ (Dopo la terminazione)

13 Le modifiche post-traduzionali delle proteine

L'informazione contenuta negli amminoacidi di ogni proteina fornisce due serie di istruzioni supplementari.

1. «La traduzione è finita, sganciati e spostati in un organulo.» Tali proteine sono spedite nel nucleo, nei mitocondri, nei plastidi o nei perossisomi a seconda dell'indirizzo indicato nelle loro etichette, oppure rimangono nel citosol.
2. «Interrompi la traduzione e spostati nel reticolo endoplasmatico.» Una volta completata la propria sintesi all'interno del RER, queste proteine possono rimanere nel reticolo endoplasmatico oppure raggiungere l'apparato di Golgi. Da lì potranno poi essere spedite ai lisosomi, alla membrana plasmatica o, in assenza di istruzioni specifiche, essere secrete dalla cellula mediante vescicole.

A mano a mano che emerge dal ribosoma, la catena polipeptidica si ripiega fino ad assumere la sua forma tridimensionale. La configurazione di una proteina dipende dalla sequenza degli amminoacidi che la compongono e da fattori quali la polarità e la carica dei gruppi R. In definitiva, è grazie alla sua configurazione che una proteina può interagire con altre molecole della cellula, come un substrato o un altro polipeptide.

Oltre a questa informazione strutturale, la sequenza amminoacidica di un polipeptide può contenere una **sequenza segnale**, una specie di «etichetta con l'indirizzo» che indica il punto della cellula dove dirigersi. Il luogo dove un polipeptide dovrà funzionare può essere molto lontano dal suo luogo di sintesi nel citoplasma; questo è specialmente vero per gli eucarioti. La sintesi proteica comincia sempre su ribosomi liberi nel citoplasma, e la destinazione *di default* di ogni proteina neoformata è il citosol. In assenza di una sequenza segnale, la proteina rimarrà nello stesso compartimento cellulare in cui è sintetizzata (figura 3.13).

La sequenza segnale lega uno specifico recettore proteico che si trova sulla superficie dell'organulo di destinazione, a questo punto si forma un canale nella membrana dell'organulo e la proteina può entrare. Per esempio, il segnale di localizzazione nel nucleo (NLS) ha questa sequenza:

Pro-Pro-Lys-Lys-Lys-Arg-Lys-Val-

Come facciamo a saperlo? La funzione di questo peptide fu stabi-

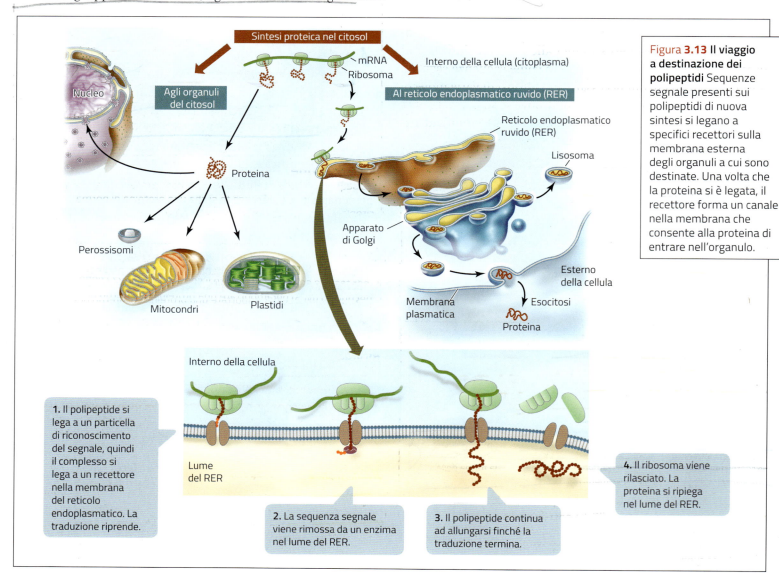

Figura **3.13** Il viaggio a destinazione dei **polipeptidi** Sequenze segnale presenti sui polipeptidi di nuova sintesi si legano a specifici recettori sulla membrana esterna degli organuli a cui sono destinate. Una volta che la proteina si è legata, il recettore forma un canale nella membrana che consente alla proteina di entrare nell'organulo.

lita usando esperimenti come quello illustrato nella figura 3.14.

Se un polipeptide porta un particolare segnale di circa 20 amminoacidi idrofobici alla sua estremità N-terminale, allora sarà direzionato verso il reticolo endoplasmatico rugoso (RER) per un ulteriore **processamento** (*vedi* figura 3.14). La traduzione si ferma momentaneamente, e il ribosoma si lega a un recettore sulla membrana del reticolo endoplasmatico rugoso. Una volta che il complesso polipeptide-ribosoma è legato, la traduzione riprende, l'allungamento continua, e la proteina attraversa la membrana del RER. Questa proteina può essere mantenuta nel reticolo endoplasmatico rugoso, o può migrare da qualche altra parte attraverso il sistema di membrane (apparato di Golgi, lisosomi, o membrana plasmatica), dove può subire un'altra serie di modifiche post-traduzionali essenziali per il suo funzionamento finale (figura 3.15). Se la proteina manca di specifici segnali di modifica che specificano la destinazione all'interno del sistema di membrane, viene generalmente secreta dalla cellula attraverso vescicole che si fondono con il plasmalemma.

L'importanza di questi segnali è evidente nella **mucolipidosi di tipo 2**, una malattia genetica ereditaria che causa la morte in tenera età. Chi ha questa malattia possiede una mutazione nel gene che codifica un enzima dell'apparato di Golgi, la cui funzione è aggiunge zuccheri specifici alle proteine destinate ai lisosomi. Questi zuccheri funzionano come sequenze segnale, senza le quali gli enzimi necessari per l'idrolisi di varie molecole non possono raggiungere i lisosomi, dove sono normalmente attivi. Senza questi enzimi, le macromolecole si accumulano nei lisosomi con effetti drastici, fino alla morte precoce.

Un caso da vicino

Ipotesi
È necessario un segnale di localizzazione nel nucleo (NLS) per importare una proteina all'interno del nucleo.

Metodo
1. Si inietta nel citoplasma una proteina marcata con una sostanza fluorescente.

Risultati
Proteina iniettata:

- Nucleoplasmina, una proteina nucleare contenente una sequenza NLS.
- Nucleoplasmina da cui l'NLS è stata rimossa.
- Piruvato chinasi, una proteina citoplasmatica senza l'NLS.
- Piruvato chinasi a cui è stato attaccato l'NLS.

2. La distribuzione della proteina nella cellula viene poi esaminata mediante un microscopio a fluorescenza.

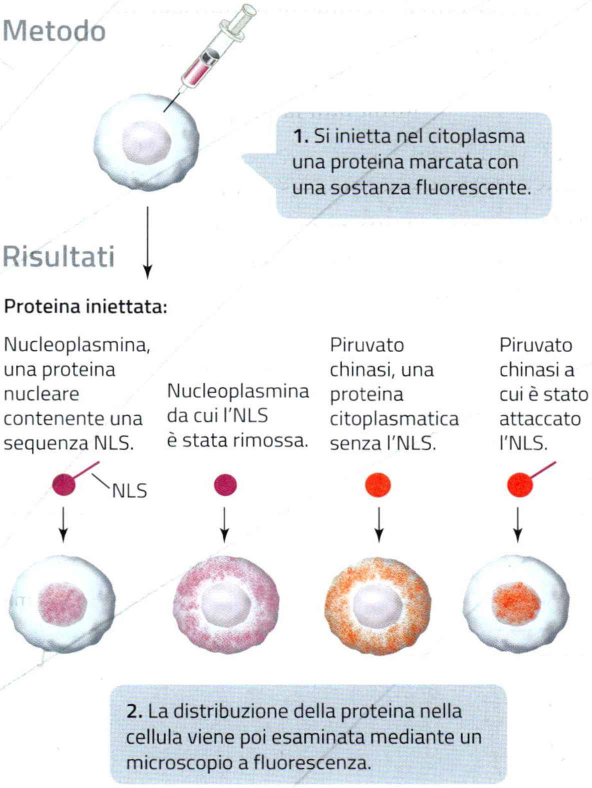

Conclusione
La sequenza NLS è essenziale per l'importazione della proteina nel nucleo e la sua presenza fa sì che una proteina di norma citoplasmatica venga indirizzata al nucleo.

Figura 3.14 **L'identificazione della sequenza segnale A** Richardson e colleghi eseguirono una serie di esperimenti per testare se fosse sufficiente il segnale di localizzazione nel nucleo (NLS) per importare una proteina all'interno del nucleo.

Ricorda Nella sequenza amminoacidica di ogni proteina è indicata sia la sua conformazione strutturale sia la destinazione finale all'interno della cellula. Le proteine subiscono una serie di **modifiche post-traduzionali**.

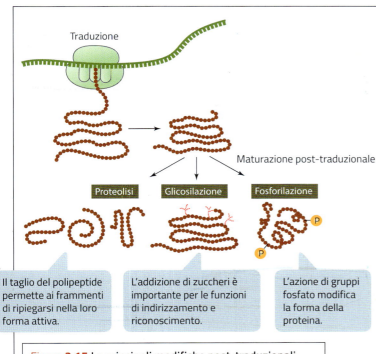

Figura 3.15 **Le principali modifiche post-traduzionali delle proteine** La maggioranza dei polipeptidi devono essere modificati dopo la traduzione per poter diventare proteine funzionali.

- Proteolisi: Il taglio del polipeptide permette ai frammenti di ripiegarsi nella loro forma attiva.
- Glicosilazione: L'addizione di zuccheri è importante per le funzioni di indirizzamento e riconoscimento.
- Fosforilazione: L'azione di gruppi fosfato modifica la forma della proteina.

verifiche di fine lezione

Rispondi

A. Spiega che cosa significano i termini «codone» e «anticodone».

B. Quali sono le tappe della traduzione?

C. Che cosa avviene ai polipeptidi dopo la traduzione?

lezione 5

Le mutazioni sono cambiamenti nel DNA

Tutti i processi che abbiamo descritto producono proteine capaci di svolgere la loro funzione soltanto se la sequenza amminoacidica è quella corretta; in caso contrario si possono generare disfunzioni cellulari. Le principali fonti di errore nella sequenza degli amminoacidi sono i cambiamenti nel DNA, cioè le mutazioni.

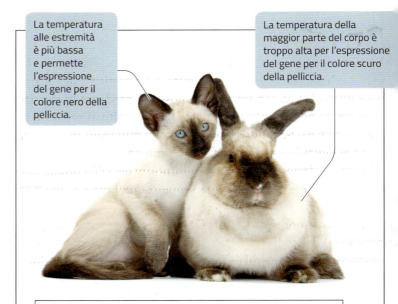

Figura 3.16 L'ambiente influenza l'espressione genica
I genotipi di conigli e gatti «colourpoint» specificano per il colore scuro del manto, ma l'enzima per il colore scuro è inattivo alla temperatura corporea normale, cosicché solo le estremità – le regioni più fredde del corpo – esprimono il fenotipo.

La temperatura alle estremità è più bassa e permette l'espressione del gene per il colore nero della pelliccia.

La temperatura della maggior parte del corpo è troppo alta per l'espressione del gene per il colore scuro della pelliccia.

14 Le mutazioni non sono sempre ereditarie

Abbiamo descritto le mutazioni come cambiamenti ereditari del patrimonio genetico e abbiamo visto che i nuovi alleli da esse prodotti possono dare origine a fenotipi alterati (come moscerini della frutta a occhi bianchi, anziché rossi). Ora che conosciamo la natura chimica dei geni e il modo in cui si esprimono nel fenotipo, torniamo sul concetto di mutazione. In qualsiasi cellula, durante il ciclo cellulare, possono verificarsi errori di duplicazione del DNA, che saranno trasmessi alle cellule figlie. Negli organismi pluricellulari si riconoscono due tipi di mutazioni:

1. Le **mutazioni somatiche** sono quelle che si verificano nelle cellule del *soma* (organismo). In seguito alla mitosi, tali mutazioni si trasmettono alle cellule figlie e da queste alla loro discendenza, ma *non vengono ereditate* dalla prole generata per riproduzione sessuata. Per esempio, una mutazione in una singola cellula epiteliale umana può produrre una chiazza cutanea, che però non verrà trasmessa ai figli.

2. Le **mutazioni nella linea germinale** sono quelle che si verificano nelle *cellule germinali*, le cellule specializzate nella produzione dei gameti. Con la fecondazione, un gamete contenente una mutazione la trasmette al nuovo organismo.

Alcune mutazioni producono il fenotipo a esse corrispondente soltanto in certe condizioni *restrittive*, mentre in condizioni *permissive* non sono visibili. Questi fenotipi prendono il nome di **mutanti condizionali**. Molti mutanti condizionali sono sensibili alla temperatura, cioè manifestano il fenotipo modificato soltanto a certe temperature (figura 3.16). In un organismo di questo tipo l'allele mutante codifica per un enzima con una struttura instabile a certe temperature.

Ricorda Esistono diversi tipi di mutazione negli organismi pluricellulari: le **mutazioni somatiche**, che non vengono trasmesse alla prole, e le **mutazioni nella linea germinale**, a carico delle cellule che producono i gameti.

15 Tre categorie di mutazioni

Le mutazioni sono cambiamenti nella sequenza nucleotidica del DNA; a livello molecolare, tuttavia, le possiamo suddividere in tre categorie: puntiformi, cromosomiche e del cariotipo.

A. Le **mutazioni puntiformi** sono mutazioni di una singola coppia di basi e quindi riguardano un solo gene: un allele (di solito dominante) si trasforma in un altro allele (di solito recessivo) a causa di un'alterazione (perdita, aggiunta o sostituzione) di un solo nucleotide, che dopo la duplicazione del DNA diventerà una coppia di basi mutante.

B. Le **mutazioni cromosomiche** sono alterazioni più estese e riguardano un segmento di DNA, che può subire un cambiamento di posizione o di orientamento senza una perdita effettiva di informazione genetica, oppure può essere irreversibilmente eliminato.

C. Le **mutazioni del cariotipo** riguardano il numero dei cromosomi presenti in un individuo, che possono essere in più o in meno rispetto alla norma.

Ricorda Le mutazioni **puntiformi** coinvolgono una singola coppia di basi di un gene; le **cromosomiche** sono alterazioni di un intero segmento di DNA; quelle **del cariotipo**, riguardano il numero di cromosomi dell'individuo.

16 Le mutazioni puntiformi

Le mutazioni puntiformi sono il risultato dell'aggiunta o della perdita di una base del DNA, oppure della sostituzione di una base nucleotidica con un'altra. Si possono produrre in seguito a un errore nella duplicazione del DNA sfuggito al processo di *correzione di bozze*, oppure a causa di agenti mutageni ambientali, come le radiazioni e certe sostanze chimiche.

Come vedremo, le mutazioni puntiformi del DNA producono sempre un cambiamento nella sequenza dell'mRNA, ma non sempre hanno effetti sul fenotipo.

Le mutazioni silenti. Per effetto della degenerazione (o ridondanza) del codice genetico, alcune sostituzioni di base non producono cambiamenti della sequenza amminoacidica prodotta per traduzione dell'mRNA alterato. Per esempio, la prolina è codificata da quattro codoni: CCA, CCC, CCU, CCG (*vedi* figura 3.7). Se nel filamento stampo del DNA avviene una mutazione nell'ultima base della tripletta GGC, il codone di mRNA corrispondente non sarà più CCG, ma a questo codone si legherà comunque un tRNA caricato con prolina.

Le mutazioni silenti (figura 3.17) sono piuttosto frequenti e stanno alla base della variabilità genetica, che non trova espressione in differenze fenotipiche.

Le mutazioni di senso. Diversamente dalle mutazioni silenti, alcune sostituzioni di base modificano il messaggio genetico in modo tale che nella proteina troviamo un amminoacido al posto di un altro (figura 3.18).

Un esempio particolare di mutazione di senso riguarda l'allele responsabile di un tipo di anemia, l'*anemia falciforme*, dovuto a un difetto nell'emoglobina, la proteina dei globuli rossi che serve a trasportare l'ossigeno. L'allele falciforme del gene che codifica una subunità dell'emoglobina differisce dall'allele normale per una sola base, perciò codifica un polipeptide che ha un solo amminoacido diverso dalla proteina normale.

Gli individui omozigoti per questo allele recessivo presentano globuli rossi alterati, che assumono una caratteristica *forma a falce* e producono un'anomalia nella circolazione sanguigna, con conseguenze gravi per la salute.

Una mutazione di senso può anche comportare la perdita di funzionalità di una proteina, ma più spesso si limita a ridurne l'efficienza. Pertanto, le mutazioni di senso possono essere compatibili con la sopravvivenza degli individui portatori, anche nel caso che la proteina colpita sia di importanza vitale. Nel corso dell'evoluzione, alcune mutazioni di senso possono perfino accrescere l'efficienza della funzione di una proteina.

Le mutazioni non senso. Queste mutazioni costituiscono un altro tipo di sostituzione di base e spesso hanno un effetto più distruttivo delle mutazioni di senso. In una mutazione non senso (figura 3.19), la sostituzione della base fa sì che nell'mRNA risultante si formi un codone di stop, come per esempio UAG.

Una mutazione non senso, interrompendo la traduzione nel

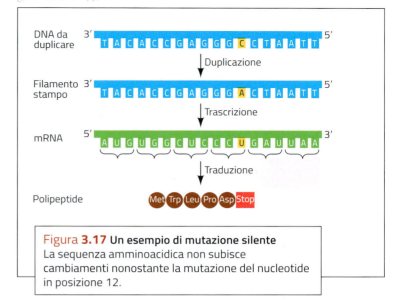

Figura 3.17 Un esempio di mutazione silente
La sequenza amminoacidica non subisce cambiamenti nonostante la mutazione del nucleotide in posizione 12.

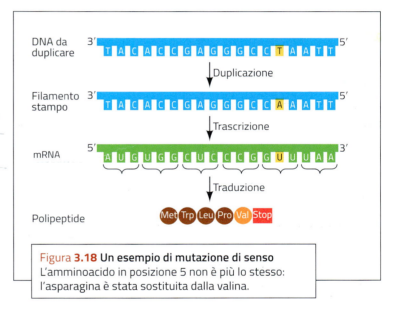

Figura 3.18 Un esempio di mutazione di senso
L'amminoacido in posizione 5 non è più lo stesso: l'asparagina è stata sostituita dalla valina.

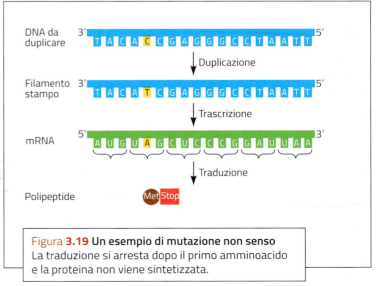

Figura 3.19 Un esempio di mutazione non senso
La traduzione si arresta dopo il primo amminoacido e la proteina non viene sintetizzata.

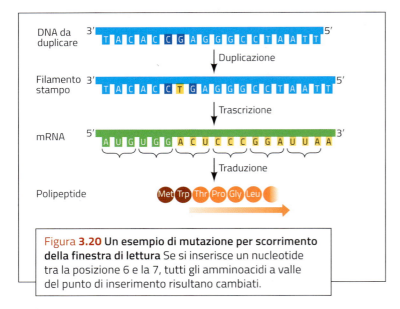

Figura **3.20 Un esempio di mutazione per scorrimento della finestra di lettura** Se si inserisce un nucleotide tra la posizione 6 e la 7, tutti gli amminoacidi a valle del punto di inserimento risultano cambiati.

punto in cui si è verificata, porta alla sintesi di una proteina più breve del normale, che normalmente non è attiva.

■ **Le mutazioni per scorrimento della finestra di lettura.** Non tutte le mutazioni puntiformi sono riconducibili alla sostituzione di una base con un'altra. Talvolta esse riguardano singole coppie di basi che si inseriscono nel DNA oppure vengono rimosse. Queste mutazioni prendono il nome di *mutazioni per scorrimento della finestra di lettura* (figura **3.20**) e mandano fuori registro il messaggio genetico, alterandone la decodifica.

Se all'mRNA si aggiunge o si toglie una base, la traduzione va avanti senza problemi fino al punto di inserimento o sottrazione della base; da quel punto in poi, le «parole» di tre lettere del messaggio genetico risultano tutte scalate di una lettera. In altri termini, le mutazioni di questo tipo fanno scorrere di un posto la «finestra di lettura» del messaggio e di solito portano alla produzione di proteine non funzionali.

Ricorda Le mutazioni puntiformi possono essere: **silenti** se non cambiano la sequenza amminoacidica della proteina, **di senso**, **non senso** e **per scorrimento della finestra di lettura**, se portano a proteine non funzionali.

17 Le mutazioni cromosomiche

L'intera molecola del DNA si può spezzare e ricongiungere, alterando totalmente la sequenza dell'informazione genetica. Le mutazioni cromosomiche, in genere prodotte da agenti mutageni o da grossolani errori nella duplicazione dei cromosomi, possono essere di quattro tipi.

1. La **delezione** rimuove parte del materiale genetico (figura **3.21A**). Le sue conseguenze possono essere gravi come quelle delle mutazioni per scorrimento della finestra di lettura, a meno che non riguardi geni non indispensabili o sia mascherata dalla presenza di alleli normali dei geni andati persi. È facile immaginare un meccanismo capace di produrre una

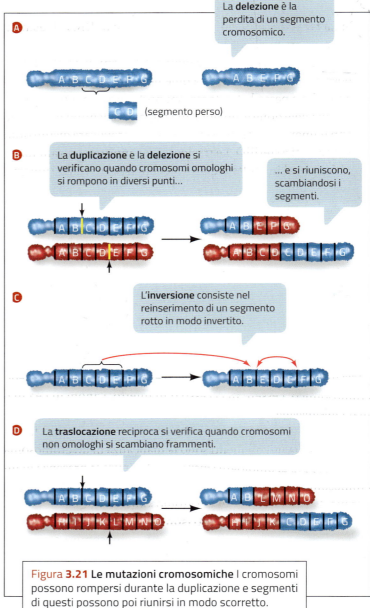

Figura **3.21 Le mutazioni cromosomiche** I cromosomi possono rompersi durante la duplicazione e segmenti di questi possono poi riunirsi in modo scorretto.

delezione: un cromosoma si spezza in due punti e le due porzioni estreme si ricongiungono lasciando fuori il segmento di DNA intermedio.

La **duplicazione** si può verificare in contemporanea con una delezione (figura **3.21B**). Se i cromosomi omologhi si rompono in due punti diversi e poi ciascuno si va ad attaccare al pezzo dell'altro, si ha insieme una delezione e una duplicazione: uno dei due cromosomi sarà privo di un segmento di DNA (delezione), mentre l'altro ne conterrà due copie (duplicazione).

Anche l'**inversione** può essere il risultato della rottura di un cromosoma, seguita da un ricongiungimento errato. Un segmento di DNA può staccarsi e reinserirsi nello stesso punto del cromosoma, ma «girato al contrario» (figura **3.21C**). Se il punto di rottura contiene parte di un segmento di DNA che codifica una proteina, la proteina risultante sarà profondamente alterata e quasi certamente non funzionante.

Si ha **traslocazione** quando un segmento di DNA si distacca dal proprio cromosoma e va a inserirsi in un cromosoma diverso. Al pari delle duplicazioni e delezioni, le traslocazioni possono essere reciproche, come nella figura **3.21D**, o non reciproche. Spesso le traslocazioni portano a una duplicazione o a una delezione e, qualora alla meiosi ostacolino il normale appaiamento dei cromosomi, possono provocare disfunzioni nei gameti e sterilità. Le traslocazioni, inoltre, sono alterazioni frequenti in molte malattie genetiche e in alcuni tumori.

Ricorda Nelle **mutazioni cromosomiche** interi cromosomi possono rompersi e poi riunirsi in modo errato. Esistono mutazioni per delezione, duplicazione, inversione e traslocazione cromosomica.

18 Le mutazioni cariotipiche

Le mutazione cariotipiche si verificano quando un organismo presenta dei cromosomi in più o in meno rispetto al normale. Se sono presenti interi corredi cromosomici in più o in meno si parla di *euploidia aberrante*; se invece è solo una parte del corredo cromosomico a essere in eccesso o in difetto, l'anomalia è chiamata *aneuploidia*.

Negli organismi diploidi, compresi gli esseri umani, le forme di aneuploidia più frequenti sono la mancanza di un cromosoma da una coppia di omologhi (*monosomia*) oppure la presenza di un cromosoma in più in una coppia (*trisomia*). Più raro è il caso della perdita di una coppia intera di cromosomi omologhi.

Il caso più frequente è la **trisomia 21**, chiamata *sindrome di Down* (figura **3.22**). Questa alterazione cromosomica comporta diversi effetti, tra cui un ritardo dello sviluppo più o meno accentuato, bassa statura, problemi cardiaci e respiratori. La trisomia 21 può derivare da due cause distinte: una non-disgiunzione meiotica, oppure una traslocazione di gran parte del cromosoma 21, di solito sul cromosoma 14. Sono note altre due trisomie, la **sindrome di Patau** (trisomia 13) e la **sindrome di Edwards** (trisomia 18). In ambedue i casi, quasi nessuno dei bambini che nasce supera i primi mesi di vita.

Più frequenti sono le alterazioni legate ai cromosomi sessuali. La delezione di un intero cromosoma X causa la **sindrome di Turner**, con nascita di femmine X0 che di norma non maturano sessualmente e che spesso mostrano malformazioni allo scheletro o agli organi interni. La corrispondente **sindrome di Klinefelter** deriva invece da una non-disgiunzione e porta alla nascita di maschi XXY. Il quadro di questa alterazione è meno grave, anche se a volte comporta un ritardo mentale variabile, e colpisce lo sviluppo sessuale durante l'adolescenza.

Ricorda Le **mutazioni del cariotipo** sono caratterizzate da un numero anomalo di cromosomi e causano patologie gravi come la sindrome di Patau o condizioni particolari come la sindrome di Down.

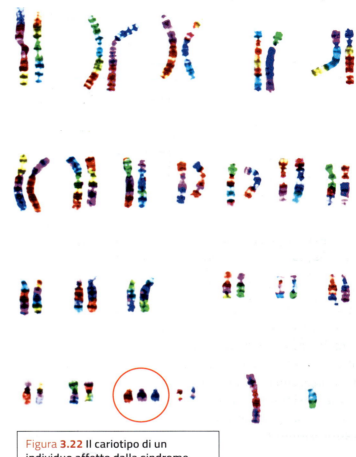

Figura **3.22** Il cariotipo di un individuo affetto dalla sindrome di Down Questo corredo cromosomico mostra un cromosoma 21 in più rispetto al normale (indicato dal cerchio rosso).

19 Le mutazioni possono essere spontanee o indotte

Le mutazioni possono essere classificate anche in base alla causa che le ha provocate.

1. Le **mutazioni spontanee** sono cambiamenti del materiale genetico che si verificano senza l'intervento di una causa esterna. In altre parole, sono una conseguenza dell'imperfezione dei dispositivi cellulari.
2. Le **mutazioni indotte** si verificano in seguito a un cambiamento del DNA provocato da un fattore esterno alla cellula, detto **agente mutageno**.

Una mutazione spontanea può avvenire per vari motivi, qui di seguito descriveremo i più comuni (figura **3.23** a pagina seguente).

■ **Le basi nucleotidiche del DNA sono parzialmente instabili.** Per ogni base possono esistere due forme diverse, una frequente e una rara. Una base che abbia temporaneamente assunto la sua forma rara può appaiarsi alla base sbagliata, portando a una mutazione puntiforme.

■ **Le basi possono cambiare per una reazione chimica**. Per esempio, la perdita di un gruppo amminico (ovvero una *deaminazione* mediata da acido nitroso) trasforma la citosina in uracile. Alla duplicazione del DNA, la DNA polimerasi inserirà una A (per complementarietà con U), anziché una G.

■ **La DNA polimerasi può compiere errori di duplicazione**. Generalmente questi errori vengono riparati dal complesso di duplicazione in fase di *correzione di bozze*, ma alcuni sfuggono a questa funzione e diventano permanenti.

■ **Il meccanismo della meiosi non è perfetto**. Si può verificare una non-disgiunzione, ovvero la mancata separazione degli omologhi durante la meiosi, che porta all'aneuploidia. Eventi casuali di rottura e successiva ricongiunzione dei cromosomi producono delezioni, duplicazioni e inversioni o traslocazioni.

Anche le mutazioni indotte da agenti mutageni presentano vari meccanismi di alterazione del DNA. Alcune sostanze chimiche possono convertire una base in un'altra, altre sostanze danneggiano le basi. Le radiazioni (come i raggi X o i raggi UV) possono danneggiare il DNA, alterandone la struttura o addirittura causando la rottura della molecola.

Le mutazioni spesso producono organismi meno idonei all'ambiente, ma quelle della linea germinale sono fondamentali per la vita, poiché forniscono la variabilità genetica su cui agiscono le forze dell'evoluzione.

Ricorda Le mutazioni possono essere **spontanee**, se i cambiamenti nel DNA non provengono da cause esterne, oppure **indotte**, se sono provocate da un fattore esterno, definito agente mutageno.

20 Mutageni naturali e artificiali

Molte persone associano i mutageni con composti prodotti dall'uomo, ma ci sono tanti mutageni artificiali quanti di origine naturale. Le piante (e in misura minore gli animali) producono migliaia di piccole molecole con varie funzioni, tra cui la difesa dai patogeni.

• Alcuni esempi di **mutageni artificiali** sono i *nitriti*, che vengono usati per conservare le carni. Nei mammiferi i nitriti vengono convertiti nel reticolo endoplasmatico liscio (REL) in *nitrosammine*, che sono fortemente mutagene.

• Un esempio di **mutageno naturale** è l'*aflatossina*, che è prodotta dalla muffa del genere *Aspergillus*. Quando i mammiferi ingeriscono questa muffa, l'aflatossina viene convertita nel reti-

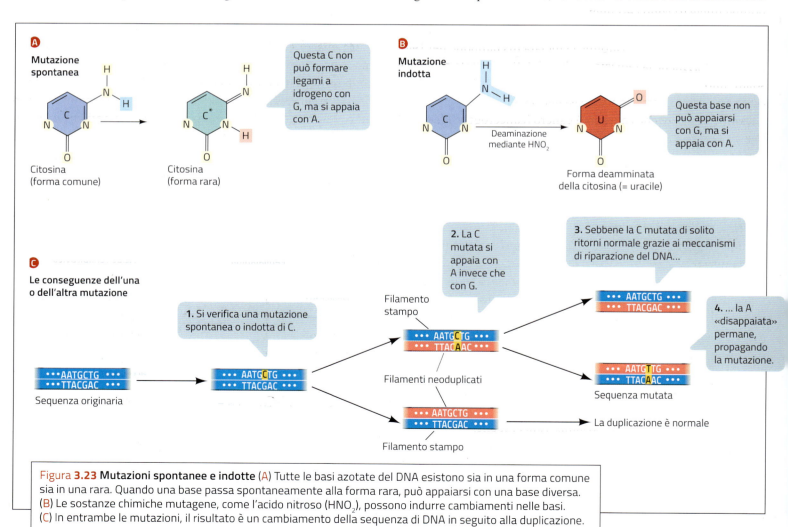

Figura 3.23 Mutazioni spontanee e indotte (A) Tutte le basi azotate del DNA esistono sia in una forma comune sia in una rara. Quando una base passa spontaneamente alla forma rara, può appaiarsi con una base diversa. (B) Le sostanze chimiche mutagene, come l'acido nitroso (HNO_2), possono indurre cambiamenti nelle basi. (C) In entrambe le mutazioni, il risultato è un cambiamento della sequenza di DNA in seguito alla duplicazione.

Figura 3.24 **Il cenotafio in memoria delle vittime delle radiazioni nucleari** Questo monumento è stato eretto a Hiroshima (Giappone) in memoria delle vittime della bomba atomica.

colo endoplasmatico in un prodotto che, come il benzopirene del fumo da sigarette, lega la guanina e causa mutazioni.

Le **radiazioni** possono essere prodotte dall'uomo o naturali. Alcuni isotopi prodotti nei reattori nucleari e le esplosioni delle bombe nucleari sono certamente pericolosi. Per esempio, molti studi dettagliati hanno mostrato un aumento di mutazioni nei sopravvissuti alla bomba atomica lanciata in Giappone nel 1945 (figura 3.24). Anche la radiazione ultravioletta normale della luce solare può causare mutazioni, in questo caso interessando la timina e, in minor parte, le altre basi del DNA.

Molte sostanze che causano il cancro (cancerogene) sono anche mutagene. Un buon esempio è il *benzopirene* che si trova nel catrame, nei fumi esausti delle automobili, nel cibo cotto alla brace, così come nel fumo di sigarette.

Uno dei traguardi più importanti per il miglioramento della salute pubblica è la riduzione dei mutageni umani e naturali per la salute dell'uomo. Riportiamo qui due esempi.

- Il *protocollo di Montreal* è l'unico accordo sull'ambiente firmato da tutti i membri delle Nazioni Unite. Vieta i *clorofluorocarburi* e altre sostanze che causano l'assottigliamento dello strato di ozono nell'alta atmosfera terrestre. Questa riduzione può risultare nell'aumento della radiazione ultravioletta che raggiunge la superficie del pianeta. Questo può causare un aumento di mutazioni somatiche che portano il cancro alla cute.
- Il divieto del fumo da sigarette si è velocemente diffuso nel mondo. Il fumo da sigarette causa il cancro perché aumenta l'esposizione delle cellule somatiche dei polmoni e della gola al benzopirene e ad altre sostanze cancerogene.

Ricorda Le sostanze che provocano mutazioni possono essere sia prodotte dall'uomo, quindi artificiali, sia naturali. Tra i prodotti **mutageni** presenti in natura ricordiamo l'aflatossina. Molte sostanze che provocano il cancro (cancerogeni) sono anche mutagene.

21 Mutazioni e malattie genetiche

Le mutazioni geniche sono spesso espresse in proteine diverse dal tipo normale (selvatico). Anormalità in enzimi, proteine recettori, proteine di trasporto, strutturali, e la maggior parte delle altre classi funzionali di proteine, sono tutte state implicate in malattie genetiche.

Analizziamo alcune malattie genetiche e le mutazioni che le hanno provocate.

■ **Perdita di attività enzimatica**. Nel 1934, nell'urina di due giovani fratelli con ritardo mentale fu trovato *acido fenilpiruvico*, un sottoprodotto inusuale dell'amminoacido fenilalanina. Solo due decenni più tardi fu tracciata la causa molecolare che produceva la patologia che affliggeva i due bambini, chiamata **fenilchetonuria** (PKU). La malattia era dovuta a un'anomalia in un singolo enzima, la *fenilalanina idrossilasi* (PAH), che catalizza la conversione della fenilalanina assunta della dieta in tirosina (figura 3.25). L'enzima non è attivo nel fegato dei pazienti affetti da PKU, con un conseguente eccesso di fenilalanina nel sangue. Da allora sono state individuate più di 400 mutazioni nella sequenza nucleotidica del gene *PAH*, tutte coinvolte nella malattia.

Centinaia di patologie umane derivano da anomalie enzimatiche, alcune delle quali portano a ritardo mentale e morte prematura; molte di queste malattie sono rare: la PKU, per esempio, si sviluppa in uno ogni 12 000 neonati.

Ma questo è solo la punta dell'iceberg delle mutazioni. Alcune mutazioni producono cambiamenti in amminoacidi che non hanno effetti clinici evidenti. Ci possono essere numerosi alleli di un gene: alcuni producono proteine che funzionano normalmente, mentre altri possono produrre varianti che causano patologie.

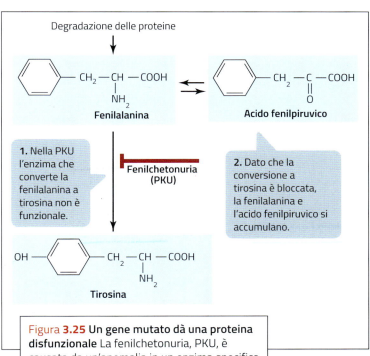

Figura 3.25 **Un gene mutato dà una proteina disfunzionale** La fenilchetonuria, PKU, è causata da un'anomalia in un enzima specifico che metabolizza l'amminoacido fenilalanina.

Figura 3.26 Globuli rossi falciformi e normali
La malformazione del globulo rosso a sinistra è dovuta a una mutazione di senso che porta all'incorporazione di un amminoacido sbagliato nella catena dell'emoglobina.

Alcuni degli esempi più comuni di malattie ereditarie causate da specifici difetti proteici sono riportate in tabella **3.1**. Queste mutazioni possono essere dominanti, codominanti o recessive e alcune sono legate al sesso.

Ricorda Molte **mutazioni geniche** sono espresse come enzimi, proteine strutturali o proteine di membrana non funzionanti. Le malattie genetiche possono essere causate da mutazioni di senso o con perdita di funzione.

22 Le mutazioni sono la materia prima dell'evoluzione

Senza mutazioni non ci sarebbe evoluzione. Le mutazioni non sono la forza trainante dell'evoluzione, però ne costituiscono il presupposto, perché forniscono la variabilità genetica su cui agiscono la selezione naturale e gli altri agenti dell'evoluzione.

Tutte le mutazioni sono eventi rari; la loro frequenza, tuttavia, varia da organismo a organismo e da gene a gene di uno stesso organismo. Di solito la frequenza di mutazione è di molto inferiore a una mutazione ogni 10^4 coppie di basi del DNA per duplicazione, e può scendere fino a una mutazione ogni 10^9 coppie di basi. Nella maggioranza dei casi si tratta di mutazioni puntiformi.

Le mutazioni possono essere **dannose** per l'organismo, oppure essere **neutre** (cioè non influire sulla sua capacità di sopravvivere e riprodursi). Di tanto in tanto, possono anche migliorare la capacità di adattamento all'ambiente, diventando **vantaggiose** al mutare delle condizioni ambientali.

In generale, fra le creature viventi che popolano la Terra, quelle complesse hanno più geni di quelle semplici. Gli esseri umani, per esempio, possiedono 20 volte più geni dei procarioti. Da dove provengono i nuovi geni?

Attraverso il meccanismo della duplicazione è possibile che un intero gene si duplichi e che il portatore di questa mutazione si venga a trovare in possesso di un'eccedenza di informazione genetica che potrebbe tornargli utile in seguito. Infatti, eventuali mutazioni in una delle due copie del gene non avrebbero

Emoglobina anormale. Ricordiamo che l'anemia falciforme è causata da una mutazione di senso recessiva. Questo disordine sanguigno affligge più spesso le persone che hanno antenati nei tropici o nella regione mediterranea. Circa 1 su 655 afroamericani è omozigote per l'allele falcemico e ha la malattia. Nell'**anemia falciforme**, uno dei 146 amminoacidi della beta globina è anormale: in posizione 6, un acido glutammico è sostituito da una valina. Questo cambia la carica della proteina (l'acido glutammico è carico negativamente mentre la valina è neutra), e le fa assumere la forma di un aggregato lungo e a forma di ago, con la produzione di globuli rossi a forma di falce (figura 3.26), incapaci di trasportare ossigeno. Le cellule falciformi tendono a bloccarsi nei capillari sanguigni, producendo così danni ai tessuti e infine morte per collasso degli organi.

Poiché l'emoglobina è facile da isolare e studiare, le sue varietà nelle popolazioni umane sono state ampiamente documentate. Molte alterazioni dell'emoglobina non hanno effetto sulla funzione della proteina. Infatti, circa il 5% di tutta la popolazione umana porta almeno una mutazione di senso nell'allele coinvolto.

Nome della malattia	Pattern di eredità; frequenza di nascite	Gene mutato; prodotto proteico	Fenotipo clinico
Ipercolesterolemia familiare	Codominante autosomica; 1 su 500 eterozigoti	LDLR; recettore per la lipoproteina a bassa densità	Colesterolo alto nel sangue, malattie cardiache
Fibrosi cistica	Recessiva autosomica; 1 su 4000	CFTR; canale ionico del cloro nella membrana	Malattie immunitarie, digestive e respiratorie
Distrofia muscolare di Duchenne	Recessiva legata al sesso; 1 su 3500 maschi	DMD; distrofina (proteina di membrana del muscolo)	Debolezza muscolare
Emofilia A	Recessiva legata al sesso; 1 su 5000 maschi	HEMA; fattore VIII (proteina di coagulazione del sangue)	Incapacità di coagulare il sangue dopo una ferita, emorragia

Tabella 3.1 Alcune malattie genetiche umane.

effetti sfavorevoli per la sopravvivenza, dato che l'altra copia continuerebbe a produrre una proteina funzionante. Il gene soprannumerario potrebbe continuare ad accumulare mutazioni senza effetti negativi, perché la sua funzione originaria verrebbe svolta dall'altra copia del gene.

Se questo accumulo casuale di mutazioni sul gene in più portasse alla produzione di una proteina utile, la selezione naturale manterrebbe in vita questo nuovo gene.

Ricorda Le **mutazioni** rappresentano anche il presupposto dell'evoluzione, infatti offrono un'importante occasione di variabilità genetica per gli individui su cui può agire la selezione naturale.

verifiche di fine lezione

Rispondi

A. Che cosa sono le mutazioni puntiformi? Perché possono essere silenti?
B. Quanti tipi di mutazioni cromosomiche conosci?
C. In che cosa consiste la trisomia 21? Conosci altri tipi di mutazioni del cariotipo?
D. Descrivi un esempio di proteina anormale che è dovuta a una mutazione genica umana.
E. Tutte le mutazioni sono ereditarie? Motiva la tua risposta.

leucodistrofia metacromatica → malattia neurologica

PER SAPERNE DI PIÙ

La scoperta delle mutazioni

L'idea che talvolta possano nascere organismi con caratteri diversi da quelli dei genitori è vecchia quanto la storia umana, ma solo in epoche recenti si è cercato di dare una spiegazione scientifica a questo fatto.

Per Darwin sarebbe stato utile potere spiegare da dove proviene la straordinaria varietà che mostrano le specie viventi; egli però non aveva gli strumenti per elaborare una teoria genetica accettabile. Proprio per questo motivo, per spiegare le mutazioni egli accettò, almeno in parte, fattori come l'*abitudine* e l'*influenza dell'ambiente*, che di solito vengono associati al nome di Lamarck.

La mancanza di una base genetica per la varietà delle specie fu la ragione per cui molti tra i primi genetisti rifiutarono la teoria dell'evoluzione. Hugo De Vries (1848-1935), uno dei riscopritori del lavoro di Mendel, propose nel 1901 che l'origine di nuovi alleli dipendesse da un cambiamento improvviso e discontinuo del gene, che chiamò, appunto, «mutazione». In realtà i casi studiati da De Vries risultarono dovuti non a mutazioni, ma a riarrangiamenti dei cromosomi; ciononostante il concetto di mutazione genetica entrò nel pensiero scientifico grazie a lui.

Una definizione più corretta fu data, pochi anni dopo, da un collega di De Vries, il microbiologo e botanico Martinus Beijerinck. Egli, tuttavia, lavorava sui batteri, e sulla genetica di questi organismi si sapeva molto poco.

I primi veri studi sulle mutazioni sfruttarono invece un altro organismo modello, il moscerino della frutta *Drosophila melanogaster*. Attorno al 1915, Thomas Hunt Morgan e i suoi collaboratori avevano individuato poco meno di un centinaio di caratteri mutanti, che non si trovavano in natura, ma che potevano essere isolati in laboratorio. Morgan riteneva, sulla scia delle idee esposte da De Vries, che gli individui mutanti derivassero da un cambiamento raro e spontaneo a carico di un determinato gene.

Nel 1927 Hermann J. Muller, che lavorava con Morgan, dimostrò che irradiando le drosofile con raggi X si aumentava enormemente la frequenza di mutazione dei geni. Inoltre, Muller fu in grado di dimostrare che esisteva una proporzionalità diretta tra la dose di raggi X e il numero di mutazioni. Egli ne dedusse che le mutazioni si verificavano a carico di entità ben precise, confermando in modo indiretto l'esistenza dei geni.

Nelle idee di Muller il gene era un'*unità di mutazione*, e questa fu la definizione data dai genetisti negli anni seguenti. Nel 1941 George Beadle ed Edward Tatum fornirono un contributo fondamentale alla comprensione del significato funzionale delle mutazioni, mentre nel 1953 grazie a Watson e Crick divenne evidente che una mutazione può consistere nel cambiamento di una singola base del DNA.

READ & LISTEN

Gene expression studies to kill bacterial pathogens

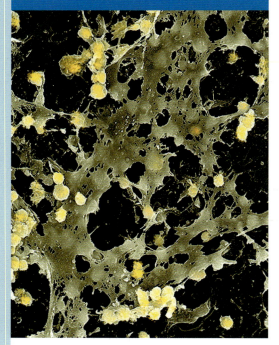

Methicillin-resistant *Staphylococcus aureus* (MRSA), a major cause of serious illness and death in the United States and Europe, is treated with antibiotics that target its gene expression.

At age 87, Janet enjoyed her life at the Sunshine Senior Citizen's Rest Home. Her only medical problem was periodic loss of bladder control, but this was alleviated when her nurse placed a plastic tube called a catheter into her bladder with an unobtrusive external bag. Things were going well until one day, unbeknown to Janet, some *Staphylococcus aureus* bacteria from the environment got into the bag and catheter. Finding a hospitable environment on the inner surface of the plastic, the bacteria attached to it via extracellular polysaccharides. Gradually, they divided and formed a colony, recruiting other free-living *S. aureus* cells that happened by. Within a few weeks, a slimy bacteria-laden coating called a biofilm (similar to dental plaque) had formed.

In time, some of the bacteria from the biofilm entered Janet's body and began to reproduce. Her advanced age and weak immune system permitted a significant infection to develop in her bladder and lungs. Fever, chills, shortness of breath, and the beginnings of kidney failure raged in her body. Racing for a treatment, her doctor first got a sample of the bacteria that Janet coughed up and sent it to a pathology lab for testing with antibiotics.

New antibiotics to fight superbugs

The mainstay of treatment of «Staph» has been a penicillin-related antibiotic, methicillin, that binds to a bacterial protein needed to make new cell walls after cell division. Unfortunately, the bacteria had a mutation that made the target protein resistant to the antibiotic.

The lab made a diagnosis of MRSA: methicillin-resistant *S. aureus*. These "superbugs" are now common in hospitals and nursing homes and cause about 20,000 deaths a year in the United States.

Finally, Janet's doctor tried the antibiotic tetracycline. This molecule prevents gene expression in *S. aureus* and many other bacteria, but does not affect gene expression in eukaryotic cells. It has this specificity because it binds to a bacteria-specific protein in the ribosome, preventing the attachment of transfer RNA that carries amino acids to the ribosome for protein synthesis. Eukaryotic ribosomes do not have a binding site for tetracycline. Fortunately, the antibiotic killed the MRSA that infected Janet's bladder and lungs, and she is happy and healthy. But there are strains of MRSA that have developed resistance to tetracycline and other antibiotics as well. Scientists are now working to find new ways to combat this very serious problem.

Answer the questions

1. Why did *S. aureus* grow well into Janet catheter and bag?
2. Which is the effect of penicillin-related antibiotics on bacteria and why is *S. aureus* resistant to?
3. How did doctors treat MRSA infection?
4. Why do researchers study gene expression to treat bacterial infections?

ESERCIZI

Ripassa i concetti

1 Completa la mappa inserendo i termini mancanti.

puntiformi / sintesi proteica / traslocazione ereditaria / nucleo / mRNA / indotte / degenerato / traduzione / mutazioni / del cariotipo / duplicazione

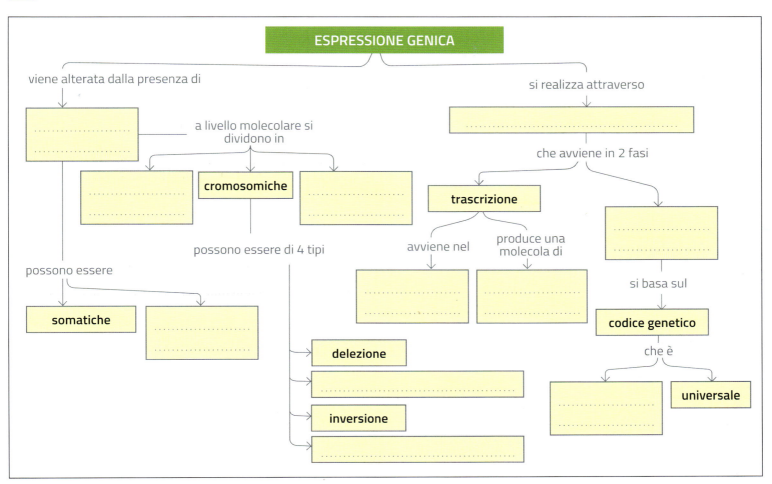

2 Dai una definizione per ciascuno dei seguenti termini associati.

procarioti:	Organismi unicellulari primitivi, molto semplici e privi di nucleo.
eucarioti:	
promotore:	Regione di DNA costituita da specifiche sequenze a cui si attacca la RNA polimerasi.
primer:	
mutazioni naturali:	
mutazioni artificiali:	Composti prodotti dall'uomo.
codice degenerato:	
codice universale:	Codice genetico identico per tutti gli esseri viventi.

3 Completa la mappa specificando, dentro box aggiuntivi, alcune mutazioni che provocano malattie genetiche. Fai almeno un paio di esempi.

4 Un tratto della sequenza genetica in triplette che specifica l'enzima tripsina è: Ser-Val-Met-Phe-Glu-Lys-Tyr-Met-Leu. Utilizzando il codice genetico che hai trovato nel capitolo, disegna tutti i possibili mRNA che specificano per questo polipeptide. Ricorda che il codice genetico ha la caratteristica di essere degenerato.

Verifica le tue conoscenze

Test a scelta multipla

5 Beadle e Tatum con il loro esperimento su *Neurospora crassa* dimostrarono che

(A) il materiale genetico è costituito da DNA

(B) gli enzimi lavorano in sequenza

(C) anche le muffe sono soggette a mutazioni

(D) i geni determinano la sintesi degli enzimi

6 Grazie alla trascrizione si ottiene una molecola di

(A) DNA stampo

(B) RNA messaggero

(C) RNA ribosomiale

(D) RNA transfer

7 La seconda fase della sintesi proteica è chiamata traduzione perché

(A) avviene nel citoplasma e non nel nucleo

(B) avviene soltanto dopo la sintesi dell'RNA

(C) da un polinucleotide si passa a un polipeptide

(D) la timina è sostituita dall'uracile

8 Crick propose l'ipotesi dell'adattatore per spiegare la traduzione. In seguito, tale adattatore risultò essere

(A) l'mRNA, che porta il messaggio genetico dal nucleo ai ribosomi

(B) il tRNA che fa corrispondere ogni codone a un amminoacido

(C) il ribosoma, che coordina tutte le fasi della sintesi proteica

(D) l'amminoacil-tRNA sintetasi che lega ogni amminoacido al suo tRNA

9 Nel corso della trascrizione

(A) la RNA polimerasi si lega a una specifica sequenza di basi detta promotore

(B) uno specifico codone segna l'inizio della sequenza da trascrivere

(C) si forma un RNA con la stessa sequenza dell'elica trascritta

(D) un sistema di revisione provvede e correggere gli eventuali errori

10 Per codice genetico si intende

(A) il messaggio contenuto in un dato mRNA

(B) la corrispondenza tra codoni e amminoacidi

(C) l'insieme di tutte le informazioni presenti nel DNA

(D) l'insieme degli RNA di trasporto presenti all'interno della cellula

11 Quale tra le seguenti affermazioni è errata?

(A) nessun codone corrisponde a più amminoacidi

(B) non tutti i codoni corrispondono a un amminoacido

(C) esistono un codone di inizio e uno di stop

(D) nessun amminoacido corrisponde a più codoni

12 I ribosomi

(A) sono associati al reticolo endoplasmatico liscio

(B) contengono tre siti di legame specifici

(C) sono specifici per la sintesi di un dato mRNA

(D) sono formati da tre subunità differenti

13 La sintesi proteica termina quando

(A) è stato aggiunto l'amminoacido corrispondente all'ultimo codone dell'mRNA

(B) nel ribosoma entra un codone di stop al quale si lega un tRNA vuoto

(C) nel ribosoma entra un codone di stop al quale non si lega nessuna molecola

(D) nel ribosoma entra un codone di stop al quale si lega un fattore di rilascio

14 Quale delle seguenti affermazioni relative alla PKU è errata?

(A) la fenilchetonuria può provocare un grave ritardo mentale in chi ne è affetto

(B) la PKU è una malattia multifattoriale, ovvero sono coinvolti sia fattori ambientali sia molteplici geni

(C) la PKU è dovuta a una mutazione nell'enzima che converte la fenilalanina in tirosina

(D) l'allele mutante per la PKU è recessivo

15 Quale delle seguenti affermazioni relative alle modificazioni post-traduzionali è corretta?

(A) ogni polipeptide rimane per molto tempo nel RER prima di dirigersi in altre sedi cellulari

(B) nell'apparato di Golgi avviene la glicosilazione delle proteine

(C) non esiste una sequenza segnale per l'indirizzamento delle proteine nel nucleo

(D) l'indirizzamento cellulare di ogni proteina è contenuto nella sua struttura tridimensionale

16 Non tutte le mutazioni sono ereditarie perché

(A) possono avvenire in cellule somatiche

(B) possono non andare a colpire alcun gene

(C) possono essere recessive e non manifestarsi

(D) possono essere riparate da sistemi specifici

17 Se nel DNA, laddove ci si aspetta una C, si trova invece una U, può essersi verificato un caso di mutazione

(A) indotta da una deaminazione

(B) per delezione della C originaria

(C) di scorrimento della finestra di lettura

(D) cromosomica, perché avviene nel DNA

18 Per lo svolgimento della traduzione sono necessari

(A) il DNA e la DNA polimerasi

(B) i ribosomi e il reticolo endoplasmatico ruvido

(C) i ribosomi, il tRNA e l'mRNA

(D) i nucleotidi trifosfato e l'ATP

Test yourself

19 🇬🇧 Which of the following is not a difference between RNA and DNA?

(A) RNA has uracil; DNA has thymine

(B) RNA has ribose; DNA has deoxyribose

(C) RNA has five bases; DNA has four

(D) RNA is a single polynucleotide strand; DNA is a double strand

(E) RNA is relatively smaller than human chromosomal DNA

20 🇬🇧 Normally, *Neurospora* can synthesize all 20 amino acids. A certain strain cannot grow in minimal nutritional medium, but grows only when leucine is added to the medium. This strain

(A) is dependent on leucine for energy

(B) has a mutation affecting the biochemical pathway leading to the synthesis of proteins

(C) has a mutation affecting the biochemical pathway leading to the synthesis of all 20 amino acids

(D) has a mutation affecting the biochemical pathway leading to the synthesis of leucine

(E) has a mutation affecting the biochemical pathways leading to the synthesis of 19 of the 20 amino acids

21 🇬🇧 An mRNA has the sequence: 5'-AUGAAAUCCUAG-3'. What is the template DNA strand for this sequence?

(A) 5'-TACTTTAGGATC-3'

(B) 5'-ATGAAATCCTAG-3'

(C) 5'-GATCCTAAAGTA-3'

(D) 5'-TACAAATCCTAG-3'

(E) 5'-CTAGGATTTCAT-3'

22 🇬🇧 The adapters that allow translation of the four-letter nucleic acid language into the 20-letter protein language are called

(A) aminoacyl-tRNA synthetasis

(B) transfer RNAs

(C) ribosomal RNAs

(D) messenger RNAs

(E) ribosomes

23 🇬🇧 At a certain location in a gene, the non-template strand of DNA has the sequence GAA. A mutation alters the triplet to GAG. This type of mutation is called

(A) silent

(B) missense

(C) nonsense

(D) frame-shift

(E) translocation

24 🇬🇧 Which statement about RNA is not true?

(A) transfer RNA functions in translation

(B) ribosomal RNA functions in transcription

(C) RNAs are produced by transcription

(D) messenger RNAs carries the genetic information from the nucleus to ribosomes

(E) DNA codes for mRNA, tRNA, and rRNA

25 🇬🇧 The genetic code

(A) is different for prokaryotes and eukaryotes

(B) has changed during the course of recent evolution

(C) has 64 codons that code for amino acids

(D) has more than one codon for many amino acids

(E) is ambiguous

26 🇬🇧 A mutation that results in the codon UAG where there had been UGG is

(A) a nonsense mutation

(B) a missense mutation

(C) a frame-shift mutation

(D) a large-scale mutation

(E) unlikely to have a significant effect

Verso l'Università

27 Il codice genetico è definito degenerato o anche ridondante perché

(A) un amminoacido può essere codificato da più codoni

(B) la struttura dei geni è in continua mutazione

(C) uno stesso codone codifica diversi amminoacidi

(D) la sequenza dei codoni non è separata da intervalli, ma è continua

(E) è differente in tutti gli organismi, tranne nei gemelli omozigoti

[dalla prova di ammissione a Medicina e a Odontoiatria, anno 2011]

28 Quale delle seguenti proprietà NON può essere usata per distinguere la molecola di DNA da quella di mRNA maturo?

(A) presenza di legami fosfodiesterici

(B) tipo di zucchero presente

(C) presenza di una doppia elica

(D) presenza di introni

(E) presenza di uracile

[dalla prova di ammissione a Medicina e a Odontoiatria, anno 2014]

29 Se si escludono mutazioni genetiche, tutte le cellule eucariotiche che si originano da una divisione mitotica

(A) hanno sempre lo stesso genotipo della cellula madre

(B) hanno sempre lo stesso fenotipo della cellula madre

(C) sono sempre identiche sia genotipicamente sia fenotipicamente alla cellula madre

(D) hanno un contenuto di DNA pari alla metà della cellula madre

(E) hanno un contenuto di DNA pari al doppio della cellula madre

[dalla prova di ammissione a Medicina e a Odontoiatria, anno 2011]

Esercizi di fine capitolo

Verifica le tue abilità

30 Leggi e completa le seguenti affermazioni riferite alla trascrizione.
a) La RNA polimerasi si lega al DNA in corrispondenza di una specifica sequenza detta ....
b) Al suo interno si definisce .... di inizio, il punto in cui comincia la trascrizione.
c) L'enzima legge il DNA solo in direzione .... così che l'RNA cresce in direzione ....
d) Al contrario della DNA polimerasi, la RNA polimerasi non ha bisogno di un .... per dare inizio al processo.

31 Leggi e completa le seguenti affermazioni riferite alla sintesi proteica.
a) L'enzima .... provvede a caricare il tRNA con il corrispondente amminoacido.
b) Ogni tRNA riconosce il suo .... complementare e trova così il punto in cui legarsi all'mRNA.
c) La fase di .... costituisce la parte centrale della sintesi proteica.
d) L'ingresso nel ribosoma di un codone .... porta alla conclusione del processo.

32 Leggi e completa le seguenti affermazioni riferite alle mutazioni.
a) Le mutazioni .... riguardano una singola coppia di basi.
b) Le mutazioni dette .... riguardano inserzioni o delezioni di basi.
c) Le mutazioni .... sono rilevabili nel genotipo, ma non nel fenotipo.
d) Le mutazioni .... comportano una variazione nel numero di cromosomi.

33 Leggi e completa le seguenti affermazioni riferite alle modifiche post-traduzionali delle proteine.
a) La maggior parte delle proteine .... non sono identiche al polipeptide tradotto dall'mRNA nei
b) Molti polipeptidi sono modificati in molti modi dopo la traduzione. Le principali modifiche sono la ...., la fosforilazione e la ....
c) Queste modificazioni sono .... per il funzionamento finale di una data proteina.
d) In alcune proteine c'è una speciale sequenza, detta .... , che rappresenta una sorta di indirizzo per la destinazione finale della proteina stessa.

34 Numera le seguenti frasi che si riferisco alla a sintesi proteica nell'ordine corretto.
a) La subunità maggiore si lega al complesso d'inizio.
b) Un fattore di rilascio consente il distacco del polipeptide dal tRNA nel sito P.
c) Nel sito A del ribosoma giunge il secondo tRNA con il suo amminoacido.
d) Nella fase di allungamento, la subunità maggiore catalizza la formazione di un legame peptidico tra l'amminoacido legato al tRNA nel sito A e la catena polipeptidica legata al tRNA del sito P.
e) Nella fase iniziale si forma un complesso di inizio.
f) Il processo prosegue fino a quando nel sito A entra un codone di stop e la traduzione termina.
g) Il codone di inizio nell'mRNA è di norma AUG a cui corrisponde un tRNA con una metionina.

35 Negli eucarioti, il materiale genetico si trova nel nucleo e la sintesi proteica avviene nel citoplasma. Sulla base di questa considerazione, quali ipotesi propose Crick?
Rappresenta graficamente sul tuo quaderno il dogma centrale della biologia e motiva le tue risposte.
(A) i ribosomi devono contenere RNA
(B) un messaggero deve trasportare l'informazione al citoplasma
(C) l'informazione, in alcuni casi, può passare dall'RNA al DNA
(D) deve esistere una molecola in grado di adattare un dato amminoacido al messaggio genetico

36 In una molecola di mRNA, una mutazione trasforma la sequenza: 5'-AAA-UGG-ACG-CCU-3' in 5'-AAA-UGA-ACG-CCU-3' Stabilisci di che tipo di mutazione si tratta e poi motiva opportunamente la tua risposta.
(A) per scorrimento del sistema di lettura
(B) di senso
(C) non senso
(D) silente

37 Le mutazioni possono essere spontanee o indotte. Sulla base delle tue conoscenze indica quali tra le seguenti affermazioni sono corrette. Motiva opportunamente le tue risposte.
(A) le mutazioni indotte sono una conseguenza di errori nella duplicazione del DNA
(B) la citosina nella sua conformazione rara può appaiarsi temporaneamente alla guanina
(C) la citosina deaminata dall'acido nitroso si trasforma in uracile, pur essendo un nucleotide del DNA
(D) in caso di un appaiamento scorretto della citosina, tutte le molecole di DNA derivanti saranno mutate

Verso l'esame

DEFINISCI
38 Enuncia il dogma centrale della biologia e chiarisci quali sono i suoi pregi e i suoi limiti.

PRECISA
39 Chiarisci che cosa proponeva l'ipotesi «un gene, un enzima», in che cosa era corretta e in che cosa risultò necessario correggerla.

DISEGNA
40 Disegna la struttura del tRNA, individuane le varie parti e indica come questa molecola svolge la sua funzione.

SCHEMATIZZA
41 Disegna un ribosoma, l'mRNA e il tRNA durante la fase di allungamento della sintesi proteica, individuando i siti di legame.

RIFLETTI E RICERCA
42 Per quali ragioni le mutazioni assumono in biologia una valenza anche positiva?
Svolgi una ricerca sul lepidottero *Biston betularia* e il ruolo della mutazione che ha modificato la colorazione delle sue ali.

PROGETTA UN ESPERIMENTO
43 Nei primi anni di ricerche sul codice genetico, alcuni ricercatori proposero che le triplette del DNA potessero essere parzialmente sovrapposte, il che avrebbe consentito di compattare i messaggi, accorciandoli di un terzo. In pratica, l'ultima base di una tripletta avrebbe dovuto essere anche la prima della tripletta successiva. **Come potresti confermare o smentire questa ipotesi?**

ANALIZZA E DEDUCI
44 Un ricercatore ha analizzato uno specifico mRNA estratto da *E. coli*, stabilendo che esso comincia con il codone AUG e termina con il codone UGA. La sua lunghezza complessiva è di 1403 amminoacidi. Il ricercatore è indotto a sospettare che il gene da cui è stato copiato questo mRNA abbia subito una mutazione. **Spiega quale tipo di mutazione si può sospettare che sia avvenuta e deduci se questa proteina sarà comunque funzionante.**

RIFLETTI
45 Perché si può affermare che la degenerazione (o ridondanza) del codice genetico lo rende meno vulnerabile alle mutazioni causali?

RICERCA
46 I mitocondri e i cloroplasti posseggono una sola molecola di DNA circolare e hanno un codice genetico leggermente diverso da quello di tutte le specie.
Utilizzando la figura che rappresenta l'origine endosimbiontica dei cloroplasti, e avvalendoti di un'opportuna ricerca di approfondimento, spiega come queste osservazioni sembrano avvalorare la «teoria endosimbiontica».

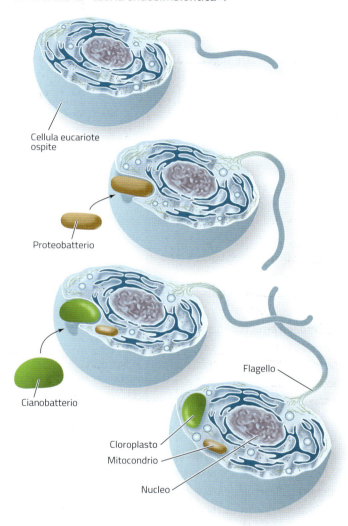

DESCRIVI
47 Descrivi un esempio di una proteina anormale nell'uomo che è dovuta a una mutazione genica e non produce una malattia.

RICERCA E SCOPRI
48 Una delle sfide più importanti per i biologi che studiano genetica molecolare è scoprire la sequenza di basi delle proteine alterate che portano a patologie genetiche.
Fai una ricerca e scopri quali altre tecniche di biologia molecolare hanno affiancato il sequenziamento nella ricerca in laboratorio delle mutazioni che portano a malattie genetiche.

capitolo

B4

La regolazione genica

lezione 1

La regolazione dell'espressione genica nei procarioti

Il genoma procariotico permette ai batteri di adattarsi con rapidità ed efficienza alle variazioni ambientali. I procarioti, infatti, sono in grado di attivare o disattivare i geni che codificano per la sintesi proteica, così che ciascuna proteina venga prodotta solo quando serve e nella quantità necessaria.

1 Un esempio di regolazione batterica: *Escherichia coli* e il lattosio

In una cellula batterica alcune proteine vengono prodotte a ritmo costante, perché sono sempre necessarie; altre invece sono prodotte solo quando il batterio ne ha bisogno. In questo caso la cellula dimostra di riconoscere una variazione chimica dell'ambiente esterno e di saper attivare o bloccare i suoi geni in relazione alla nuova situazione.

Il metabolismo del lattosio in *Escherichia coli* è un buon esempio per descrivere questa capacità di adattamento. Essendo un normale inquilino dell'intestino umano, *E. coli* deve essere capace di adattarsi agli improvvisi cambiamenti del suo ambiente. Il suo ospite, infatti, può metterlo in contatto con un certo tipo di cibo e, poche ore dopo, con uno totalmente diverso: queste variazioni costituiscono una sfida metabolica per il batterio.

La fonte di energia preferita da *E. coli* è il glucosio, lo zucchero più facile da metabolizzare; però non tutto il cibo ingerito dall'ospite contiene un'elevata quantità di glucosio. Per esempio, il batterio può trovarsi improvvisamente sommerso dal latte, che contiene lo zucchero lattosio. Il lattosio è un disaccaride contenente una molecola di galattosio legata a una molecola di glucosio. Per essere assorbito e metabolizzato da *E. coli*, il lattosio deve subire l'azione di tre proteine una delle quali, chiamata β-*galattosidasi*, è un enzima che catalizza la scissione del legame tra i due monosaccaridi (figura 4.1).

Quando *E. coli* viene fatto crescere in un terreno contenente glucosio ma privo di lattosio, i livelli di queste tre proteine sono molto bassi: i geni che le codificano sono «repressi», cioè inattivi. Se però l'ambiente cambia e il lattosio diventa lo zucchero più abbondante (figura 4.2), il batterio si affretta a produrre tutte e tre le proteine. In questo caso, i geni che codificano queste proteine vengono *attivati*, cioè trascritti e tradotti; di conseguenza la concentrazione delle proteine nella cellula aumenta rapidamente.

In media, in una cellula di *E. coli* che cresce su un terreno privo di lattosio si trovano soltanto due molecole di β-galattosidasi; la presenza di lattosio, invece, può indurre la sintesi di 3000 molecole di β-galattosidasi per ogni cellula.

Se dal terreno di coltura di *E. coli* si toglie il lattosio, la sintesi di β-galattosidasi si arresta quasi subito. Le molecole di enzima già prodotte non scompaiono, ma si diluiscono nel corso delle successive divisioni cellulari fino a quando la loro concentrazione all'interno di ogni cellula batterica torna al livello iniziale.

I geni che codificano i tre enzimi coinvolti nel metabolismo del lattosio di *E. coli* sono un esempio di **geni strutturali**, cioè geni che codificano proteine che svolgono un ruolo enzimatico, strutturale, di riserva o di difesa (figura 4.3).

Il controllo dell'espressione genica da parte di proteine regolatrici non è un meccanismo utilizzato esclusivamente dai procarioti; lo si osserva anche nei virus ed è importante anche negli organismi eucariotici. Lo studio di questi meccanismi di controllo è stato fondamentale per cogliere due aspetti importanti della struttura e della funzione del DNA:

- Esistono alcuni tratti di DNA (operatori e promotori) che svolgono la funzione di siti di legame per proteine regolatrici e non vengono mai trascritti.
- Esistono proteine regolatrici (i repressori) la cui unica funzione è regolare l'espressione di altri geni e sono sensibili a fattori ambientali specifici. Così il DNA interagisce con l'ambiente esterno adattando l'espressione dei geni alle necessità del momento.

Figura 4.1 La β-galattosidasi di *E. coli* L'enzima, rappresentato in questo modello molecolare, demolisce il lattosio nei monomeri glucosio e galattosio. I batteri esprimono il gene che lo codifica solo quando crescono in un ambiente ricco di lattosio.

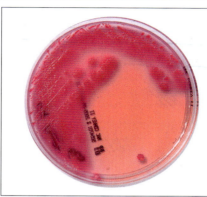

Figura 4.2 Una coltura batterica Le masse rosa sono colonie di *E. coli* cresciute su un terreno per i batteri capaci di metabolizzare il lattosio. In seguito alla fermentazione si formano dei composti acidi colorano di rosso intenso il mezzo di coltura.

Ricorda I batteri sono in grado di **regolare l'espressione genica** in base alle condizioni ambientali. In presenza di lattosio si attivano alcuni geni strutturali coinvolti nel metabolismo di questo zucchero.

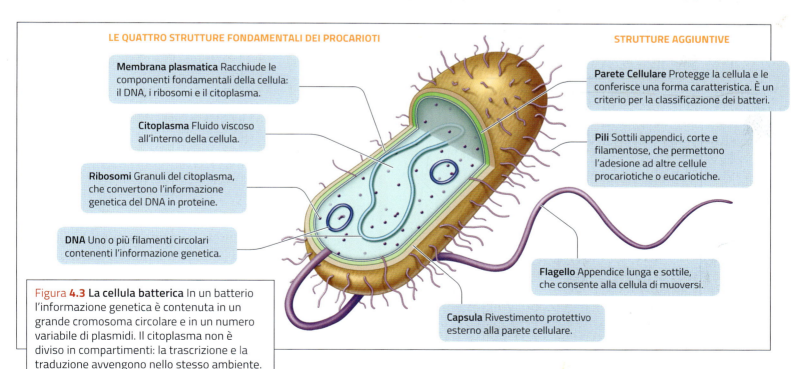

LE QUATTRO STRUTTURE FONDAMENTALI DEI PROCARIOTI

- **Membrana plasmatica** Racchiude le componenti fondamentali della cellula: il DNA, i ribosomi e il citoplasma.
- **Citoplasma** Fluido viscoso all'interno della cellula.
- **Ribosomi** Granuli del citoplasma, che convertono l'informazione genetica del DNA in proteine.
- **DNA** Uno o più filamenti circolari contenenti l'informazione genetica.

STRUTTURE AGGIUNTIVE

- **Parete Cellulare** Protegge la cellula e le conferisce una forma caratteristica. È un criterio per la classificazione dei batteri.
- **Pili** Sottili appendici, corte e filamentose, che permettono l'adesione ad altre cellule procariotiche o eucariotiche.
- **Flagello** Appendice lunga e sottile, che consente alla cellula di muoversi.
- **Capsula** Rivestimento protettivo esterno alla parete cellulare.

Figura 4.3 La cellula batterica In un batterio l'informazione genetica è contenuta in un grande cromosoma circolare e in un numero variabile di plasmidi. Il citoplasma non è diviso in compartimenti: la trascrizione e la traduzione avvengono nello stesso ambiente.

Lezione **1** La regolazione dell'espressione genica nei procarioti

2. Gli operoni sono le unità di trascrizione dei procarioti

I tre geni strutturali che codificano le proteine coinvolte nel metabolismo del lattosio sono disposti fisicamente uno vicino all'altro nel cromosoma di *E. coli*; questa disposizione non è casuale, ma è dovuta al fatto che i tre geni sono trascritti in un unico mRNA e sono regolati insieme. La cellula, infatti, deve produrre tutte e tre le proteine o nessuna.

I tre geni condividono anche uno stesso **promotore**, ovvero la sequenza di DNA a cui si lega la RNA polimerasi; fra il promotore e i geni strutturali si trova un breve segmento di DNA definito **operatore** che lega una proteina regolatrice, il **repressore**. Esiste infine un **terminatore**, cioè una sequenza che segnala alla RNA polimerasi che la trascrizione è terminata. I geni strutturali, il promotore, l'operatore e il terminatore costituiscono un unico «blocco» funzionale chiamato *unità di trascrizione*. Si possono, quindi, verificare due situazioni:

- quando il repressore è legato all'operatore, la RNA polimerasi non riesce a legarsi al promotore e la trascrizione è bloccata;
- quando il repressore **non** è legato all'operatore, la RNA polimerasi può legarsi al promotore e iniziare a trascrivere il DNA producendo un RNA messaggero: i geni quindi vengono espressi.

Nei procarioti l'unità di trascrizione viene detta **operone** (figura 4.4). Un operone comprende sempre un promotore, un operatore, un terminatore e due o più geni strutturali, ed è controllato da uno specifico **gene regolatore** che codifica la proteina repressore. Diversamente da promotore e operatore, il gene regolatore può trovarsi anche a notevole distanza dai geni strutturali che controlla. Esistono due tipi di operoni: inducibili e reprimibili.

1. Negli operoni **inducibili** il repressore blocca stabilmente l'operatore e viene rimosso solo quando giunge dall'esterno una molecola segnale chiamata *induttore* che ne causa il distacco.
2. Negli operoni **reprimibili** il repressore entra in funzione solo in presenza di una molecola esterna, chiamata *corepressore*, che lo rende capace di legarsi all'operatore.

In entrambi i casi la caratteristica più importante del repressore è la sua capacità di *cambiare forma* in presenza del corepressore o dell'induttore: sono questi cambiamenti di forma che modificano la sua capacità di legarsi all'operatore.

Ricorda L'**operone** è l'unità trascrizionale dei batteri, composta da due o più geni strutturali associati e dalle sequenze di DNA che ne regolano la trascrizione.

3. L'operone *lac*

L'operone che codifica le proteine coinvolte nel metabolismo del lattosio si chiama **operone lac** ed è un esempio di sistema inducibile. Qui la proteina repressore presenta due siti di legame: uno per l'operatore e l'altro per l'induttore, che è la molecola di lattosio. Quando la cellula si trova in un ambiente ricco di lattosio, esso si lega al repressore e ne modifica la struttura tridimensionale. In seguito a questo cambiamento di forma, il repressore non può più legarsi all'operatore, così la RNA polimerasi si lega al promotore e i geni strutturali vengono trascritti (figura 4.5). Il trascritto di mRNA passa poi nel citoplasma, e viene tradotto dai ribosomi nelle tre proteine necessarie al metabolismo del lattosio.

A mano a mano che il lattosio viene metabolizzato, la sua concentrazione nella cellula si riduce. Che cosa succede a quel punto? Quando la concentrazione dello zucchero si abbassa, le molecole di lattosio si separano dal repressore, che riacquista la sua forma originaria e si lega all'operatore, bloccando la trascrizione dell'operone *lac*.

Dato che l'mRNA già presente nella cellula si degrada rapidamente, poco dopo cessa anche la traduzione. È dunque la presenza o meno di lattosio (ovvero dell'induttore) a regolare la formazione del legame fra repressore e operatore, e quindi anche la sintesi delle proteine coinvolte nel metabolismo del lattosio. Per questo l'operone *lac* è un sistema inducibile.

Riassumiamo le principali caratteristiche dei sistemi inducibili come l'operone *lac*:

- in assenza dell'induttore, l'operone è inattivo;
- il controllo è esercitato da una proteina regolatrice (il repressore) che disattiva l'operone;
- l'aggiunta dell'induttore trasforma il repressore e attiva l'operone.

Ricorda L'**operone lac** è un sistema inducibile: la trascrizione si attiva dopo la comparsa di un induttore (il lattosio) che modifica il repressore impedendogli di legarsi all'operatore.

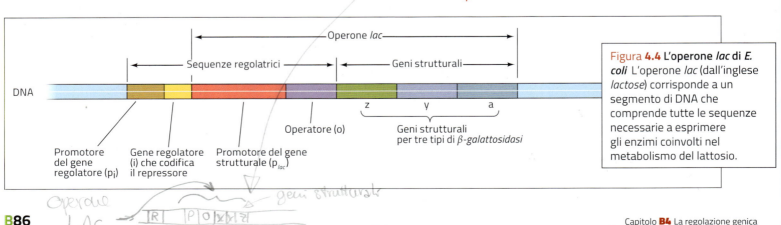

Figura 4.4 L'operone *lac* di *E. coli* L'operone *lac* (dall'inglese *lactose*) corrisponde a un segmento di DNA che comprende tutte le sequenze necessarie a esprimere gli enzimi coinvolti nel metabolismo del lattosio.

4 L'operone *trp*

Oltre all'importanza di possedere un sistema inducibile, per un batterio è altrettanto utile la capacità di bloccare la sintesi di un enzima, in risposta all'accumulo dei prodotti finali della reazione da esso catalizzato.

Un esempio è costituito dall'amminoacido triptofano, un costituente essenziale delle proteine; quando il triptofano è presente in concentrazioni elevate all'interno del citoplasma, la cellula sospende la produzione degli enzimi coinvolti nella sua sintesi.

L'operone *trp*, che controlla la sintesi del triptofano, è un esempio di sistema reprimibile: la proteina repressore può bloccare il proprio operone soltanto se prima si è legata a un **corepressore**, che è lo stesso prodotto metabolico finale (in questo caso il triptofano), oppure un suo analogo (figura **4.6**).

Ricorda L'**operone *trp*** è un sistema reprimibile, in cui il triptofano agisce da **corepressore** attivando il repressore che lega l'operatore e blocca la trascrizione.

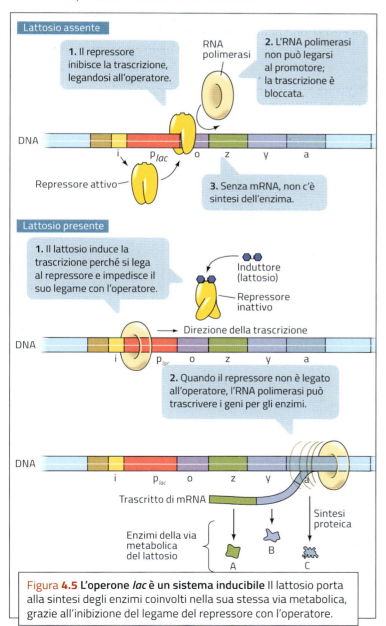

Figura 4.5 **L'operone *lac* è un sistema inducibile** Il lattosio porta alla sintesi degli enzimi coinvolti nella sua stessa via metabolica, grazie all'inibizione del legame del repressore con l'operatore.

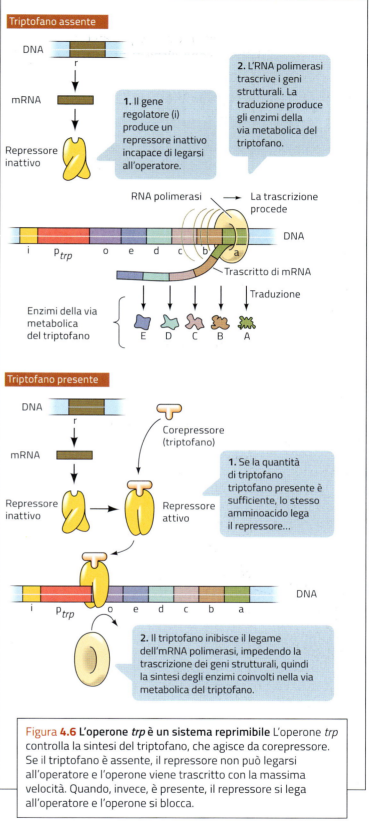

Figura 4.6 **L'operone *trp* è un sistema reprimibile** L'operone *trp* controlla la sintesi del triptofano, che agisce da corepressore. Se il triptofano è assente, il repressore non può legarsi all'operatore e l'operone viene trascritto con la massima velocità. Quando, invece, è presente, il repressore si lega all'operatore e l'operone si blocca.

verifiche di fine lezione

Rispondi

A Che cos'è un operone?
B Quali funzioni hanno promotore e operatore?
C Quali sono le principali differenze tra un sistema inducibile e un sistema reprimibile?

Lezione **1** La regolazione dell'espressione genica nei procarioti

lezione 2 — B) Nei Eucarioti

Il genoma eucariotico

Sebbene gli eucarioti condividano le stesse basi genetiche dei batteri, per molti aspetti i genomi eucariotici mostrano caratteristiche proprie, differenti da quelle dei genomi procariotici: contengono sequenze interne non codificanti e formano *famiglie geniche*, ossia gruppi di geni simili per struttura e funzione.

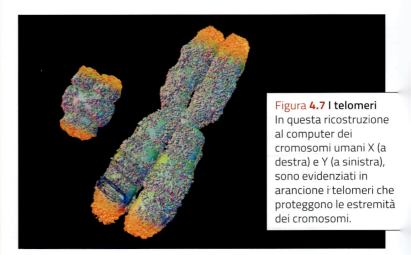

Figura 4.7 **I telomeri**
In questa ricostruzione al computer dei cromosomi umani X (a destra) e Y (a sinistra), sono evidenziati in arancione i telomeri che proteggono le estremità dei cromosomi.

5 Le caratteristiche del genoma eucariotico

telomeri = evitano errori nella duplicazione • molte mutazioni fanno da "cursinetto"

Gli organismi eucariotici presentano una varietà di forme molto superiore a quella dei procarioti. I regni degli eucarioti infatti sono quattro: protisti, funghi, piante e animali. Gli studi sul genoma eucariotico sono stati effettuati partendo dalle forme unicellulari, più semplici da studiare, fino alle forme pluricellulari più complesse, e hanno messo in luce molte differenze con il genoma procariotico (tabella 4.1).

1. **In termini di contenuto aploide di DNA, il genoma degli eucarioti è più grande di quello dei procarioti.** Quasi tutti gli organismi eucariotici sono pluricellulari, contengono cellule specializzate per forma e funzioni e svolgono attività che richiedono un gran numero di proteine, tutte codificate dal DNA. Inoltre gli organismi pluricellulari devono possedere anche i geni per le proteine che servono a tenere unite le cellule in tessuti, i geni per il differenziamento cellulare e i geni per la comunicazione tra le cellule. Per questo, mentre il DNA di *Escherichia coli* contiene 4,6 milioni di coppie di basi (bp), gli esseri umani possiedono un numero di geni e di sequenze regolatrici ben maggiore: in ogni cellula somatica (cioè diploide) del corpo umano sono stipati circa 6 miliardi di bp (pari a circa 2 m di DNA). Tuttavia, la quantità di DNA di un organismo non è sempre proporzionale alla sua complessità: per esempio, il giglio (che fabbrica un numero di proteine decisamente inferiore agli esseri umani) possiede un DNA che è 18 volte più grande del nostro.

2. **Il genoma degli eucarioti presenta alle estremità di ciascun cromosoma sequenze chiamate telomeri.** I *telomeri* sono piccole porzioni di DNA che si trovano alla fine di ogni cromosoma (figura 4.7); la parte terminale del DNA infatti è molto instabile, ed è soggetta a ricombinazioni più frequenti del resto della molecola. I telomeri evitano i danni causati dalla perdita di nucleotidi alle estremità del DNA durante la duplicazione.

3. **Nel genoma degli eucarioti sono presenti sequenze ripetute e geni interrotti.** Con il termine sequenze ripetute si intende sequenze presenti in più di una copia; la maggior parte di tali sequenze non viene tradotta in proteine. I *geni interrotti* sono invece geni che contengono sequenze codificanti alternate a sequenze non codificanti; un gene interrotto è sempre più lungo dell'mRNA che produce.

4. **La trascrizione e la traduzione avvengono in ambienti separati.** La sintesi dell'mRNA avviene nel nucleo, mentre la sintesi proteica ha luogo nel citoplasma; prima di uscire dal nucleo, l'mRNA subisce un processo di «maturazione», assente nei procarioti. La separazione spaziale fra trascrizione

Caratteristica	Procarioti	Eucarioti
Dimensioni del genoma (in bp)	$10^4 - 10^7$	$10^8 - 10^{11}$
Sequenze ripetute	poche	molte
DNA non codificante all'interno di sequenze codificanti	raro	comune
Separazione spaziale fra trascrizione e traduzione	no	sì
DNA segregato in un nucleo	no	sì
DNA legato a proteine	in parte	tutto
Promotori	sì	sì
Amplificatori/silenziatori	rari	comuni
Presenza di cappuccio e di coda nell'mRNA	no	sì
Splicing dell'RNA	raro	comune
Numero di cromosomi per genoma	uno	molti

Tabella 4.1 Un confronto tra genomi procariotici ed eucariotici.

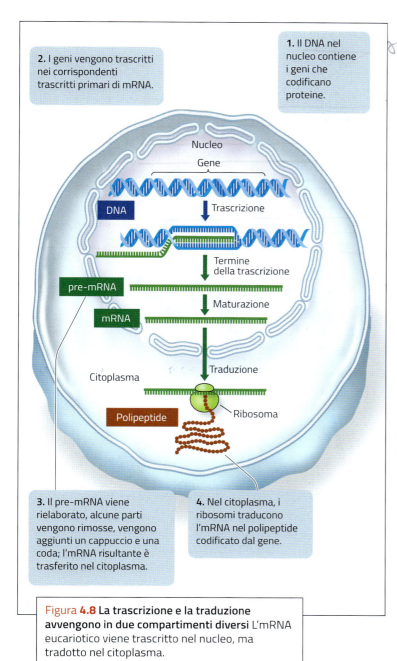

Figura **4.8 La trascrizione e la traduzione avvengono in due compartimenti diversi** L'mRNA eucariotico viene trascritto nel nucleo, ma tradotto nel citoplasma.

e traduzione fa sì che prima dell'inizio della sintesi proteica vi siano molte occasioni di regolazione: durante la sintesi del trascritto primario, durante la sua maturazione e infine durante il trasferimento dell'mRNA nel citoplasma (figura **4.8**).

5. **I genomi eucariotici possiedono più sequenze regolatrici rispetto ai genomi procariotici**. L'enorme complessità degli eucarioti richiede un elevato livello di regolazione, che si manifesta nei numerosi meccanismi di controllo legati all'espressione genica. Tali meccanismi coinvolgono le sequenze regolatrici e le proteine che vi si legano.

Ricorda   Sebbene il **codice genetico** sia **universale** esistono alcune importanti differenze tra il genoma procariotico e quello, più complesso, degli eucarioti.

6 Le sequenze ripetute dei genomi eucariotici

I genomi degli organismi eucariotici analizzati finora si sono rivelati pieni di sequenze ripetute che non codificano per polipeptidi; tra queste vi sono le sequenze altamente ripetute, quelle moderatamente ripetute e i trasposoni.

1. Le **sequenze altamente ripetute** sono brevi sequenze (meno di 100 bp) ripetute migliaia di volte una dietro l'altra; non sono mai trascritte e la loro proporzione nei genomi eucariotici varia dal 10% nell'uomo a circa metà del genoma nei moscerini della frutta. Altre sequenze altamente ripetute si trovano sparse nel genoma: per esempio, i cosiddetti *microsatelliti* (*STR*) lunghi da 1 a 5 bp possono essere ripetuti fino a 100 volte in una particolare localizzazione cromosomica. Il numero di copie di un STR in una posizione varia da persona a persona ed è ereditabile; si può usare per stabilire l'identità di un individuo.

2. Le **sequenze moderatamente ripetute** sono ripetute da 10 a 1000 volte nel genoma eucariotico. Un esempio di queste sequenze sono i geni per produrre i tRNA e gli rRNA utilizzati nella sintesi proteica. La cellula produce tRNA e rRNA in maniera costante, ma anche alla massima velocità di trascrizione copie singole di questi geni sarebbero inadeguate per fornire la grande quantità di molecole necessaria per la maggior parte delle cellule; di conseguenza il genoma possiede copie multiple di questi geni (figura **4.9** a pagina seguente).

3. I **trasposoni** o *elementi trasponibili* che esistono sia nei procarioti sia negli eucarioti, sono sequenze di DNA lunghe da 2000 a 8000 bp capaci di muoversi da un punto all'altro del genoma. Negli eucarioti questi elementi sono molto più numerosi che nei procarioti: oggi sappiamo che costituiscono il 40% del genoma umano e circa il 50% di quello del mais. I meccanismi che permettono ai trasposoni di muoversi sono diversi: nella modalità «taglia e incolla» l'elemento si stacca dal sito originario e si trasferisce in altro punto dello stesso o di un altro cromosoma. Nella modalità «copia e incolla», invece, il trasposone si duplica prima di spostarsi, creando due copie: una copia resta nella localizzazione originale e l'altra copia si inserisce altrove. In entrambi i casi i trasposoni portano i geni che codificano gli enzimi necessari alla trasposizione, e sono spesso fiancheggiati da sequenze ripetute e invertite di DNA a qui si legano questi enzimi.

Ricorda   Le **sequenze altamente ripetute** non sono mai trascritte; possono trovarsi una dietro l'altra oppure sparse nel genoma. Le **sequenze mediamente ripetute** codificano per i tRNA e gli rRNA. I **trasposoni** sono sequenze mobili che si spostano nel genoma.

introni → NON CODIFICANTI
esoni → CODIFICANTI

7 I geni interrotti e lo splicing

Gli studi sul genoma eucariotico hanno portato a una sorprendente scoperta: molti geni che codificano proteine contengono anche sequenze non codificanti, dette **introni**, intercalate ai tratti codificanti che sono chiamati esoni (figura **4.10**). I geni formati da esoni e introni sono chiamati **geni interrotti**; ognuno di essi inizia e finisce con un esone.

Splicing è un termine inglese che significa «unione» e si usa, per esempio, riferendosi a corde o a pellicole. Da qui l'estensione alla molecola del DNA.

Ogni esone codifica una piccola parte della proteina dotata di una precisa struttura secondaria e di una funzione specifica; queste parti sono definite *domìni*. Per esempio, i polipeptidi delle globine che formano l'emoglobina possiedono ciascuno due domini (uno per legarsi all'eme e uno per legarsi all'altra subunità di globina), che sono codificati da esoni distinti del gene per la globina.

Gli introni sono presenti in quasi tutti i geni degli organismi eucarioti. Il numero di introni e di esoni varia in un intervallo molto ampio: il gene umano più lungo, quello della proteina muscolare chiamata *titina*, possiede 363 esoni, che codificano in tutto 38 138 amminoacidi.

Nel caso dei geni interrotti, la produzione di mRNA comporta, oltre alla trascrizione, un passaggio ulteriore: la rimozione dal trascritto primario di mRNA, definito **pre-mRNA**, dei trascritti degli introni e la successiva saldatura dei trascritti degli esoni. Questo passaggio avviene prima che l'mRNA maturo lasci il nucleo e si trasferisca nel citoplasma.

Se le sequenze di RNA corrispondenti agli introni non venissero eliminate, il risultato sarebbe una proteina con una sequenza amminoacidica molto diversa, quasi sicuramente non funzionante.

La rimozione degli introni e la giustapposizione degli esoni avviene attraverso un processo definito **splicing dell'RNA**, in cui intervengono particolari ribonucleoproteine nucleari (cioè molecole fatte di RNA e proteine) chiamate **snRNP**, che in inglese si pronuncia «*snurp*».

snurp → splicing

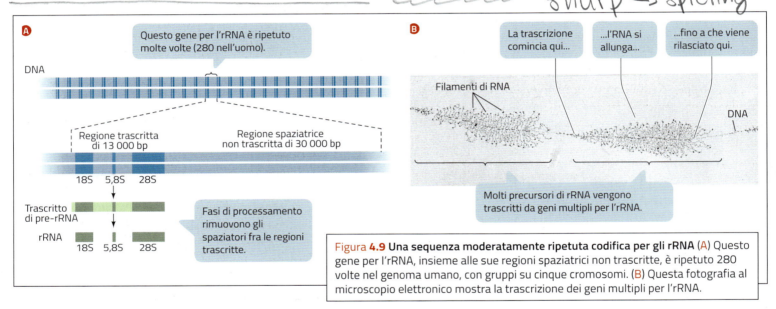

Figura 4.9 Una sequenza moderatamente ripetuta codifica per gli rRNA (A) Questo gene per l'rRNA, insieme alle sue regioni spaziatrici non trascritte, è ripetuto 280 volte nel genoma umano, con gruppi su cinque cromosomi. (B) Questa fotografia al microscopio elettronico mostra la trascrizione dei geni multipli per l'rRNA.

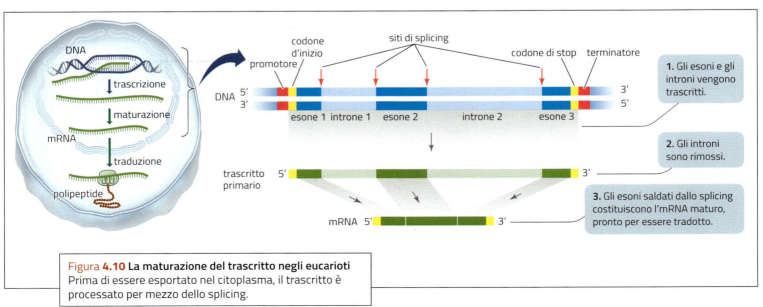

Figura 4.10 La maturazione del trascritto negli eucarioti Prima di essere esportato nel citoplasma, il trascritto è processato per mezzo dello splicing.

La maturazione del trascritto primario comporta anche l'aggiunta di un piccolo «cappuccio» all'estremità 5' e di una lunga «coda» all'estremità 3'. In genere il cappuccio è un nucleotide G, mentre la coda è una sequenza di circa 200 nucleotidi A (poliA). Cappuccio e coda servono per facilitare il legame con i ribosomi e per proteggere l'mRNA dall'attacco degli enzimi idrolitici presenti nel citoplasma che potrebbero degradarlo. Per questo l'mRNA eucariotico maturo è più stabile e ha una durata più lunga di quello dei procarioti.

Ricorda Molti geni eucariotici sono interrotti, cioè comprendono sequenze non codificanti, dette **introni**, inframmezzate a sequenze codificanti, gli **esoni**. Il processo di rimozione degli introni e di saldatura degli esoni nel trascritto primario prende il nome di **splicing dell'RNA**.

8 Le famiglie geniche

Circa la metà di tutti i geni eucariotici che codificano proteine è presente in singola copia nel genoma aploide (quindi in due copie nelle cellule somatiche, che sono diploidi); il resto dei geni è presente in copie multiple, che si sono originate per duplicazione genica. Nel corso dell'evoluzione, le copie di uno stesso gene hanno spesso subìto mutazioni diverse, dando origine a un gruppo di geni imparentati che formano una **famiglia genica**. Alcune famiglie geniche, come i geni che codificano le globine dell'emoglobina (figura 4.11), contengono pochi membri; altre, come i geni per gli anticorpi, ne possiedono centinaia.

Come i membri di qualsiasi famiglia, anche le sequenze di DNA di una famiglia genica di solito sono un po' differenti l'una dall'altra. Fintanto che almeno un membro codifica la proteina funzionante, gli altri possono mutare in modo più o meno esteso dando origine a diverse varianti della proteina, che spesso funzionano in modo diverso da quella originale.

Nel corso dell'evoluzione, la disponibilità di copie multiple di geni ha costituito un'importante fonte di variabilità genetica: le mutazioni vantaggiose vengono selezionate e trasmesse alle generazioni successive. Se invece la mutazione non si dimostra vantaggiosa, la copia non mutata del gene «salva la situazione». Poiché l'emoglobina è facile da studiare, le sue varietà nelle popolazioni umane sono state ampiamente descritte. Molte mutazioni dell'emoglobina non hanno alcun effetto sulla sua funzione (figura 4.12).

Oltre ai geni che codificano proteine, molte famiglie geniche includono **pseudogeni** non funzionali derivati da mutazioni che causano la perdita della funzionalità del gene. La sequenza del DNA di uno pseudogene può anche essere non molto diversa dagli altri membri della famiglia: in certi casi lo pseudogene è privo del promotore, in altri casi manca il sito di riconoscimento per lo splicing del pre-mRNA. In alcune famiglie geniche, gli pseudogeni superano in numero i geni funzionali e apparentemente non svolgono alcuna funzione.

Ricorda Copie multiple di uno stesso gene danno origine a una **famiglia genica** e costituiscono una fonte di variabilità per l'evoluzione.

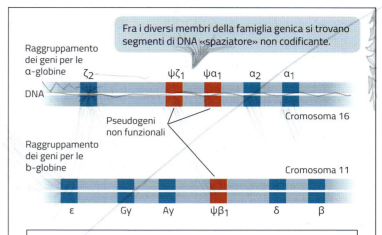

Figura 4.11 La famiglia genica delle globine I raggruppamenti dei geni per le α-globine e per le β-globine, appartenenti alla famiglia genica delle globine umane, sono localizzati su cromosomi differenti. I geni di ciascun raggruppamento sono separati da segmenti di DNA «spaziatore» non codificante. Gli pseudogeni non funzionali sono indicati dalla lettera greca *psi* (ψ). Il gene γ ha due varianti: A_γ e G_γ.

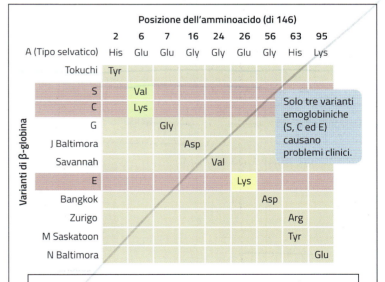

Figura 4.12 Polimorfismo dell'emoglobina Ognuno di questi alleli mutanti codifica una proteina con una singolo variazione di amminoacido nella catena di 146 amminoacidi della β-globina. Solo tre delle centinaia di varianti conosciute della β-globina producono anormalità cliniche. «S» è l'allele per l'anemia falciforme (*Sickle* = falce).

verifiche di fine lezione

Rispondi

A Quali sono le principali differenze tra i genomi procariotici e quelli eucariotici?

B In che modo avviene la maturazione dell'RNA di un gene interrotto?

C Che cosa sono le famiglie geniche?

PER SAPERNE DI PIÙ

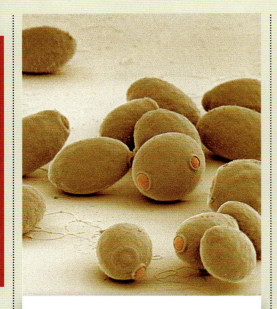

Organismi modello per studiare i genomi eucariotici

La maggior parte delle nostre informazioni sui genomi eucariotici deriva dallo studio di pochi organismi modello: il lievito *Saccharomyces cervisiae*, il nematode *Caenorhabditis elegans*, il moscerino della frutta *Drosophila melanogaster* e la pianta *Arabidopsis thaliana*.

Il **lievito di birra** *Saccharomyces cerevisiae* è un eucariote unicellulare. Mentre il batterio *Escherichia coli* possiede un singolo cromosoma circolare di 4,6 milioni di bp, il lievito di birra ha 16 cromosomi lineari con un contenuto aploide di 12,2 milioni di bp con 6275 geni. Alcuni di questi geni sono omologhi a geni procariotici, ma molti altri sono nuovi. Tra questi, alcuni contengono informazioni per la costruzione degli organuli, altri codificano gli istoni e le proteine che controllano la divisione cellulare e la maturazione dell'mRNA.

Il **nematode** *Caenorhabditis elegans* (figura A) è un verme cilindrico lungo 1 mm che vive nel terreno. È un organismo pluricellulare con un certo grado di complessità e un'organizzazione interna in tessuti e apparati; sopravvive bene anche in laboratorio, dove è diventato l'organismo modello preferito dai biologi dello sviluppo. Il corpo di questo nematode è trasparente, perciò i ricercatori possono tenerlo sotto osservazione per i tre giorni durante i quali l'uovo fecondato si divide e forma un verme adulto, composto da circa 1000 cellule.

Nonostante il piccolo numero di cellule, l'animale possiede un sistema nervoso, digerisce il cibo, si riproduce sessualmente e invecchia. Il genoma di *C. elegans* è otto volte più grande di quello del lievito e possiede un numero di geni 3,3 volte maggiore.

Circa 3000 geni del nematode possiedono omologhi nel lievito: gli altri servono per il differenziamento cellulare, la comunicazione e lo sviluppo.

Il **moscerino della frutta** *Drosophila melanogaster* (figura B) è l'organismo modello che ha permesso di formulare i principi di base della genetica. È più complesso di un nematode e possiede un numero di cellule 10 volte maggiore. Il genoma di drosofila è più grande di quello di un nematode (140 milioni di bp) ma contiene meno geni (15 016). Questi geni sono trascritti in 18 941 diversi mRNA: ciò significa che il genoma di drosofila codifica un numero di proteine superiore a quello dei suoi geni.

Le **angiosperme** (figura C), o piante con fiore, costituiscono un gruppo vasto (oltre 250 000 specie), ma poco differenziato dal punto di vista genico. Come organismo modello i ricercatori hanno sfruttato una semplice pianta erbacea, *Arabidopsis thaliana*, che richiede poche cure e possiede un genoma ridotto: 125 milioni di bp per circa 25 498 geni. Molti di questi geni sono comuni agli animali, ma altri sono relativi alle funzioni tipiche dei vegetali come la fotosintesi e il trasporto dell'acqua.

Figura A Il nematode *Caenorhabditis elegans* Questo piccolo verme cilindrico è l'organismo modello più studiato dai biologi dello sviluppo.

Figura B Il moscerino della frutta *Drosophila melanogaster* Grazie a questo prezioso organismo modello, sono state poste le basi della genetica moderna.

Figura C La pianta erbacea *Arabidopsis thaliana* Il suo genoma contiene geni comuni agli animali e altri tipici delle piante.

lezione 3

La regolazione prima della trascrizione

Ogni cellula somatica di un organismo pluricellulare ha un corredo completo di geni, ma non sempre li esprime tutti. Ogni tipo cellulare esprime soltanto i geni necessari per lo sviluppo e per lo svolgimento delle proprie funzioni. Lo sviluppo procede regolarmente solo se determinate proteine sono sintetizzate al momento giusto e nelle cellule giuste.

9 I meccanismi della trascrizione: un confronto tra eucarioti e procarioti

Come nei procarioti, in un tipico gene eucariotico si trovano un promotore, che lega la RNA polimerasi e che è posto subito prima della regione codificante, e un terminatore posto a valle. È importante non confondere il terminatore con *il codone di stop*: il terminatore infatti si trova *fuori* dal tratto codificante, di solito dopo il codone di stop, e segnala la fine della trascrizione.

Le somiglianze tra procarioti ed eucarioti tuttavia finiscono qui: mentre nei procarioti i geni con funzioni affini si trovano raggruppati in operoni e sono trascritti come un'unica entità, negli eucarioti essi tendono a essere dispersi nel genoma. Pertanto, la regolazione simultanea e coordinata di più geni, richiede che essi condividano alcuni elementi di controllo, per poter rispondere tutti allo stesso segnale.

Inoltre, negli eucarioti l'inizio della trascrizione è diverso da quello dei procarioti: l'RNA polimerasi eucariotica non riconosce direttamente la sequenza del promotore, ma ha bisogno di altre proteine per il riconoscimento, il *complesso di trascrizione*.

Infine, diversamente dai batteri che dispongono di una sola RNA polimerasi, gli eucarioti ne hanno tre, ciascuna delle quali catalizza la trascrizione di uno specifico tipo di gene:
- l'RNA polimerasi II trascrive i geni che codificano proteine;
- l'RNA polimerasi I trascrive i geni che codificano l'rRNA;
- l'RNA polimerasi III trascrive i geni che codificano i tRNA.

In questo capitolo noi parleremo solo dell'RNA polimerasi II, ma anche le altre due polimerasi agiscono con meccanismi simili.

Oltre alle polimerasi, negli eucarioti anche i promotori sono di tipi differenti; alla loro azione si somma quella delle **sequenze supplementari**, che contribuiscono a una regolazione più fine della trascrizione. Nei procarioti l'alternativa è netta: trascrizione o blocco; negli eucarioti si può ottenere una *modulazione* dell'intensità del processo: quindi un gene può essere trascritto di più o di meno.

Ricorda Negli eucarioti, i geni funzionalmente affini non sono raggruppati in operoni ma sono sparsi nel genoma; inoltre sono presenti **tre RNA polimerasi** diverse, ognuna delle quali forma un **complesso di trascrizione** insieme ad altre proteine.

10 L'espressione genica e la struttura della cromatina

Come puoi vedere nella figura **4.13**, la regolazione dell'espressione genica può avvenire in vari punti del processo di trascrizione e traduzione di un gene in una proteina.

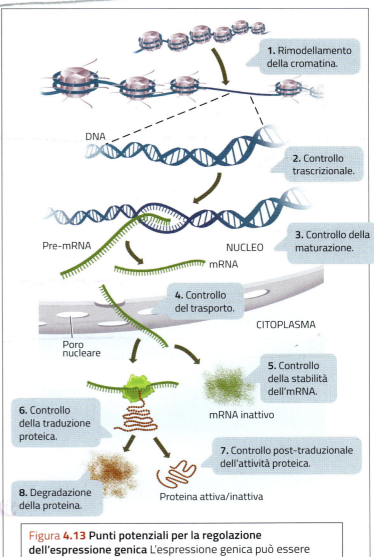

Figura 4.13 Punti potenziali per la regolazione dell'espressione genica L'espressione genica può essere regolata prima della trascrizione (1), durante la trascrizione (2, 3), dopo la trascrizione ma prima della traduzione (4, 5), alla traduzione (6) o dopo la traduzione (7, 8).

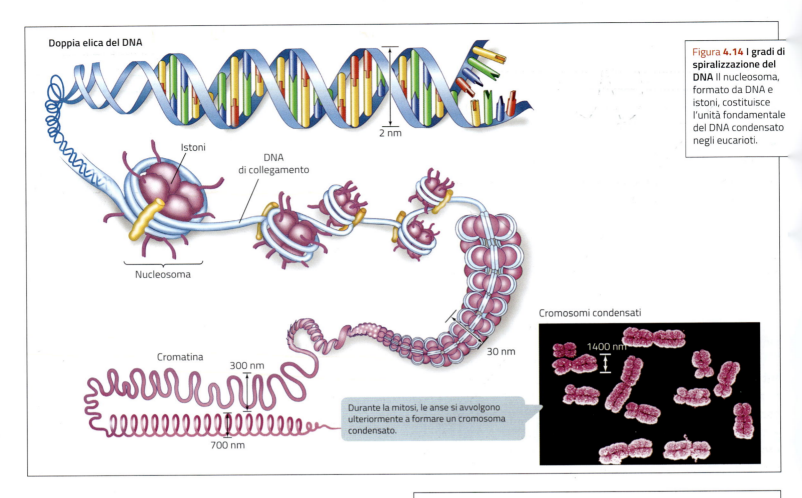

Figura 4.14 I gradi di spiralizzazione del DNA Il nucleosoma, formato da DNA e istoni, costituisce l'unità fondamentale del DNA condensato negli eucarioti.

Durante la mitosi, le anse si avvolgono ulteriormente a formare un cromosoma condensato.

Alcuni meccanismi di regolazione agiscono *prima* della trascrizione modificando la struttura della cromatina. Nei cromosomi degli eucarioti il DNA è avvolto attorno a proteine chiamate *istoni* a formare una struttura detta *nucleosoma* (figura 4.14). L'impacchettamento del DNA nei nucleosomi può rendere il DNA inaccessibile all'RNA polimerasi e al resto del macchinario coinvolto nella trascrizione un po' come, nei procarioti, il legame del repressore all'operatore impedisce la trascrizione dell'operone *lac*.

La trascrizione di un gene eucariotico dipende quindi dalla struttura della cromatina; attraverso un processo chiamato **rimodellamento della cromatina** (figura 4.15), specifiche proteine modificano la struttura del nucleosoma rendendo la cromatina accessibile al complesso di trascrizione.

Ricorda La struttura più o meno condensata della cromatina può ostacolare oppure favorire la trascrizione. Prima della trascrizione il DNA subisce un processo definito **rimodellamento della cromatina**.

Figura 4.15 Il rimodellamento della cromatina L'inizio della trascrizione richiede un cambiamento strutturale a livello dei nucleosomi, che diventano meno compatti. Questo rende il DNA accessibile al complesso di trascrizione.

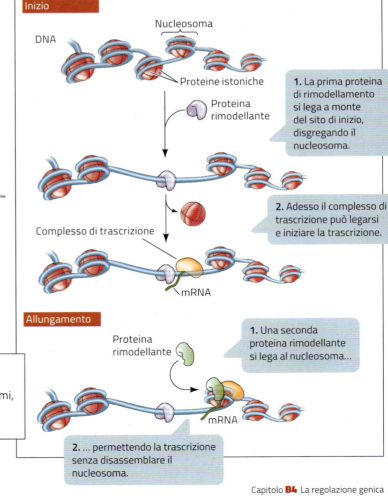

11 I meccanismi di regolazione sull'intero cromosoma

In un nucleo in interfase, colorato e osservato al microscopio, si distinguono due tipi di cromatina:
- l'**eucromatina**, dispersa e poco colorata, contiene il DNA che viene trascritto in mRNA;
- l'**eterocromatina**, condensata e intensamente colorata, contiene geni che di solito non vengono trascritti.

Il cromosoma X inattivo dei mammiferi è un esempio di eterocromatica. Una cellula di femmina di mammifero possiede due cromosomi X, mentre un maschio possiede un X e un Y. Tra maschi e femmine esiste quindi una notevole differenza nel «dosaggio» dei geni associati al cromosoma X: ogni cellula femminile li possiede in duplice copia e quindi potrebbe produrre il doppio delle relative proteine rispetto alle cellule maschili. Ciononostante, per il 75% dei geni situati sul cromosoma X di solito la trascrizione è la stessa nei maschi e nelle femmine. Com'è possibile che questo accada?

Durante le prime fasi dello sviluppo embrionale di una femmina, uno dei due cromosomi X in ogni cellula rimane in gran parte inattivo dal punto di vista trascrizionale. Lo stesso cromosoma X rimane poi inattivo in tutte le cellule discendenti. La «scelta» della copia da inattivare è casuale: poiché uno dei due cromosomi X deriva dal padre e l'altro deriva dalla madre: di conseguenza, in una cellula embrionale il cromosoma X trascritto può essere quello paterno, mentre nella cellula adiacente può essere quello materno.

Il **cromosoma X inattivo** è ben visibile nel nucleo perché rimane estremamente compatto anche durante l'interfase: al microscopio ottico esso appare come un ammasso di cromatina denominato **corpo di Barr** dal nome del suo scopritore, Murray Barr (figura 4.16). In una cellula femminile normale (XX) è presente un solo corpo di Barr, mentre nelle persone con trisomia X (che sono XXX) se ne osservano due. Nei maschi il corpo di Barr non è mai presente. La condensazione in corpo di Barr del cromosoma X inattivo fa sì che il suo DNA risulti inaccessibile al complesso di trascrizione.

In natura, troviamo un esempio della disattivazione del cromosoma X nei gatti che presentano il manto a macchie rosse e nere (figura 4.17), anche detti gatti con il manto a «squama di tartaruga». Questi gatti sono eterozigoti per il gene responsabile del colore del manto, situato sul cromosoma X. Per ottenere il fenotipo squama di tartaruga, quindi, devono essere presenti sia l'allele per il pelo rosso sia l'allele per il pelo nero. Come abbiamo già detto, se una femmina è eterozigote per un gene presente sul cromosoma X, vuol dire che una parte delle sue cellule esprimeranno un allele e l'altra parte l'altro allele; nel caso specifico le zone rosse del manto saranno espresse dalle cellule che hanno attivo il cromosoma X con l'allele per il rosso, viceversa per le zone nere.

Un'eccezione è rappresentata dai rari maschi tricolore in cui si manifesta la trisomia, ovvero al posto di avere due cromosomi,

Il corpo di Barr è il membro condensato e inattivo della coppia di cromosomi X della cellula.

L'altro X non è condensato ed è attivo nella trascrizione.

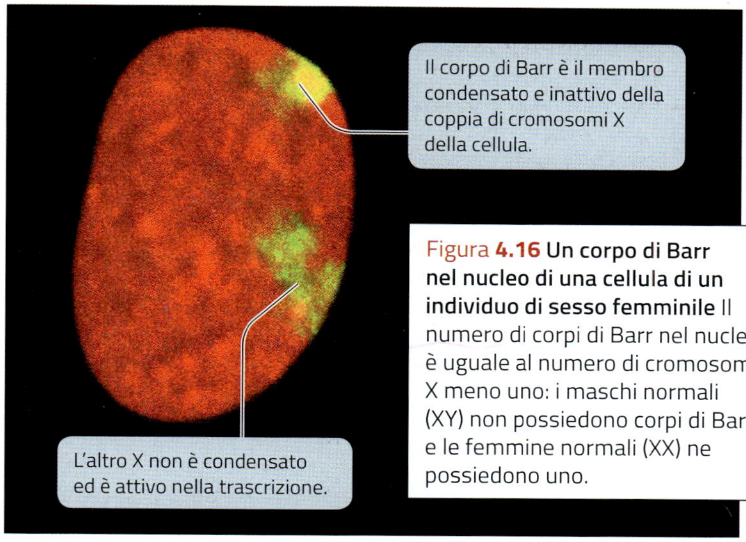

Figura 4.16 Un corpo di Barr nel nucleo di una cellula di un individuo di sesso femminile Il numero di corpi di Barr nel nucleo è uguale al numero di cromosomi X meno uno: i maschi normali (XY) non possiedono corpi di Barr, e le femmine normali (XX) ne possiedono uno.

Figura 4.17 Uno strano caso di disattivazione del cromosoma X I gatti a squama di tartaruga hanno questa particolare caratteristica cromatica del manto a causa dei meccanismi di regolazione che agiscono disattivando l'intero cromosoma X.

ne hanno tre: invece di essere XY, sono XXY e la coppia di X porta con sé gli alleli per il fenotipo squama di tartaruga. I rarissimi maschi tricolore hanno di solito caratteri sessuali maschili, ma la maggior parte sono sterili.

Ricorda A livello cromosomico si distinguono l'**eucromatina**, contenente il DNA che viene abitualmente trascritto, e l'**eterocromatina**, che contiene geni o cromosomi inattivi. Un esempio di eterocromatina è il corpo di Barr, ovvero il cromosoma X inattivo.

verifiche di fine lezione

Rispondi

A Che cosa sono i nucleosomi?

B Come influisce la struttura della cromatina sull'efficienza della trascrizione?

C Quali sono le differenze tra l'eterocromantina e l'eucromatina?

D Che cosa sono i corpi di Barr? E in che modo la disattivazione del cromosoma X è alla base del manto a squama di tartaruga di certi gatti?

lezione

4

La regolazione durante e dopo la trascrizione

Se gli operoni possono essere solo «accesi» o «spenti», la trascrizione dei geni eucariotici può essere aumentata o diminuita a seconda delle necessità. Gli eucarioti dispongono infatti di numerosi meccanismi che regolano l'espressione genica durante e dopo la traduzione, modificando l'intensità della traduzione e la longevità delle proteine.

13 I fattori di trascrizione e le sequenze regolatrici

Nei procarioti, il promotore è una sequenza di DNA situata in prossimità dell'estremità 5' della regione codificante di un gene o di un operone, in corrispondenza della quale l'RNA polimerasi inizia la trascrizione.

Negli eucarioti le cose vanno diversamente. L'RNA polimerasi II degli eucarioti non è in grado di legarsi da sola al promotore e iniziare a trascrivere; può farlo soltanto dopo che sul DNA si sono radunate specifiche proteine dette **fattori di trascrizione** (figura 4.18). Negli eucarioti, inoltre, a monte del promotore si trovano altre due sequenze, dette *sequenze consenso*, alle quali si legano proteine regolatrici che hanno il compito di attivare il complesso di trascrizione.

Molto più lontano (fino a 20 000 bp di distanza) si trovano invece gli **intensificatori** o *enhancers*, che legano gli stessi fattori di trascrizione che riconoscono il promotore; queste sequenze agiscono stimolando ulteriormente l'attività del complesso di trascrizione attraverso ripiegamenti del DNA che portano l'enhancer in contatto con il promotore.

Esistono infine sequenze con effetto opposto chiamate **silenziatori** o *silencers*, che arrestano la trascrizione in seguito al legame con specifici repressori proteici.

La combinazione di diversi fattori di trascrizione determina la *velocità finale* della trascrizione, che dipende dalle esigenze della

12 La trascrizione differenziale

Il secondo livello di regolazione dell'espressione genica corrisponde alla trascrizione; un primo meccanismo di regolazione è la **trascrizione differenziale**.

Le proteine e gli enzimi fondamentali per il metabolismo di tutte le cellule, come gli enzimi della glicolisi, sono codificati da geni detti *costitutivi* o *housekeeping*: questi geni sono sempre trascritti indistintamente in tutti i tipi di cellule, da quelle del cervello o del muscolo o del sangue, a quelle del fegato.

Al contrario, i geni che codificano proteine specifiche del cervello oppure del fegato sono trascritti *solo* nelle cellule encefaliche e nelle cellule epatiche: d'altra parte, nessuna di queste cellule trascriverà i geni che codificano le proteine caratteristiche del muscolo, del sangue, del tessuto osseo o di altri tipi di cellule specializzate dell'organismo.

Housekeeping significa «sbrigare le faccende domestiche»: un buon termine per quei geni che assolvono alle necessità di base di tutte le cellule.

Ricorda Grazie alla **trascrizione differenziale** i geni *housekeeping* vengono espressi continuamente in tutte le cellule, mentre altri geni sono trascritti solo in alcuni tessuti.

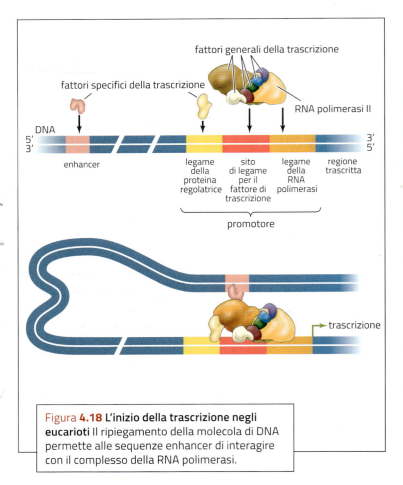

Figura 4.18 L'inizio della trascrizione negli eucarioti Il ripiegamento della molecola di DNA permette alle sequenze enhancer di interagire con il complesso della RNA polimerasi.

cellula. I globuli rossi immaturi del midollo osseo, per esempio, producono grandi quantità della proteina β-globina: in queste cellule sono attivi ben 13 fattori di trascrizione che stimolano la trascrizione del gene della β-globina. Nei globuli bianchi immaturi questi 13 fattori non sono presenti, e di conseguenza il gene della β-globina non viene quasi trascritto.

In questo modo il destino di una cellula è determinato da quali geni sono effettivamente espressi anche se tutte le cellule possiedono lo stesso corredo genetico.

Ricorda La trascrizione del genoma eucariotico è attivata da **fattori di trascrizione** proteici che si legano sia al promotore sia a **intensificatori** anche molto distanti dal gene. I **silenziatori** sono, invece, sequenze che legano i repressori e arrestano la trascrizione.

14 Lo splicing alternativo: tanti mRNA a partire dallo stesso gene

L'espressione di un gene può essere regolata anche subito dopo che il gene è stato trascritto, attraverso il processo di splicing che abbiamo visto nel paragrafo 7.

Nello splicing, il pre-mRNA viene rielaborato mediante rimozione degli introni e successivo montaggio degli esoni. Per molti geni può verificarsi però uno **splicing alternativo**, in cui alcuni esoni sono eliminati insieme agli introni. Grazie a questo meccanismo, è possibile generare una famiglia di proteine diverse a partire da un singolo gene (figura **4.19**).

Nei mammiferi, per esempio, esiste un unico di pre-mRNA per la *tropomiosina*, una proteina filamentosa coinvolta nella contrazione muscolare. Il pre-mRNA viene tagliato in maniera differente in cinque tessuti distinti per dare origine a cinque diversi mRNA maturi, che sono poi tradotti nelle cinque forme di tropomiosina che si ritrovano nel muscolo scheletrico, nel muscolo liscio e nelle cellule del tessuto connettivo, del fegato e del cervello.

Prima del 2003, anno in cui fu completato il suo sequenziamento, si prevedeva nel genoma umano si trovasse un numero di geni compreso tra 80 000 e 150 000: fu davvero una sorpresa scoprire che invece erano solamente 21 000, molti meno rispetto alla diversità delle proteine prodotte. La maggior parte di questa differenza numerica deriva da meccanismi postrascrizionali come lo splicing alternativo.

Ricorda Lo **splicing alternativo** permette di ottenere proteine diverse a partire dallo stesso trascritto primario di RNA messaggero.

15 I controlli traduzionali

A questo punto potremmo domandarci se la quantità di una proteina nella cellula è determinata dalla quantità del suo mRNA.

Analizzando la relazione tra l'abbondanza di mRNA e delle proteine corrispondenti nel lievito, i biologi molecolari hanno scoperto che per un terzo dei geni analizzati esiste una chiara correlazione: *più mRNA produce più proteine*. In due terzi, invece, non è stata trovata alcuna relazione apparente. In questi casi la concentrazione delle proteine nella cellula deve essere determinata da fattori che agiscono dopo la maturazione dell'mRNA.

La cellula può controllare la traduzione in molti modi, per esempio grazie a repressori proteici che si legano all'mRNA bloccando il sito di attacco del ribosoma. In altri casi la traduzione viene accelerata o rallentata modificando chimicamente il cappuccio di poliA che si trova all'estremità 5' dell'mRNA.

Ricorda La **concentrazione di una proteina** nelle cellule è regolata rallentando o accelerando i processi trascrizionali.

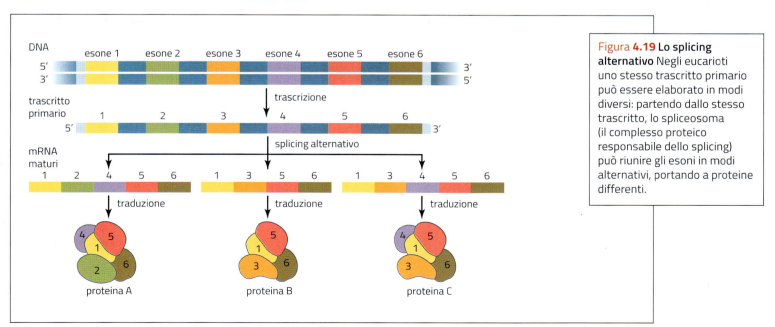

Figura **4.19** Lo splicing alternativo Negli eucarioti uno stesso trascritto primario può essere elaborato in modi diversi: partendo dallo stesso trascritto, lo spliceosoma (il complesso proteico responsabile dello splicing) può riunire gli esoni in modi alternativi, portando a proteine differenti.

16 I controlli post-traduzionali

Un altro sistema per controllare l'attività di una proteina in una cellula è di regolarne la longevità. Il meccanismo che attiva la degradazione di una proteina inizia «marcando» la molecola da demolire con una piccola proteina di 76 amminoacidi chiamata **ubiquitina**. Successivamente, alla catena iniziale di ubiquitina se ne attaccano altre, formando una catena di poliubiquitina. Il complesso proteina bersaglio-poliubiquitina entra infine nel **proteasoma** (figura 4.20), un enorme complesso proteico a forma di cilindro cavo; il proteasoma dapprima stacca l'ubiquitina e poi demolisce la proteina bersaglio in piccoli frammenti peptidici e amminoacidi liberi.

> Il termine **ubiquitina** rimanda a *ubiquità*, la capacità di essere in più posti contemporaneamente. Il nome deriva dal fatto che questa proteina è diffusa ovunque nella cellula.

Gli studi più recenti indicano che la concentrazione di gran parte delle proteine cellulari dipende più dalla loro degradazione a livello dei proteasomi che dall'espressione differenziale dei rispettivi geni. Esistono però alcuni virus capaci di sabotare questo sistema: l'HPV (*Human Papilloma Virus* o papillomavirus umano), che si trasmette per via sessuale, aggiunge l'ubiquitina alle proteine p53 marcandole per la degradazione. Poiché le proteine p53 inibiscono la divisione cellulare, il calo della loro concentrazione determina una divisione cellulare priva di controllo che può portare al cancro della cervice uterina.

Ricorda L'ultimo meccanismo di controllo è posizionato a valle della traduzione e si basa sulla degradazione delle proteine. Dapprima le proteine vengono marcate con una catena di ubiquitina, poi sono demolite dai **proteasomi**.

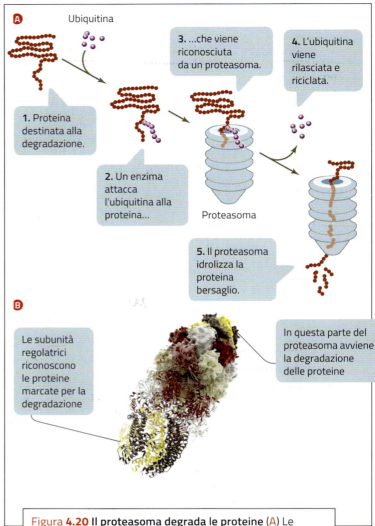

Figura **4.20 Il proteasoma degrada le proteine** (A) Le proteine destinate alla degradazione sono marcate dall'ubiquitina, che poi dirige le proteine verso un proteasoma. (B) Il proteasoma è un complesso multienzimatico al cui interno le proteine vengono digerite da potenti proteasi.

verifiche di fine lezione

Rispondi

- A Che cosa sono i fattori di trascrizione?
- B Qual è il ruolo degli enhancer e dei silenziatori?
- C Che cos'è lo splicing alternativo?
- D Quali sono le differenze tra i controlli che avvengono durante e dopo la trascrizione?
- E Come funziona un proteasoma?

ESERCIZI

Ripassa i concetti

1 Completa la mappa inserendo i termini mancanti.

proteasoma / operoni / reprimibili / RNA polimerasi / trascrizione / trasporto al citoplasma / si blocca / dopo la traduzione / eucarioti / unità di trascrizione / modulabile / corepressore / operone *lac* / induttore / rimodellamento della cromatina / durante la trascrizione / attivo / sequenze supplementari

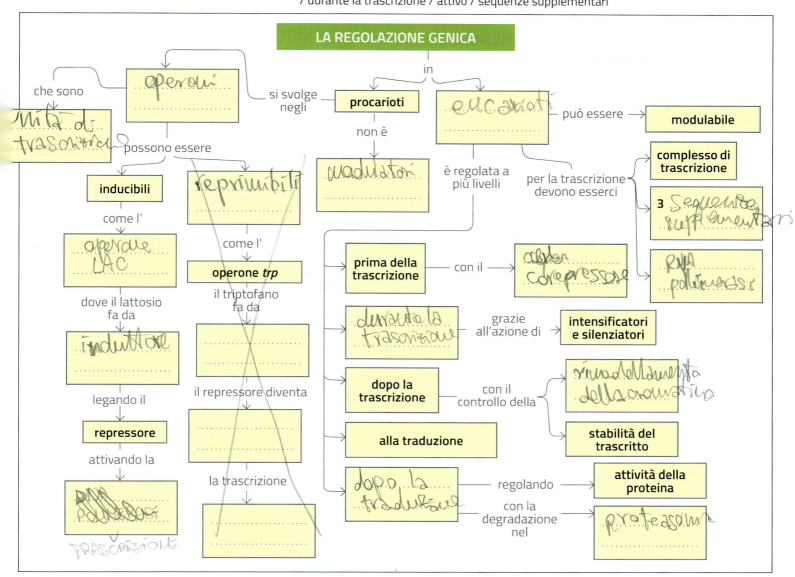

2 Dai una definizione per ciascuno dei seguenti termini associati.

operone:	Unità di trascrizione
operatore:	Breve sequenza di DNA dei procarioti a cui si lega il repressore.
repressore:	enzima che legandosi all'operatore negli operoni blocca la RNA polimerasi
corepressore:	Molecola che si lega al repressore e blocca la trascrizione degli enzimi di una determinata via.
plasmidi:	
trasposoni:	Sequenze di DNA capaci di muoversi da una parte all'altra del genoma.
codone di stop:	codone che fa terminare la trascrizione
terminatore:	Sequenza al di fuori del tratto codificante di un gene che segnala la fine della trascrizione.

3 Disegna sul tuo quaderno una mappa concettuale che schematizzi le principali caratteristiche del genoma eucariotico.

Verifica le tue conoscenze

Test a scelta multipla

1 Quale delle seguenti affermazioni relative agli operoni è errata?

A sono unità regolatrici tipiche dei procarioti

B comprendono geni strutturali posti in diversi tratti del cromosoma

C possono essere attivati e disattivati a seconda delle condizioni ambientali

D si basano sulla possibilità di controllare l'attività della RNA polimerasi

2 Quale delle seguenti affermazioni riguardanti l'operone *lac* è corretta?

A è un operone reprimibile, normalmente attivo

B il suo repressore è attivo se non c'è lattosio

C il suo operatore è libero quando non c'è lattosio

D il lattosio funge da corepressore

3 Quale delle seguenti affermazioni riguardanti l'operone *trp* è corretta?

A il suo repressore isolato è in forma attiva

B comprende tre geni strutturali

C viene attivato dalla presenza del triptofano

D il suo promotore non è accessibile se c'è triptofano

4 Quali di queste caratteristiche non sono mai presenti nei procarioti?

A sequenze non codificanti all'interno dei geni

B proteine che si legano al DNA

C geni regolatori

D cappuccio e coda nell'mRNA

5 Il genoma di un procariote non comprende telomeri perché

A è di dimensioni molto ridotte

B è formato da un unico cromosoma

C non possiede sequenze ripetitive

D è formato da una molecola circolare

6 Un mRNA maturo contiene

A gli introni

B il codone di inizio

C il terminatore

D il promotore

7 In una famiglia genica non ci sono

A pseudogeni non funzionanti

B geni funzionanti affini tra loro

C geni coinvolti in una via metabolica

D geni con sequenze molto simili

8 Confrontando la trascrizione nei procarioti e negli eucarioti, si osserva che

A negli eucarioti un gene ha più promotori contemporaneamente

B il complesso di inizio degli eucarioti è molto più grande

C gli operoni eucariotici contengono molti più geni

D nei batteri non c'è un'unica RNA polimerasi, ma almeno tre

9 Il rimodellamento della cromatina

A consente di risparmiare spazio, compattando al meglio il DNA

B consente di correggere gli errori nella disposizione dei nucleosomi

C è un metodo di regolazione della trascrizione

D consente di individuare gli introni e gli esoni

10 I fattori di trascrizione

A possono essere specifici per certi gruppi di geni

B sono essenziali tanto nei procarioti quanto negli eucarioti

C si legano alla RNA polimerasi, ma non direttamente al DNA

D si legano al promotore, ma non alla RNA polimerasi

11 Lo splicing alternativo permette di

A ottenere diversi polipeptidi dallo stesso gene

B modificare selettivamente la struttura di un operone

C ottenere polipeptidi uguali partendo da geni diversi

D far maturare il pre-mRNA più o meno velocemente

12 Nella regolazione post-traduzionale intervengono

A promotori

B fattori di trascrizione

C terminatori

D ubiquitine e proteasomi

13 Il proteasoma è

A un fattore di trascrizione proteico

B una particolare proteina che costituisce i ribosomi

C un complesso proteico che degrada le proteine

D una proteina che blocca il sito di attacco al ribosoma

14 Che cosa si intende per trascrizione differenziale?

A la trascrizione differente che avviene nei procarioti rispetto agli eucarioti

B il meccanismo per cui i geni costitutivi sono sempre trascritti in tutti i tipi di cellule, altri geni solo in cellule specifiche

C una tipologia di trascrizione che avviene solo su certi cromosomi

D la conseguenza di una mutazione nel normale meccanismo di trascrizione dei procarioti

15 Che cosa si intende con «regolazione genica modulabile» negli eucarioti?

A la trascrizione è divisa per tappe, o moduli discreti e separati tra loro

B la maturazione del trascritto primario è sotto il controllo di enzimi con attività modulabile

C l'espressione di alcuni geni è legata alla modulazione ormonale dell'organismo

D viene modulata l'intensità con cui un gene viene trascritto

Test Yourself

16 🇬🇧 An operon is

(A) a molecule that can turn genes on and off

(B) an inducer bound to a repressor

(C) a series of regulatory sequences controlling transcription of protein-coding genes

(D) any long sequence of DNA

(E) a promoter, an operator, and a group of linked structural genes

17 🇬🇧 Which of the following statements about the *lac* operon is not true?

(A) when lactose binds to the repressor, the repressor can no longer bind to the operator

(B) when lactose binds to the operator, transcription is stimulated

(C) when the repressor binds to the operator, transcription is inhibited

(D) when lactose binds to the repressor, the shape of the repressor is changed

(E) when the repressor is mutated, one possibility is that it does not bind to the operator

18 🇬🇧 Heterochromatin

(A) contains more DNA than does euchromatin

(B) is transcriptionally inactive

(C) is responsible for all negative transcriptional control

(D) clumps the X chromosome in human males

(E) occurs only during mitosis

19 🇬🇧 Eukaryotic protein-coding genes differ from their prokaryotic counterparts in that eukaryotic genes

(A) are double-stranded

(B) are present in only a single copy

(C) contain introns

(D) have a promoter

(E) transcribe mRNA

20 🇬🇧 When tryptophan accumulates in a bacterial cell

(A) it binds to the operator, preventing transcription of adjacent genes

(B) it binds to the promoter, allowing transcription of adjacent genes

(C) it binds to the repressor, causing it to bind to the operator

(D) it binds to the genes that code for enzymes

(E) it binds to RNA and initiates a negative feedback loop to reduce transcription

21 🇬🇧 Which statement about selective gene transcription in eukaryotes is not true?

(A) different classes of RNA polymerase transcribe different parts of the genome

(B) transcription requires transcription factors

(C) genes are transcribed in groups called operons

(D) both positive and negative regulation occur

(E) many proteins bind at the promoter

Verso l'Università

22 L'organismo umano è in grado di sintetizzare un numero di proteine diverse molto maggiore del numero dei propri geni. Questo è possibile perché:

(A) esiste lo splicing alternativo dell'RNA

(B) il nostro organismo è costituito da moltissime cellule diverse che contengono geni diversi

(C) si verifica la ricombinazione

(D) si verificano mutazioni

(E) si verifica l'amplificazione genica

[dalla prova di ammissione a Medicina e Chirurgia, anno 2011]

23 Quale delle seguenti definizioni NON è corretta?

(A) Centrosoma – centro di organizzazione dei microtubuli

(B) Centromero – punto di attacco delle fibre del fuso

(C) Corpo basale – organulo che assembla ciglia e flagelli

(D) Nucleosoma – sede della costruzione delle subunità ribosomiali

(E) Nucleoide – regione contenente il DNA procariotico

[dalla prova di ammissione a Medicina e Chirurgia e a Odontoiatria e Protesi Dentaria, anno 2012]

24 Date le seguenti tre modalità di regolazione dell'espressione genica in eucarioti, quale/i avviene/avvengono prima della traduzione?
1. Splicing alternativo di pre-mRNA.
2. Alterazione epigenetica del DNA attraverso metilazione. 3. Rimozione per via enzimatica di peptidi segnale da una proteina precursore.

(A) tutte

(B) solo 2 e 3

(C) solo 1

(D) solo 3

(E) solo 1 e 2

[dalla prova di ammissione a Medicina e Chirurgia, anno 2012)

Esercizi di fine capitolo

Verifica le tue abilità

25 Leggi e completa le seguenti frasi riferite agli operoni.

a) Il gene ......*strutturale*...... viene tradotto producendo il repressore proteico.

b) A fare da ......*induttore*...... per l'operone lac è il lattosio.

c) Si dicono ......*codificanti*...... tutte le sequenze che non corrispondono a geni strutturali.

d) Il sito detto ......*promotore*...... è quello a cui si lega la RNA polimerasi.

26 Leggi e completa le seguenti frasi riferite al genoma degli eucarioti.

a) Il genoma umano contiene circa ......*6 miliardi*...... di coppie di basi.

b) I ......*telomeri*...... sono strutture presenti all'estremità dei cromosomi.

c) Nei genomi eucariotici le sequenze ......*ripetitive*...... sono molto più numerose.

d) I trascritti degli eucarioti subiscono un processo di ......*splicing*...... prima di diventare veri mRNA.

27 Il controllo dell'espressione genica nei procarioti è attuato soprattutto tramite gli operoni. Indica quali tra le seguenti affermazioni relative a queste unità sono corrette. Motiva le tue risposte disegnando schematicamente i tipi di operone che conosci.

(A) l'operone inducibile è l'unità funzionale che consente di attivare geni normalmente non attivi

(B) il promotore si trova tra l'operatore e i geni strutturali

(C) gli operoni reprimibili non hanno un promotore

(D) la funzione del repressore è di impedire la trascrizione dei geni

(E) tutti gli operoni hanno un corepressore

28 I geni eucariotici vengono regolati anche dopo la trascrizione. Indica quali tra le seguenti affermazioni sono corrette a proposito di questo fenomeno. Motiva le tue risposte specificando come si possono distinguere i diversi tipi di controlli.

(A) tutti i controlli post-trascrizionali avvengono prima della traduzione

(B) i controlli post-trascrizionali non alterano la concentrazione cellulare delle proteine

(C) la disponibilità del gruppo eme influenza la sintesi delle globine

(D) l'alterazione dell'attività del proteasoma è coinvolta nell'insorgenza di alcuni tumori

29 Quale tra questi sistemi di regolazione genica appartiene sia ai procarioti sia agli eucarioti?

(A) lo splicing

(B) la spiralizzazione e il rimodellamento del DNA

(C) un sistema di proteine accessorie: intensificartori e silenziatori proteici che si legano al DNA

(D) la degradazione nel proteasoma

30 Quale funzione svolgono i fattori di trascrizione?

(A) degradano altre proteine

(B) intervengono nella spiralizzazione del DNA

(C) consentono all'RNA polimerasi di legare il DNA

(D) hanno la funzione di intensificatori della trascrizione

31 Qual è la funzione della RNA polimerasi III?

(A) trascrive i geni per l'rRNA

(B) riconosce i trascritti che presentano mutazioni e li porta al complesso di degradazione

(C) trascrive i geni che codificano per proteine

(D) trascrive i geni che codificano per i tRNA

32 Leggi e completa le seguenti frasi riferite ai controlli durante e dopo la traduzione.

a) La cellula può controllare la .... in molti modi, per esempio attraverso .... proteici che bloccano il sito di attacco al ribosoma del ....

b) La trascrizione è modulata modificando chimicamente il ......*cappuccio di RNA*...... che si trova all'estremità ......*5*...... del mRNA.

c) L'attività di una proteina può essere regolata attraverso la sua ......*lisi/degrado*......, che avviene in seguito alla marcatura della proteina con un piccolo polipeptide chiamato ......*ubiquitina*......

d) L'insieme proteina bersaglio-ubiquitina entra nel ......*proteasoma*......, che è un enorme complesso proteico che demolisce le proteine in ......*piccoli frammenti peptidici*...... e amminoacidi liberi.

Verso l'esame

CONFRONTA
33 Metti a confronto il genoma procariotico e quello eucariotico, indicando le differenze principali tra i due.

SPIEGA
34 Quali tipi di sequenze ripetitive conosci?
Spiega le caratteristiche più importanti di ciascuna.

DISCRIMINA
35 Al di là delle differenze tra i diversi meccanismi, tutti gli operoni seguono una logica comune.
Indica che cosa hanno in comune i tipi di operoni che hai studiato ed evidenziane le differenze.

DESCRIVI E CHIARISCI
36 La regolazione genica può dipendere anche dallo stato in cui si trova la cromatina.
Descrivi i diversi stati in cui la cromatina può trovarsi, chiarendone le differenze.

DISCUTI
37 La diversità degli anticorpi di topo è stata studiata in laboratorio ed è risultata essere il frutto di un processo a più tappe di riorganizzazione del DNA:
- la presenza di quattro famiglie geniche che codificano le regioni variabili e costanti della catena pesante;
- prima della trascrizione il DNA è riorganizzato in un supergene che corrisponde alla regione variabile;
- dopo la trascrizione si ha lo splicing di questo RNA.

Cerca in Internet altre informazioni sull'incredibile varietà anticorpale e discuti con i tuoi compagni dei vari meccanismi molecolari che la determinano.

DEDUCI
38 In base a quanto hai appreso riesci a dedurre il motivo per cui il genoma di un procariote non comprende i telomeri?

IPOTIZZA
39 Nella cellula che diventerà una cellula uovo il gruppo di geni che codificano per gli rRNA è presente in meno di 1000 copie; troppo poche per far fronte alla grande quantità di ribosomi richiesti. Anche se fossero trascritti alla massima velocità impiegherebbero 50 anni per produrre un miliardo di ribosomi. Come fa allora la cellula uovo ad avere alla fine così tanti ribosomi?
Approfondisci il discorso sui geni ripetuti nel genoma umano e sulla trascrizione di geni multipli, e formula un'ipotesi che risponda alla domanda.

OSSERVA E RICERCA
40 L'immagine mostra una molecola di DNA avvolta su specifici siti di una proteina regolatrice, o fattore di trascrizione. Questo fattore di trascrizione ha il compito di regolare il legame tra promotori e RNA-polimerasi II, attivando o reprimendo la trascrizione a seconda delle esigenze della cellula. I fattori di trascrizione si legano al DNA in zone con una struttura, o «motivo» particolare: il motivo a *dita di zinco*, il motivo a *cerniera di leucine*, il motivo *elica-ansa-elica*.
Cerca in Internet informazioni sui motivi strutturali di legame al DNA dei fattori di trascrizione, e sulla loro funzione nell'interazione con il DNA.

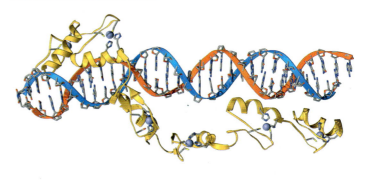

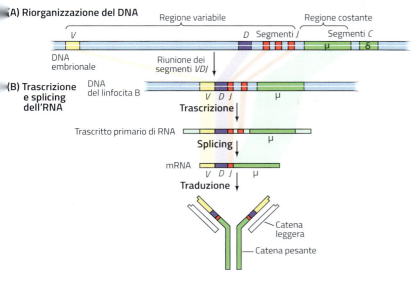

(A) Riorganizzazione del DNA
(B) Trascrizione e splicing dell'RNA

B5

L'evoluzione e l'origine delle specie viventi

lezione 1

L'evoluzione dopo Darwin

All'inizio del Novecento la teoria di Darwin, pur avendo molti sostenitori, era ancora vista con dubbio da buona parte della comunità scientifica. Le grandi scoperte nell'ambito della paleontologia, dell'embriologia e della genetica classica e molecolare sembravano superare o smentire le ipotesi di Darwin. Solo intorno agli anni Trenta le sue idee vennero riprese e si elaborò una «sintesi moderna» di genetica ed evoluzione.

1 I capisaldi della teoria di Darwin

La **teoria dell'evoluzione per selezione naturale**, elaborata da Darwin nel suo famoso saggio *L'origine delle specie* (pubblicato nel 1859), basava le fondamenta sull'assunto che le specie non sono immutabili, ma si evolvono gradualmente nel tempo attraverso la selezione naturale. I meccanismi attraverso cui agisce l'evoluzione sono stati enucleati da Darwin in cinque punti.

1. Tutte le popolazioni sono soggette in maniera del tutto casuale a una certa variabilità individuale determinata sia da caratteri ereditari sia dalle «modificazioni» (il concetto di mutazione non era presente nel pensiero darwiniano).
2. La dimensione delle popolazioni rimane costante nel tempo.
3. Le popolazioni competono per le risorse disponibili nell'ambiente in cui vivono.
4. All'interno di una popolazione si ha una grande varietà di caratteri; gli individui sono tutti diversi, per cui alcuni avranno caratteristiche che li rendono più idonei all'ambiente.
5. La variazione dei caratteri degli individui viene ereditata dalla prole, quindi anche le caratteristiche più vantaggiose. È in questo modo che le popolazioni evolvono.

Ricorda La **teoria dell'evoluzione per selezione naturale** di Darwin esponeva in cinque punti il meccanismo attraverso cui si evolvono le specie.

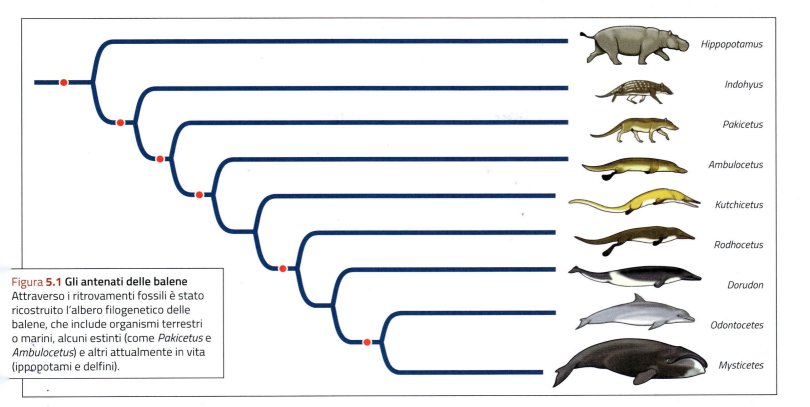

Figura **5.1 Gli antenati delle balene**
Attraverso i ritrovamenti fossili è stato ricostruito l'albero filogenetico delle balene, che include organismi terrestri o marini, alcuni estinti (come *Pakicetus* e *Ambulocetus*) e altri attualmente in vita (ippopotami e delfini).

2 Le questioni lasciate aperte da Darwin

La teoria che Darwin aveva elaborato era sostenuta da molte evidenze, ma aveva alcuni punti deboli, riconosciuti dallo stesso Darwin. Tra questi il più importante era legato alla frammentarietà della documentazione fossile.

Tuttavia, agli inizi del Novecento la teoria darwiniana venne messa in discussione soprattutto perché non era in grado di spiegare come si generava la variabilità individuale su cui agisce la selezione naturale. La base genetica del cambiamento evolutivo non era ancora stata compresa e il meccanismo proposto da Darwin mancava di un tassello importante.

Conscio di questo limite, il naturalista non abbandonò mai l'eredità dei caratteri acquisiti, che immaginava potesse agire a fianco della selezione naturale. Questa possibilità fu, però, rifiutata dai prosecutori della sua opera, i primi «darwinisti», che sottolineavano, senza tuttavia risolvere il problema, come le alterazioni di un organo di un singolo organismo, avvenute nel corso della sua vita, non vengano trasmesse ai suoi gameti.

Ricorda La teoria elaborata da Darwin lasciava alcune questioni aperte; per esempio non spiegava come venisse generata la variabilità individuale su cui agisce la selezione.

3 Le lacune nella documentazione fossile

I ricercatori oggi dispongono di una documentazione ampia e dettagliata della storia evolutiva solo per *alcuni* gruppi di organismi: finora sono state scoperte e studiate circa 250 000 specie fossili, ma si calcola che questo numero rappresenti soltanto l'1% di tutte le specie che hanno popolato la Terra. Questa lacuna è spiegabile con la scarsa probabilità che un organismo vivente lasci resti fossili che vengano poi ritrovati.

In generale il processo di fossilizzazione è un evento casuale (come anche la scoperta di un fossile) ed è impossibile disporre di una documentazione completa che testimoni in modo sistematico i diversi momenti della storia evolutiva di tutte le specie. Nonostante queste difficoltà, si può riscontrare nei fossili di singole specie quel cambiamento graduale previsto dalle teorie darwiniane. Un esempio è costituito dalla serie di fossili che narrano come le balene siano derivate da antichi organismi che vivevano sulla terraferma (figura **5.1**).

Un altro problema che affliggeva Darwin era la difficoltà di trovare *fossili di transizione*, ovvero organismi che presentano caratteristiche intermedie tra due grandi gruppi. Un esempio di fossile di transizione è *Archaeopteryx lithographica*, un organismo con tratti intermedi fra quelli di un rettile alato e quelli di un uccello. Secondo la teoria di Darwin, l'evoluzione procede gradualmente, per piccoli passi, perciò le forme di transizione dovrebbero essere numerose.

Come si spiega quindi la loro scarsità? La ragione va cercata nella casualità del processo di fossilizzazione a cui si aggiunge il fatto che talvolta il passaggio tra una forma vivente e l'altra può avvenire molto rapidamente, lasciando di conseguenza poche tracce fossili.

Ricorda La principale lacuna della teoria di Darwin era la frammentarietà della documentazione fossile, a cui si aggiungeva l'assenza di tracce di **fossili di transizione**.

4 I passi della teoria dell'evoluzione

Nei primi anni del Novecento, alcuni ricercatori riscoprirono il lavoro di Gregor Mendel e i meccanismi di base dell'**ereditarietà genetica** cominciarono a essere chiariti. Una decina di anni dopo, gli studi sui moscerini della frutta di T. H. Morgan portarono alla scoperta del ruolo dei cromosomi nell'ereditarietà.

La maggior difficoltà nell'incorporare le scoperte della genetica nella teoria della selezione naturale era dovuta al fatto che i naturalisti si occupavano di specie e popolazioni, mentre la genetica studiava i singoli individui. A partire dagli anni Venti e Trenta, i naturalisti studiarono le popolazioni applicando strumenti matematici e statistici propri della genetica. Vennero così formulati i principi fondamentali della **genetica di popolazione**, si comprese la base genetica delle mutazioni e la modalità d'azione dei meccanismi dell'evoluzione.

Anche se si era ormai capito che i cromosomi sono alla base della trasmissione genetica negli eucarioti, solo quando nel 1953 Watson e Crick pubblicarono il loro articolo sulla struttura del DNA fu possibile far luce sui meccanismi evolutivi a livello molecolare. Questi studi hanno fornito le basi per una «sintesi moderna» di genetica ed evoluzione.

La **biologia dell'evoluzione** è una disciplina in continuo sviluppo e negli ultimi trent'anni è cresciuta moltissimo grazie a osservazioni, esperimenti e teorie.

Ricorda La **genetica di popolazione** studia la base genetica dell'evoluzione e le modalità d'azione dei meccanismi evolutivi; dopo la scoperta della doppia elica del DNA vennero poste le basi per la **sintesi moderna**.

5 La genetica delle popolazioni e i meccanismi dell'evoluzione

Anche se la parola «evoluzione» viene spesso usata in senso generale per indicare un cambiamento, in biologia essa si riferisce in particolare alle variazioni nel tempo del patrimonio genetico delle popolazioni. L'evoluzione si verifica all'interno di una *popolazione*: un gruppo di individui di una stessa specie che vivono nello stesso tempo e si incrociano tra loro all'interno di una particolare area geografica (figura 5.2). È importante ricordare che gli individui non si evolvono: sono le popolazioni a farlo.

Per studiare la genetica di una popolazione sono necessarie equazioni matematiche che consentano di esprimerne e prevederne il comportamento. Invece di interessarsi degli organismi e dei loro adattamenti, come abbiamo visto finora, i genetisti delle popolazioni si riferiscono a un **pool genico** (figura 5.3).

Il comportamento del pool genico di una popolazione è descrivibile se gli organismi che la costituiscono si riproducono tra loro, cosicché gli alleli che ciascun individuo possiede possano passare nella discendenza e incontrarsi con gli alleli di qualsiasi altro individuo.

Un **pool genico** è l'insieme di tutti gli alleli presenti in una popolazione, ciascuno con la propria frequenza relativa.

Figura **5.2** **Una popolazione di zebre** Un gruppo di individui della stessa specie che vivono nella stessa area geografica e si incrociano fra loro, costituisce una popolazione.

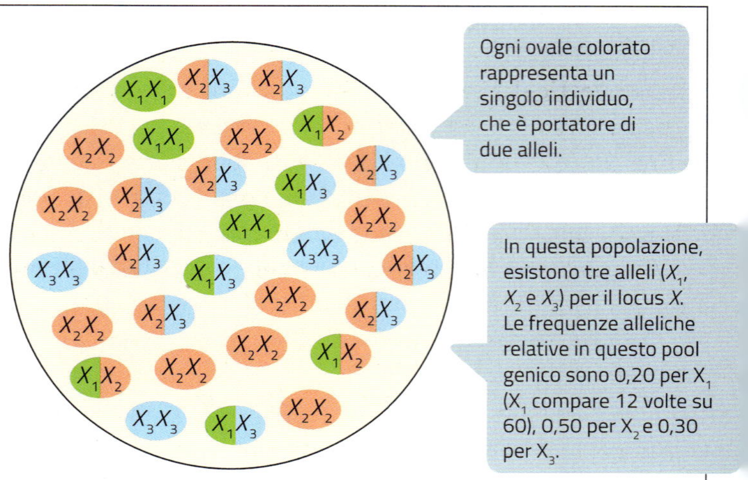

Figura **5.3** **Un pool genico** In questa figura viene mostrato il pool genico relativo a un solo locus, X.

Ogni ovale colorato rappresenta un singolo individuo, che è portatore di due alleli.

In questa popolazione, esistono tre alleli (X_1, X_2 e X_3) per il locus X. Le frequenze alleliche relative in questo pool genico sono 0,20 per X_1 (X_1 compare 12 volte su 60), 0,50 per X_2 e 0,30 per X_3.

Oltre alla selezione naturale, ulteriori processi determinano nel tempo cambiamenti del pool genico delle popolazioni e possono, quindi, essere causa di evoluzione.

Ricorda La genetica delle popolazioni si avvale di equazioni matematiche per calcolare il comportamento di un determinato **pool genico**.

6 L'equazione di Hardy-Weinberg ci dice se una popolazione evolve

Gran parte dell'evoluzione avviene attraverso cambiamenti graduali, da una generazione all'altra, nelle frequenze relative dei diversi alleli dei singoli geni all'interno di una popolazione. Nel 1908, il matematico britannico Godfrey Hardy e il medico tedesco Wilhelm Weinberg dedussero le condizioni necessarie perché la struttura genetica di una popolazione si mantenga invariata nel tempo.

Il concetto di **equilibrio di Hardy-Weinberg** è la chiave di volta della genetica di popolazione. La relativa equazione descrive una *situazione modello* in cui le frequenze alleliche rimangono costanti da una generazione all'altra e le frequenze genotipiche sono ricavabili da quelle alleliche. La legge dell'equilibrio di Hardy-Weinberg si applica agli organismi che si riproducono sessualmente.

Le condizioni che devono essere soddisfatte affinché una popolazione si trovi all'equilibrio di Hardy-Weinberg sono varie.
- **Gli accoppiamenti devono essere casuali.** Gli individui non devono preferire partner con particolari genotipi.
- **La popolazione deve essere di grandi dimensioni.** Più grande è la popolazione, minore è l'effetto delle eventuali fluttuazioni casuali delle frequenze alleliche.
- **Non deve esserci flusso genico.** In altre parole, non devono verificarsi fenomeni di immigrazione o di emigrazione.
- **Non devono avvenire mutazioni.** Gli alleli non si trasformano uno nell'altro né possono comparirne di nuovi.
- **La selezione naturale non deve influenzare la sopravvivenza di particolari genotipi.** Gli individui con genotipi diversi hanno la stessa possibilità di sopravvivere.

Se queste condizioni sono idealmente soddisfatte, ne seguono due importanti conseguenze. Primo, dopo una generazione di accoppiamenti casuali, se p è la frequenza allelica di A e q è la frequenza allelica di a, le frequenze genotipiche manterranno i seguenti rapporti:

genotipo	AA	Aa	aa
frequenza	p^2	$2pq$	q^2

Considera la generazione 1 nella figura **5.4**, in cui la frequenza dell'allele A (p) è 0,55. Poiché abbiamo ipotizzato che gli individui scelgano i propri partner casualmente, senza considerare il loro genotipo, i gameti portatori dell'allele A oppure dell'allele a si combinano casualmente, cioè secondo quanto previsto dalle rispettive frequenze p e q.

Nel nostro esempio, la probabilità che un particolare gamete porti un allele A anziché a è di 0,55. In altre parole, su 100 gameti presi a caso, 55 recheranno l'allele A. Dato che $q = 1 - p$, la probabilità che uno spermatozoo o una cellula uovo rechi l'allele a sarà:

$$1 - 0,55 = 0,45$$

La probabilità che alla fecondazione l'incontro avvenga tra due gameti portatori di A è data dal prodotto delle due probabilità relative ai singoli eventi:

$$p \times p = p^2 = (0,55)^2 = 0,3025$$

Quindi, nella generazione successiva, il 30,25% della prole avrà genotipo AA. Allo stesso modo, la probabilità che si incontrino due gameti portatori di a sarà:

$$q \times q = q^2 = (0,45)^2 = 0,2025$$

e il 20,25% della generazione successiva avrà genotipo aa.

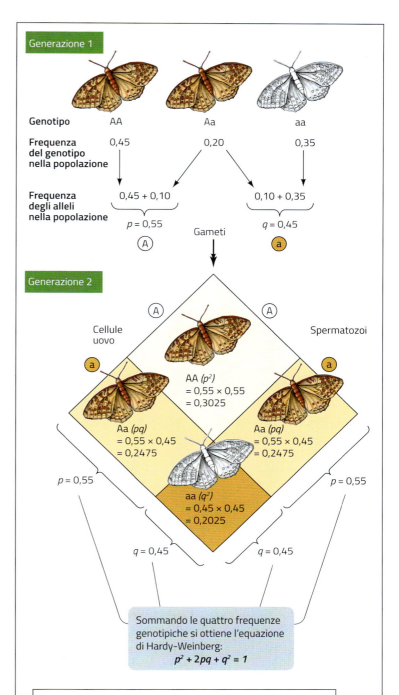

Figura **5.4 Calcolo delle frequenze genotipiche secondo Hardy-weinberg** Le aree nel quadrato sono proporzionali alle frequenze attese se l'incrocio è casuale rispetto al genotipo. Dato che vi sono due modi di produrre un eterozigote, la probabilità di questo evento è data dalla somma dei due quadrati Aa. Nell'esempio si assume che (1) l'organismo in questione sia diploide, (2) le sue generazioni non si sovrappongano, (3) il gene considerato abbia due alleli, e (4) le frequenze alleliche siano uguali tra maschi e femmine.

Nella figura **5.4** puoi anche vedere come i modi per ottenere un eterozigote siano due: dall'incontro tra uno spermatozoo A e una cellula uovo a, con probabilità $p \times q$, oppure di uno spermatozoo a con una cellula uovo A, con probabilità $q \times p$. Di conseguenza, la probabilità di ottenere un eterozigote in totale è: $2pq$.

La seconda conseguenza è che le frequenze *p* e *q* degli alleli di un gene rimangono costanti tra le generazioni. Infatti nella nuova generazione della nostra popolazione ad accoppiamenti casuali, la frequenza dell'allele A è $p^2 + pq$, e sostituendo *q* con $(1 - p)$, l'espressione diventa:

$$p^2 + p(1 - p) = p^2 + p - p^2 = p$$

Le frequenze alleliche di partenza restano immutate, e la popolazione si trova all'equilibrio, espresso dall'**equazione di Hardy-Weinberg**:

$$p^2 + 2pq + q^2 = 1$$

Se le frequenze genotipiche nella generazione parentale dovessero cambiare (per esempio, per l'emigrazione di un gran numero di individui AA), anche le frequenze alleliche nella generazione successiva risulterebbero alterate. Tuttavia, partendo dalle nuove frequenze alleliche, basta una sola generazione prodotta in seguito ad accoppiamenti casuali per riportare le frequenze genotipiche all'equilibrio.

Ricorda L'**equilibrio di Hardy-Weinberg** descrive le condizioni teoriche in cui una popolazione non è soggetta a evoluzione. Questa situazione non si presenta quasi mai nella realtà: basta, infatti, che anche solo una delle cinque condizioni non sia soddisfatta e la popolazione evolve.

7 La legge di Hardy-Weinberg non è quasi mai rispettata

Avrai già capito che le popolazioni in natura non si trovano mai esattamente nelle condizioni necessarie a mantenerle all'equilibrio di Hardy-Weinberg. Per quali motivi allora questo modello viene considerato così importante per lo studio dell'evoluzione?

1. Innanzitutto, l'equazione è utile per prevedere con ragionevole approssimazione le frequenze genotipiche di una popolazione, partendo dalle sue frequenze alleliche.
2. Ma il vero motivo è il secondo: il modello descrive le condizioni risultanti dall'assenza di evoluzione. L'equazione di Hardy-Weinberg mostra, infatti, che le frequenze alleliche rimarranno le stesse di generazione in generazione *a meno che qualche meccanismo non le faccia cambiare*. Dato che le condizioni del modello non sono mai soddisfatte completamente, in realtà le frequenze alleliche delle popolazioni deviano sempre dall'equilibrio di Hardy-Weinberg.

In altre parole, sono in atto dei processi che modificano le frequenze alleliche e che quindi sospingono l'evoluzione. Il tipo di **deviazione dall'equilibrio** può aiutarci a individuare i meccanismi che inducono il cambiamento evolutivo.

Quest'equazione, inoltre, è importante per i genetisti che vogliono stimare quanti individui in una popolazione sono portatori degli alleli per una certa malattia genetica (figura **5.5**).

Figura **5.5 La ricerca per le malattie genetiche** I ricercatori, amplificando la molecola di DNA, possono studiare le variazioni alleliche in una popolazione che presenta una certa malattia genetica.

Ricorda Una **deviazione dall'equilibrio**, secondo il principio di Hardy-Weinberg, fornisce informazioni su come l'evoluzione sta avvenendo in una data popolazione. Questa equazione può anche essere utile per lo screening delle malattie genetiche.

verifiche di fine lezione

Rispondi

A Che cos'è un pool genico?
B In che modo i ricercatori superarono le incongruenze tra genetica e teorie darwiniane?
C Che cosa studia la genetica di popolazione?
D Perché l'equilibrio di Hardy-Weinberg non è quasi mai rispettato in natura?
E Che nesso esiste tra l'evoluzione e questa deviazione della regola?

lezione 2

I fattori che portano all'evoluzione

I processi evolutivi traggono origine da fattori capaci di alterare la stabilità genetica di una popolazione, modificandone il pool genico. I principali fattori evolutivi che conosciamo, oltre alla selezione naturale, sono le mutazioni, il flusso genico, la deriva genetica e l'accoppiamento non casuale.

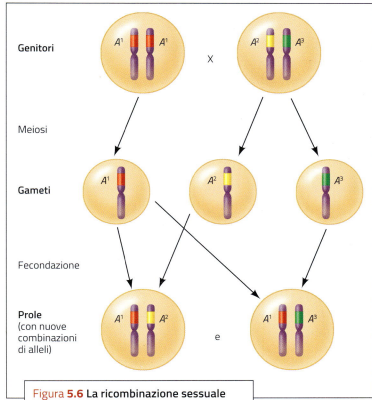

Figura 5.6 La ricombinazione sessuale
Nuove combinazioni di alleli sono dovute alla riproduzione per via sessuata.

8 Le mutazioni e la ricombinazione

L'origine della variabilità genetica è la **mutazione**. Come abbiamo visto nel capitolo B3, una mutazione è qualsiasi cambiamento nel DNA di un organismo. Le mutazioni naturali possono avere cause diverse, ma hanno una caratteristica in comune: sono casuali rispetto ai bisogni adattativi dell'organismo. In genere le mutazioni sono dannose o ininfluenti per chi le porta ma, se le condizioni ambientali cambiano, i nuovi alleli possono rivelarsi vantaggiosi.

In natura le mutazioni si verificano con una frequenza molto bassa. Una mutazione per generazione, per locus, ogni mille zigoti è un tasso già molto alto; più comune è una mutazione ogni milione di zigoti. In ogni modo, si tratta di tassi sufficienti a creare una variabilità genetica considerevole, perché si applicano a moltissimi geni contemporaneamente e perché spesso le popolazioni sono composte da un gran numero di individui. Facciamo un esempio: se a ogni generazione si verificasse una mutazione puntiforme (inserzione, delezione o sostituzione di una singola base) con la probabilità di 1×10^{-9} per coppia di basi, in ciascun gamete umano (il cui DNA contiene 3×10^9 coppie di basi) avverrebbero in media tre nuove mutazioni puntiformi ($3 \times 10^9 \times 10^{-9} = 3$). Quindi ogni zigote sarebbe portatore di circa sei nuove mutazioni. A ogni generazione la popolazione umana, che oggi conta circa 7 miliardi di persone, acquisterebbe circa 42 miliardi di nuove mutazioni. Anche se il tasso di mutazione nell'essere umano è basso, le popolazioni contengono un'enorme variabilità genetica su cui possono agire altri meccanismi evolutivi.

Se è vero che le mutazioni introducono nuovi alleli in una popolazione, è difficile che possano consentirne la diffusione. Almeno per gli eucarioti, questo è piuttosto l'esito dei fenomeni legati alla meiosi e alla riproduzione sessuata. Tali processi non generano di per sé nuovi alleli, ma favoriscono la **ricombinazione** (figura 5.6), vale a dire la formazione di nuove associazioni tra gli alleli esistenti. Questo «rimescolare le carte» è spesso più proficuo, in termini evolutivi, di quanto non si registra la comparsa di nuovi alleli.

Ricorda Le **mutazioni** sono all'origine della variabilità genetica in quanto introducono nuovi alleli che, grazie alla ricombinazione meiotica, si associano in nuove combinazioni alleliche che si diffondono nella popolazione.

9 Il flusso genico

È raro che una popolazione sia completamente isolata da altre popolazioni della stessa specie. Più spesso si assiste alla migrazione di individui o allo spostamento di gameti da una popolazione all'altra, due fenomeni che insieme costituiscono il **flusso genico**. Gli individui o i gameti introdottisi nel nuovo ambiente possono apportare al pool genico della popolazione alleli nuovi. Se, invece, le due popolazioni hanno gli stessi alleli, ma con frequenze diverse, il flusso può comportare un cambiamento delle frequenze nella popolazione originaria.

Ricorda Il **flusso genico**, cioè la migrazione di individui e lo spostamento di gameti da una popolazione all'altra, può modificare le frequenze alleliche.

10 La deriva genetica

Nelle popolazioni di piccole dimensioni, la **deriva genetica**, ossia l'insieme dei cambiamenti casuali nelle frequenze alleliche da una generazione all'altra, può provocare forti alterazioni nelle frequenze alleliche stesse. Può anche accadere che alleli vantaggiosi vadano perduti perché rari, con conseguente aumento della frequenza di alleli meno favorevoli.

Per illustrare gli effetti della deriva genetica, supponiamo che in una piccola popolazione di topi chiari ci siano solo due femmine e che una di queste porti un allele dominante comparso di recente, che produce un manto nero. È improbabile che due femmine producano esattamente lo stesso numero di figli, e anche se questo avvenisse, eventi casuali che non hanno nulla a che fare con le caratteristiche genetiche, potrebbero provocare una mortalità differenziata tra i loro figli. Per esempio, se ogni femmina produce una cucciolata, ma un'inondazione travolge il nido della femmina nera e uccide tutti i suoi figli, il nuovo allele andrebbe perduto nella popolazione in una sola generazione. Al contrario, se si perde la cucciolata della femmina portatrice dell'allele più diffuso in quella popolazione (manto chiaro), allora la frequenza dell'allele per il manto nero appena comparso aumenterà drasticamente in una sola generazione, e anche il corrispondente fenotipo.

Importanti meccanismi che possono ridurre la dimensione di una popolazione, rendendo così evidenti gli effetti della deriva genetica, sono l'effetto collo di bottiglia e quello del fondatore.

Ricorda La **deriva genetica** è l'insieme dei cambiamenti casuali che avviene all'interno delle frequenze alleliche da una generazione alla successiva.

11 L'effetto collo di bottiglia

È possibile che popolazioni solitamente numerose a volte attraversino periodi difficili, nei quali sopravvive soltanto un piccolo numero di individui. Durante queste fasi di contrazione numerica della popolazione, note come **colli di bottiglia**, la deriva genetica può portare a una riduzione della variabilità genetica.

Il meccanismo è illustrato nella figura 5.7A, nella quale i fagioli rossi e gialli rappresentano i due diversi alleli di un gene. Nel piccolo campione prelevato dalla popolazione iniziale, per puro caso la maggior parte dei fagioli è rossa, così nella popolazione «sopravvissuta» la frequenza dei fagioli rossi è molto più alta che nella popolazione originaria. In una popolazione reale, si potrebbe dire che le frequenze alleliche sono andate «alla deriva».

È probabile che una popolazione costretta a passare attraverso un collo di bottiglia perda gran parte della propria variabilità genetica. Un esempio di collo di bottiglia è offerto dai ghepardi (figura 5.7B). Durante l'ultima era glaciale, questa specie arrivò molto vicina all'estinzione e ne sopravvissero probabilmente poche unità. Questo ha fatto sì che la varietà genetica tra i ghepardi sia molto bassa; ciò è confermato dal fatto che è possibile eseguire un trapianto di cute tra due ghepardi senza che vi sia alcun rigetto, in quanto il patrimonio genetico di donatore e ricevente sono simili.

Ricorda L'**effetto collo di bottiglia** è la contrazione numerica degli individui di una popolazione in seguito a un evento ambientale. La popolazione sopravvissuta avrà frequenze alleliche diverse rispetto a quella originaria.

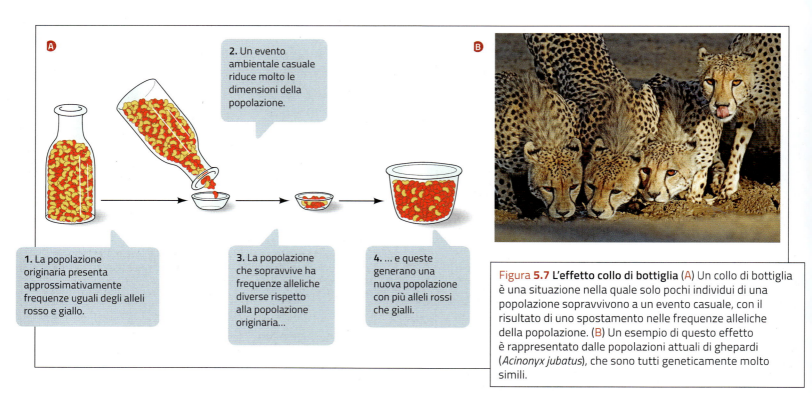

Figura 5.7 L'effetto collo di bottiglia (A) Un collo di bottiglia è una situazione nella quale solo pochi individui di una popolazione sopravvivono a un evento casuale, con il risultato di uno spostamento nelle frequenze alleliche della popolazione. (B) Un esempio di questo effetto è rappresentato dalle popolazioni attuali di ghepardi (*Acinonyx jubatus*), che sono tutti geneticamente molto simili.

12 L'effetto del fondatore

Quando alcuni individui colonizzano un nuovo ambiente, è improbabile che portino con sé *tutti* gli alleli presenti nella popolazione di origine. Il cambiamento che si verifica nella variabilità genetica prende il nome di **effetto del fondatore** ed è equivalente a quanto accade in una grande popolazione decimata da un collo di bottiglia.

Gli scienziati hanno studiato la composizione genetica di due popolazioni fondatrici quando *Drosophila subobscura* (una specie di moscerini della frutta originaria dell'Europa) venne scoperta nel 1978 vicino a Puerto Montt, in Cile, e nel 1982 a Port Townsend, nello stato di Washington. Probabilmente gli individui fondatori avevano raggiunto il Cile su una nave proveniente dall'Europa. In seguito, pochi moscerini cileni, trasportati da un'altra nave, fondarono la popolazione statunitense. Entrambe le popolazioni di moscerini sono cresciute rapidamente e hanno ampliato il loro areale (figura **5.8**). Mentre le popolazioni europee di *D. subobscura* presentano 80 inversioni cromosomiche, le popolazioni americane ne hanno soltanto 20.

Inoltre, per alcuni geni, nelle due popolazioni americane sono presenti soltanto quegli alleli che nelle popolazioni europee hanno una frequenza relativa superiore a 0,10. Ciò significa che solo una piccola parte di tutta la variabilità genetica presente in Europa ha raggiunto le Americhe, come ci si aspetta quando la popolazione fondatrice è poco numerosa. Secondo le stime dei genetisti, le due popolazioni americane sarebbero state fondate da un numero di moscerini compreso tra 4 e 100.

Ricorda Le popolazioni che colonizzano un nuovo ambiente, solitamente non portano con sé tutta la variabilità genetica della popolazione originaria. Il cambiamento di variabilità genetica si chiama **effetto del fondatore**.

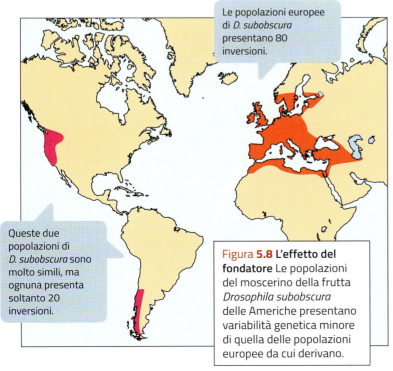

Queste due popolazioni di *D. subobscura* sono molto simili, ma ognuna presenta soltanto 20 inversioni.

Le popolazioni europee di *D. subobscura* presentano 80 inversioni.

Figura 5.8 L'effetto del fondatore Le popolazioni del moscerino della frutta *Drosophila subobscura* delle Americhe presentano variabilità genetica minore di quella delle popolazioni europee da cui derivano.

13 L'accoppiamento non casuale

Le frequenze genotipiche possono subire cambiamenti anche nel caso in cui gli individui di una popolazione scelgano di accoppiarsi con partner dotati di genotipi particolari, un fenomeno chiamato **accoppiamento non casuale**. Per esempio, se la preferenza va agli individui con la stessa costituzione genetica, i genotipi omozigoti risulteranno più rappresentati rispetto agli altri. In altri casi può, invece, succedere che gli accoppiamenti avvengano preferibilmente fra partner con genotipi diversi.

Esempi di accoppiamento non casuale si ritrovano anche nei vegetali. È il caso della primula, dove le piante producono fiori di uno solo fra due tipi possibili: *a spillo* o *a tamburello* (figura **5.9**). In molte specie di primula con questa disposizione reciproca di organi maschili e femminili, il polline proveniente da un tipo di fiore può fecondare soltanto fiori dell'altro tipo.

In numerosi gruppi di organismi, soprattutto vegetali, è frequente un'altra forma di accoppiamento non casuale: l'*autofecondazione*, in cui si riduce la frequenza degli eterozigoti. Questi tipi di accoppiamento non casuale alterano le frequenze genotipiche, ma non le frequenze alleliche, e quindi non producono adattamento.

Ricorda Quando gli individui di una popolazione si accoppiano con partner dotati di genotipi particolari si ha l'**accoppiamento non casuale**.

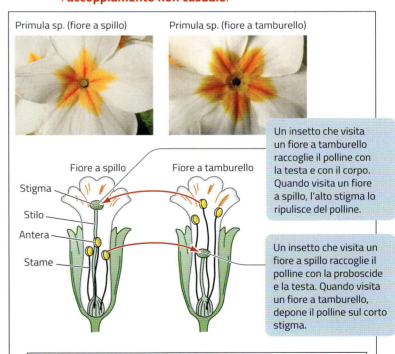

Figura 5.9 La struttura del fiore favorisce l'incrocio non casuale Diverse strutture floreali all'interno della stessa specie assicurano che l'impollinazione avvenga tra individui con diverso genotipo.

Verifiche di fine lezione

Rispondi

Ⓐ In che modo le mutazioni e la ricombinazione intervengono nel processo evolutivo?

Ⓑ Che cos'è la deriva genica?

lezione

3

La selezione naturale e sessuale

I fattori evolutivi influenzano le frequenze alleliche e genotipiche delle popolazioni incidendo sul corso dell'evoluzione: se alcuni individui contribuiscono più di altri alla generazione successiva, cresce il numero degli individui portatori degli alleli adattati a quel preciso ambiente. Questo è quello che Darwin chiamò «selezione naturale».

14 L'adattamento deriva dalla selezione naturale

Con il termine **adattamento** si intende qualsiasi caratteristica di una specie che ne migliori le capacità di sopravvivenza in un determinato ambiente (figura 5.10). L'adattamento può riguardare qualsiasi carattere: una caratteristica morfologica, relativa all'aspetto di un organismo, oppure un particolare processo fisiologico, cioè una funzione svolta dall'organismo in questione, o ancora un aspetto etologico, relativo al suo comportamento.

Gli adattamenti vengono acquisiti per selezione naturale. Occorre ricordare che l'adattamento è la *conseguenza* della selezione naturale e non va confuso con la *fitness*, che è il diverso successo riproduttivo derivante dalla variabilità individuale.

Figura 5.10
L'adattamento al caldo del deserto
Non sono molte le specie vegetali in grado di sopravvivere all'ambiente caldo secco del deserto; tra queste troviamo l'*Adenium obesum*.

Ricorda   L'**adattamento** è qualsiasi caratteristica acquisita per selezione naturale che migliora la capacità di sopravvivenza di una specie in un certo ambiente.

15 La fitness darwiniana

La chiave della selezione naturale sta nel successo riproduttivo, vale a dire nel riuscire a generare il maggior numero possibile di discendenti, così da diffondere i propri alleli nelle generazioni successive. Tuttavia va ricordato che a fare i conti con la selezione naturale è il *fenotipo* e non direttamente il genotipo.

Questo è uno degli aspetti che più frequentemente vengono fraintesi riguardo ai meccanismi dell'evoluzione biologica: la selezione naturale favorisce determinati genotipi rispetto ad altri, ma non lo fa agendo direttamente su di loro, bensì sui modi in cui essi determinano diversi fenotipi. Non vengono selezionati *geni*, ma *caratteri*. Il contributo riproduttivo di un fenotipo alla generazione successiva, rapportato al contributo degli altri fenotipi, è detto **fitness**.

Fitness deriva dall'aggettivo inglese *fit*, «adatto», e può essere tradotto con il termine idoneità, ma in genere si preferisce usare il termine inglese.

Il concetto di fitness riguarda ogni individuo e ha una ricaduta sia in termini assoluti sia in termini relativi. Il numero assoluto di figli incide sulle *dimensioni* di una popolazione, ma non sulla sua *struttura* genetica. Un cambiamento di frequenze alleliche da una generazione all'altra, e quindi un adattamento, può derivare soltanto da una variazione nel successo *relativo* dei vari fenotipi.

Ricorda   La **fitness** è rappresentata dal contributo riproduttivo di un fenotipo (ovvero la capacità di generare il maggior numero di discendenti) in relazione a quello degli altri fenotipi.

16 La selezione naturale

Finora abbiamo considerato soltanto caratteri influenzati da alleli relativi a un solo locus. Tuttavia la maggior parte dei caratteri è influenzata da *più* geni; in altre parole, la variabilità di questi caratteri è spesso di tipo **quantitativo** e non qualitativo. Per esempio, i valori dell'altezza degli individui di una popolazione, un carattere influenzato da molti loci genici oltre che dall'ambiente, è verosimile che si distribuiscano secondo curve a campana simili a quelle che puoi vedere nella colonna di destra della figura 5.11.

Sui caratteri a variabilità quantitativa, la selezione naturale può agire in vario modo, producendo risultati diversi:

1. la *selezione stabilizzante* favorisce gli individui con valori intermedi; come risultato, la media della popolazione non cambia, ma la sua varietà diminuisce;
2. la *selezione direzionale* favorisce gli individui che si discostano in una direzione o nell'altra dalla media; come risultato, cambia la media della popolazione;

PER RIPASSARE
video:
La selezione stabilizzante, direzionale e divergente

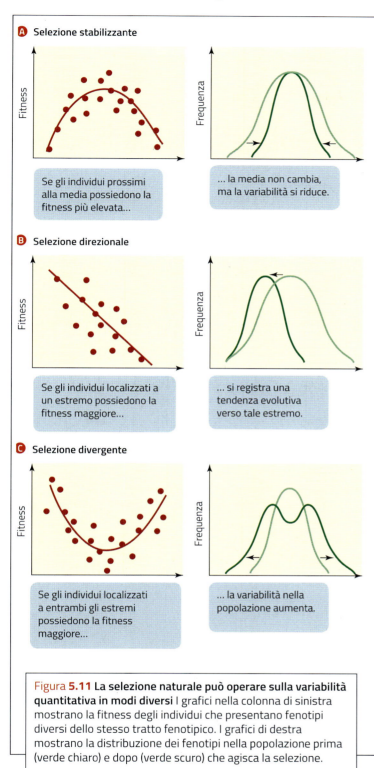

Figura **5.11** **La selezione naturale può operare sulla variabilità quantitativa in modi diversi** I grafici nella colonna di sinistra mostrano la fitness degli individui che presentano fenotipi diversi dello stesso tratto fenotipico. I grafici di destra mostrano la distribuzione dei fenotipi nella popolazione prima (verde chiaro) e dopo (verde scuro) che agisca la selezione.

3. la *selezione divergente* favorisce gli individui che si discostano in entrambe le direzioni dalla media della popolazione; come risultato, cambiano le caratteristiche della popolazione.

Ricorda La **selezione naturale** agisce sui caratteri a variabilità quantitativa operando in diversi modi: tramite la selezione stabilizzante, la selezione direzionale oppure per selezione divergente.

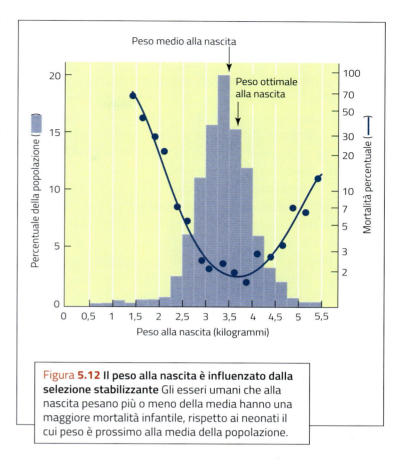

Figura **5.12 Il peso alla nascita è influenzato dalla selezione stabilizzante** Gli esseri umani che alla nascita pesano più o meno della media hanno una maggiore mortalità infantile, rispetto ai neonati il cui peso è prossimo alla media della popolazione.

17 La selezione stabilizzante

Se in una popolazione il contributo alla generazione successiva degli individui con valori estremi per il carattere considerato, per esempio molto alti o molto bassi, è relativamente inferiore a quello degli individui con valori più vicini alla media, ci troviamo di fronte a una **selezione stabilizzante** (vedi figura **5.11**). La selezione stabilizzante riduce la variabilità di un carattere nella popolazione, ma non ne cambia la media. Quello che cambia è la *dispersione* attorno al valore medio.

La **dispersione** indica il modo di distribuirsi dei valori in una popolazione. Più è bassa, più i valori sono vicini alla media.

La selezione naturale opera spesso in questo modo, contrastando l'aumento di variabilità causato dalla ricombinazione sessuale, dalla mutazione o dalla migrazione. L'evoluzione tende a procedere lentamente proprio perché di solito la selezione naturale è di tipo stabilizzante. Un esempio è il peso dei neonati, come mostra la figura **5.12**.

Ricorda Tramite la **selezione stabilizzante** viene ridotta la variabilità di un carattere all'interno di una popolazione. Questo tipo di selezione, infatti, favorisce la fitness degli individui con valori intermedi.

18 La selezione direzionale

Se il contributo apportato alla generazione successiva dagli individui posizionati a uno degli estremi della distribuzione di un carattere è maggiore rispetto al contributo dato dagli individui all'altro estremo, ci troviamo di fronte a una **selezione direzionale**. In tal caso il valore medio del carattere nella popolazione si sposterà in direzione di quell'estremo. Se la selezione direzionale continua ad agire generazione dopo generazione, nella popolazione si manifesta una *tendenza evolutiva* (vedi figura 5.11B).

Spesso le tendenze evolutive di tipo direzionale proseguono per molte generazioni, ma non sempre è così: se l'ambiente cambia in modo tale da favorire fenotipi diversi, la tendenza evolutiva può anche cambiare direzione. Un'altra possibilità è che la tendenza evolutiva impressa dalla selezione direzionale si arresti o perché è stato raggiunto un fenotipo ottimale, o perché un ulteriore cambiamento si scontrerebbe con fattori evolutivi controbilancianti. A questo punto il carattere comincia a subire l'azione della selezione stabilizzante.

Un esempio ben documentato di selezione direzionale è quello relativo alla massa corporea media degli orsi bruni (*Ursus arctos*). I fossili degli animali vissuti nel corso di un'epoca glaciale mostrano una regolare tendenza all'aumento della massa corporea, il che costituisce un ben noto adattamento a un clima più rigido. Al contrario, i fossili di animali vissuti nel corso di un'epoca interglaciale mostrano una tendenza opposta (calo della massa corporea); infatti, se non è favorita dal rigore del clima, una massa corporea maggiore risulta svantaggiosa, perché richiede un maggior apporto quotidiano di cibo.

Di solito la selezione direzionale comporta la modifica della caratteristica su cui agisce fino a che essa raggiunge valori ottimali, poi subentra una selezione stabilizzante. Nel caso dell'orso bruno questo sviluppo non ha potuto realizzarsi a causa dei continui e relativamente rapidi mutamenti del clima.

Ricorda Nella **selezione direzionale** sono favoriti gli individui con una fitness che si discosta in una direzione o nell'altra dalla media. Se la selezione direzionale agisce per generazioni, alla fine si genererà una tendenza evolutiva.

19 La selezione divergente

Se il contributo alla generazione successiva apportato dagli individui posizionati ai due estremi della distribuzione di un carattere è maggiore di quello degli individui prossimi alla media, ci troviamo di fronte a una **selezione divergente**; in tal caso la variabilità della popolazione aumenta (vedi figura 5.11C).

L'effetto della selezione divergente sulle popolazioni naturali è illustrato dalla distribuzione bimodale (con due picchi ben distinti) delle dimensioni del becco in un piccolo uccello granivoro dell'Africa occidentale, il pireneste ventre nero (figura 5.13). Per una parte dell'anno, la fonte di cibo più abbondante per questo uccello è costituita dai semi di due tipi di falasco (una pianta palustre). Gli esemplari con il becco grosso riescono facilmente a rompere i semi duri del falasco *Sclera verrucosa*; questa operazione risulta particolarmente difficile agli esemplari con il becco piccolo, i quali però se la cavano meglio degli uccelli a becco grosso con i semi teneri di *S. goossensii*.

Gli uccelli il cui becco ha dimensioni intermedie risultano meno abili nel ricavare nutrimento sia rispetto agli uccelli dal becco più grosso sia a quelli dal becco più piccolo. Considerando che l'ambiente non offre molte altre fonti di cibo, gli uccelli con becchi di dimensione intermedia si trovano gravemente svantaggiati e la loro *fitness* risulta molto bassa. Pertanto la selezione divergente mantiene una distribuzione bimodale delle dimensioni del becco.

Ricorda Nella **selezione divergente** sono favoriti gli individui con una fitness che si discosta in entrambe le direzioni dalla media, mantenendo una distribuzione bimodale del carattere che li differenzia.

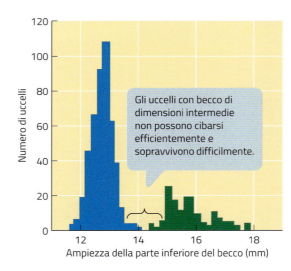

Figura **5.13 La selezione divergente nel pireneste ventre nero** La distribuzione bimodale delle dimensioni del becco nel pireneste ventre nero dell'Africa occidentale (*Pyrenestes ostrinus*) favorisce gli individui con becco di dimensioni maggiori o minori rispetto a quelli di dimensioni intermedie.

20 La selezione sessuale

La **selezione sessuale** è un tipo particolare di selezione naturale che agisce sulle caratteristiche che determinano il successo riproduttivo. Ne *L'origine delle specie*, Darwin vi dedicò soltanto poche pagine, ma successivamente approfondì l'argomento in un altro libro: *L'origine dell'uomo e la selezione sessuale* (1871).

Questo meccanismo servì a Darwin per spiegare l'evoluzione, nei maschi di molte specie, di una serie di caratteristiche dannose o inutili ma particolarmente appariscenti, come livree e colorazioni sgargianti, code lunghissime, pesanti corna o palchi ed elaborati rituali di corteggiamento (figura 5.14). La sua ipotesi era che questi caratteri consentissero a chi li possedeva di competere meglio con i membri dello stesso sesso per la conquista del partner (*selezione intrasessuale*), oppure di risultare più attraente per l'altro sesso (*selezione intersessuale*).

Darwin trattò la selezione sessuale separatamente da quella naturale perché capì che si trattava di due meccanismi distinti e talvolta contrastanti: mentre la selezione naturale favorisce i caratteri che aumentano la capacità di sopravvivenza, la selezione sessuale riguarda *solo* il successo riproduttivo.

Ovviamente un animale per arrivare a riprodursi deve sopravvivere, ma se sopravvive e non si riproduce non dà alcun contributo alla generazione successiva. Quindi la selezione sessuale può favorire tratti che aumentano la capacità riproduttiva del portatore, anche se ne riducono la capacità di sopravvivenza.

Per esempio, è più probabile che le femmine possano vedere i maschi che portano un determinato carattere (e avere più probabilità di accoppiarsi), anche se il tratto favorito aumenta il rischio di essere predato per il maschio.

Un esempio di carattere legato alla selezione sessuale è l'enorme coda del maschio dell'uccello vedova (*Euplectes progne*), che avendo una coda più lunga della testa e del corpo messi insieme ha una limitata capacità di volare (figura 5.15A). Per dimostrare che l'evoluzione della coda dell'uccello vedova è stata guidata dalla selezione sessuale, l'ecologo svedese Malte Andersson nel 1982 catturò alcuni esemplari maschi e ne alterò la lunghezza della coda.

Normalmente i maschi di uccello vedova scelgono un territorio dove eseguire i rituali di corteggiamento per attrarre le femmine, e lo difendono dagli altri maschi. Tutti i maschi, tanto quelli a coda lunga quanto quelli a coda corta, erano capaci di difendere il loro territorio di corteggiamento, a dimostrazione che la lunghezza della coda non incide sulla competizione tra maschi. Tuttavia, i maschi con la coda allungata artificialmente attraevano circa il quadruplo delle femmine, rispetto ai maschi con la coda accorciata (figura 5.15B).

Le femmine di uccello vedova preferiscono i maschi con la coda lunga perché, se questi possono permettersi di sviluppare e conservare una caratteristica così «costosa», nonostante la riduzione di capacità di volo, devono essere per forza sani e dotati di buone capacità riproduttive.

Ricorda La **selezione sessuale** riguarda il successo riproduttivo degli individui di una specie.

Un caso da vicino

Ipotesi
La selezione sessuale è responsabile dell'evoluzione di code lunghe negli uccelli vedova africani.

Metodo
Allungare o accorciare artificialmente le code dei maschi. Liberarli, quindi misurarne il successo riproduttivo contando i nidi con le uova o i piccoli presenti nel territorio.

Risultati
I maschi le cui code erano state allungate artificialmente attraevano più femmine e avevano un maggiore successo riproduttivo dei maschi con code normali, accorciate o del gruppo di controllo.

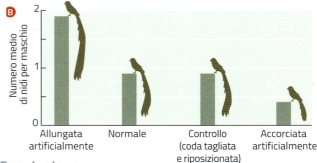

Conclusione
La selezione sessuale negli uccelli vedove favorisce la coda lunga.

Figura **5.15 Coda più lunga, compagno migliore** (A) Un esemplare di uccello vedova in volo. (B) I maschi con la coda accorciata attraevano un numero minore di femmine (e quindi custodivano meno nidi con le uova) rispetto ai maschi dotati di code normali o allungate.

Figura **5.14 Rituali di corteggiamento**
Due cervi nella stagione degli accoppiamenti.

Rispondi

A Quali fattori determinano la fitness darwiniana di un fenotipo?

B Che cos'è e come funziona la selezione sessuale?

lezione 4

I fattori che influiscono sulla selezione naturale

Se la selezione naturale è così efficiente nel favorire le varietà più adatte, per quale ragione i viventi mostrano ancora una diversità tanto grande?
La variabilità può essere, oltre che la materia prima, anche il risultato della selezione naturale, come nel caso della selezione divergente; ma più spesso l'esistenza di una variabilità residua si spiega meglio considerando l'effetto di fattori in grado di limitare o contrastare l'azione della selezione naturale.

21 L'accumulo di mutazioni neutrali

Come abbiamo già visto, esistono mutazioni che non alterano la funzionalità delle proteine codificate dai geni mutati. Un allele che non è migliore o peggiore degli alleli alternativi per lo stesso locus è detto **allele neutrale**. Gli alleli neutrali, non influenzando la fitness di un organismo, non subiscono selezione naturale e tendono ad accumularsi in una popolazione, aumentandone la variabilità genetica.

Nel 1968, il genetista giapponese Motoo Kimura propose una teoria neutrale dell'evoluzione basata su questa evidenza.

La **teoria neutralista** non nega l'azione della selezione naturale, ma conferisce un ruolo di maggiore importanza agli effetti di deriva genetica; infatti, il fatto che la maggior parte delle mutazioni sia neutrale fa sì che il pool genico cambi secondo modalità che la selezione naturale non può controllare, in quanto non si traducono in cambiamenti del fenotipo.

La teoria di Kimura fu osteggiata da molti studiosi della teoria dell'evoluzione, poiché sembrava inconciliabile con la visione darwiniana e con il ruolo della selezione naturale. Questo contrasto è stato superato negli anni, e oggi la teoria neutrale viene considerata come un sostegno al ruolo della deriva genetica, assieme alla selezione naturale.

Nella genetica tradizionale, le mutazioni venivano identificate attraverso i loro effetti fenotipici. Questo è impossibile per le mutazioni neutrali, che non comportano alcun cambiamento fenotipico, tuttavia esistono tecniche moderne che consentono di misurare la variabilità neutrale a livello molecolare; questo ci fornisce lo strumento necessario per distinguerla dalla variabilità adattativa.

Ricorda Le **mutazioni neutrali** non subiscono la selezione naturale, per cui tendono ad accumularsi in una popolazione aumentando il tasso di variabilità genetica. Su questa evidenza si fonda la **teoria neutralista** che dà sostegno agli effetti della deriva genetica.

22 La ricombinazione sessuale

Negli organismi che si riproducono per via asessuata, se non si verifica una mutazione, ogni nuovo individuo è geneticamente identico a chi l'ha generato. Invece, negli organismi che si riproducono per via sessuata, la progenie è sempre diversa dai genitori.

Ciò avviene non soltanto perché durante la fecondazione si ha la fusione del materiale genetico proveniente da due gameti diversi, ma anche perché durante la meiosi si verificano l'assortimento indipendente dei cromosomi e il crossing-over. La ricombinazione genetica che si accompagna alla riproduzione sessuata prende il nome di **ricombinazione sessuale**.

Il meccanismo della ricombinazione sessuale genera una varietà enorme di combinazioni genotipiche, accrescendo enormemente il potenziale evolutivo delle popolazioni.

La comparsa della meiosi e della ricombinazione sessuale è stato un evento cruciale nella storia della vita; resta però enigmatico il modo in cui la riproduzione sessuata possa essersi affermata. Essa, infatti, risulta vantaggiosa a lungo termine, ma a breve termine procura almeno uno svantaggio certo: dimezza il tasso riproduttivo medio.

Per apprezzare il significato di questo svantaggio, prendiamo due femmine che producono lo stesso numero di figli: per esempio due. La prima femmina lo fa per via asessuata e la seconda per via sessuata. Dato che la seconda femmina deve produrre il 50% di maschi, alla generazione successiva ci saranno due femmine prodotte per via asessuata, che genereranno altre due figlie ciascuna, mentre si riprodurrà una sola femmina generata per via sessuata. Il problema evolutivo è capire quali vantaggi della riproduzione sessuata possono superare gli svantaggi a breve termine. Per spiegare l'esistenza della riproduzione sessuata sono state formulate più ipotesi, che non si escludono fra loro.

- Una è che la ricombinazione sessuale faciliti la riparazione del DNA danneggiato, perché gli errori come le rotture del DNA avvenuti su un cromosoma possono essere riparati ricopiando la sequenza intatta dal cromosoma omologo.

- Un'altra spiegazione è che la grande varietà di ricombinazioni genetiche prodotte a ogni generazione dalla ricombinazione sessuale può essere particolarmente preziosa nella difesa contro patogeni e parassiti. In genere questi organismi hanno un ciclo vitale molto più breve di quello dell'ospite, e quindi sono potenzialmente in grado di evolvere più in fretta degli adattamenti per contrastarne le difese. La ricombinazione dà all'organismo ospite una possibilità di vittoria.

Senza influire sulle frequenze alleliche, la ricombinazione sessuale genera nuove combinazioni di alleli su cui opera la selezione naturale, aumentando la variabilità dei caratteri influenzati da molti loci genici, e creando nuovi genotipi.

Ricorda Anche la riproduzione sessuata e la conseguente ricombinazione genetica contribuiscono a mantenere la variabilità genetica. Il meccanismo della **ricombinazione sessuale** accresce il numero di possibili combinazioni genotipiche, e quindi il potenziale evolutivo delle popolazioni.

23 La selezione dipendente dalla frequenza

In molti casi è la selezione naturale stessa che contribuisce a preservare una quota di variabilità sotto forma di polimorfismo (presenza di due o più varianti di un dato carattere nella stessa popolazione). Una condizione in cui ciò avviene è quando la fitness di un fenotipo dipende dalla sua frequenza nella popolazione. Questo fenomeno è noto come **selezione dipendente dalla frequenza**.

Un esempio di selezione dipendente dalla frequenza ci viene offerto dagli studi su *Perissodus microlepis*, un pesce che vive nel lago Tanganica, in Africa orientale. Questo pesce si nutre delle scaglie di altri pesci: si avvicina alla preda da dietro per strapparle un po' di scaglie dal fianco. Per un'asimmetria nell'articolazione mandibolare, l'apertura boccale di *Perissodus microlepis* è rivolta a destra o a sinistra, e la direzione è determinata geneticamente (figura 5.16). Tale asimmetria boccale aumenta l'area di contatto dei denti con il fianco della preda, ma soltanto se l'attacco è sferrato dal lato giusto. Gli individui «destrorsi» attaccano le loro vittime da sinistra, mentre quelli «sinistrorsi» le attaccano sempre da destra.

I pesci predati cercano di difendersi stando attenti ai predatori in avvicinamento ma, se devono sorvegliare entrambi i lati, il compito è più difficile e quindi gli attacchi hanno maggior successo. La sorveglianza da parte delle prede porta a un'equivalenza numerica fra i due fenotipi boccali, perché il fenotipo meno frequente è sempre il più favorito. Infatti, quando gli attacchi provenienti da uno dei due lati si fanno più numerosi, la vittima concentra la sua attenzione su quel lato, favorendo indirettamente gli attaccanti del lato opposto. Durante tutti gli undici anni di osservazione, i ricercatori hanno evidenziato che il polimorfismo

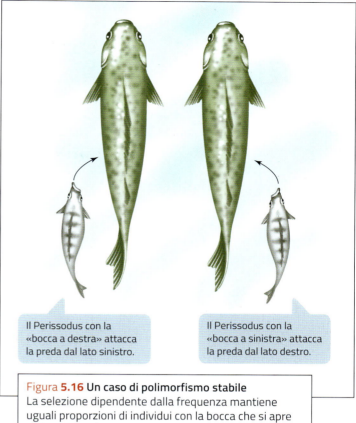

Il Perissodus con la «bocca a destra» attacca la preda dal lato sinistro.

Il Perissodus con la «bocca a sinistra» attacca la preda dal lato destro.

Figura **5.16** Un caso di polimorfismo stabile
La selezione dipendente dalla frequenza mantiene uguali proporzioni di individui con la bocca che si apre a sinistra o a destra tra i pesci *Perissodus microlepis*.

è risultato stabile: le due forme di *P. microlepis* hanno conservato all'incirca la stessa frequenza.

Ricorda Quando la fitness di un dato fenotipo dipende dalla sua **frequenza in una popolazione**, un polimorfismo può essere mantenuto da un processo noto come **selezione dipendente dalla frequenza**.

24 L'esistenza di sottopopolazioni separate geograficamente

Nelle popolazioni di grandi dimensioni, gran parte della variabilità genetica si conserva sotto forma di differenze tra i membri che vivono in aree diverse (**sottopopolazioni**). Le sottopopolazioni presentano spesso differenze genetiche perché sono soggette a pressioni selettive che variano da un ambiente all'altro. Ambienti anche molto vicini possono essere sensibilmente diversi. Per esempio, in montagna esistono grosse differenze di temperatura e di umidità del suolo tra il versante rivolto a nord (più freddo) e quello rivolto a sud (più temperato).

Spesso è possibile osservare un cambiamento graduale di un determinato fenotipo in funzione della distribuzione geografica di una specie. Questo cambiamento è definito **cline** e riflette il mutamento graduale delle condizioni ambientali.

Per esempio, alcuni individui di una specie di trifoglio (*Trifolium repens*) producono una sostanza tossica, il cianuro. Le piante velenose sono meno appetibili per gli erbivori, soprattutto topi e lumache, però sono più esposte al rischio di essere uccise dalla brina, perché il congelamento danneggia le membrane cellulari e libera il cianuro nei tessuti.

Nelle sottopopolazioni europee di *Trifolium repens*, la frequenza degli individui che producono cianuro aumenta progressivamente da nord a sud, e da est a ovest (figura 5.17). Le sottopopolazioni di trifoglio con un'alta percentuale di piante velenose si trovano soltanto nelle zone con inverni miti. Dove gli inverni sono rigidi, gli individui che producono cianuro sono rari, anche nelle aree in cui ci sono molti erbivori che brucano trifoglio.

Una varietà tipica di un determinato ambiente locale si definisce **ecotipo**. Un ecotipo può essere fatto corrispondere, con una certa approssimazione, a ciò che nel linguaggio comune si chiama una *varietà locale*.

Ricorda La variabilità genetica all'interno di una specie è mantenuta anche dall'esistenza di popolazioni geograficamente separate, o **sottopopolazioni**, che sono soggette a fattori ambientali selettivi differenti.

25 L'instabilità ambientale

Le **condizioni ambientali** possono essere molto variabili: una notte può essere profondamente diversa dal giorno che l'ha preceduta, un giorno freddo e nuvoloso è diverso da uno caldo e limpido, la lunghezza del giorno e la temperatura cambiano con le stagioni. È difficile che esista un unico genotipo capace di funzionare al meglio in tutte le condizioni.

Nelle Montagne Rocciose degli Stati Uniti, le farfalle del genere *Colias* (figura 5.18) vivono in ambienti dove la temperatura spesso ne ostacola il volo: all'alba è troppo fredda e nel pomeriggio è troppo calda. Le popolazioni di questa farfalla sono polimorfiche per un enzima, la *fosfoglucoso isomerasi* (*PGI*), che influenza la capacità di volo alle diverse temperature. Certi genotipi per la PGI volano meglio durante le ore fredde del primo mattino, mentre altri funzionano meglio al caldo del pomeriggio. Durante i periodi insolitamente caldi sono favoriti i genotipi che tollerano il caldo, mentre durante i periodi insolitamente freddi sono favoriti i genotipi che tollerano il freddo.

Gli individui eterozigoti sono capaci di volare entro un intervallo di temperature più ampio rispetto agli omozigoti, e questo li favorisce quanto a capacità di procurarsi il cibo e i partner per l'accoppiamento.

Ricorda Le **condizioni ambientali** sono così variabili da indurre il polimorfismo di determinati geni all'interno di una popolazione.

26 I vincoli imposti dai processi di sviluppo

I principali vincoli ai quali deve sottostare l'evoluzione sono quelli connessi ai processi di sviluppo, perché le innovazioni evolutive non sono altro che modifiche di strutture già esistenti. L'evoluzione, infatti, non è frutto di un progetto preesistente, ma il risultato di un *graduale* e *continuo* **adattamento** di quel che già esiste, in risposta alle pressioni esercitate dall'ambiente.

Un buon esempio di vincolo collegato allo sviluppo riguarda due pesci che vivono sul fondale marino. Una linea evolutiva,

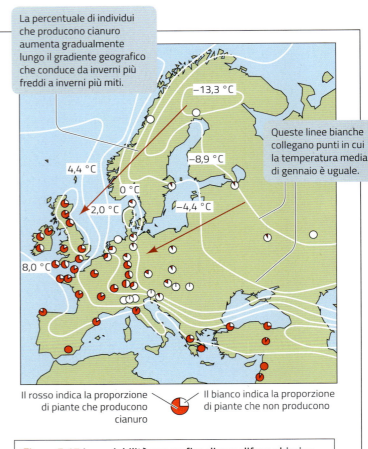

Figura 5.17 La variabilità geografica di una difesa chimica
In Europa, la frequenza degli individui che producono cianuro in ogni sottopopolazione di trifoglio bianco (*Trifolium repens*) dipende dalla temperatura invernale dell'ambiente.

Figura 5.18 Gli individui eterozigoti delle farfalle *Colias* sono favoriti in quanto possono volare in un intervallo di temperature più ampio rispetto agli omozigoti.

quella delle razze, deriva da un antenato (parente anche degli squali) provvisto di uno scheletro cartilagineo flessibile e di un corpo già un po' schiacciato in senso dorso-ventrale. Per nuotare rasente al fondo marino, le razze hanno evoluto l'attuale assetto corporeo in seguito a un ulteriore appiattimento (figura **5.19A**).

L'altra linea evolutiva, che comprende pesci come le passere di mare e le sogliole, discende invece da antenati provvisti di scheletro osseo e di un corpo compresso in senso laterale. Per stare appiattito sul fondo, un pesce con questa forma non poteva far altro che sdraiarsi su un fianco. In questo modo si riduce la capacità di nuoto, ma il pesce può rimanere immobile e ben mimetizzato. Durante lo sviluppo, in questi pesci piatti la posizione degli occhi subisce una bizzarra torsione che li porta a raggiungere lo stesso lato del corpo (figura **5.19B**). Probabilmente la conformazione definitiva che osserviamo oggi è il risultato di piccoli slittamenti progressivi di uno degli occhi, che miglioravano la vista dei pesci piatti ancestrali.

Che cosa ci dice il confronto tra questi due casi? In entrambi, l'ambiente favoriva una forma appiattita e la selezione naturale l'ha ottenuta, ma non nello stesso modo. L'appiattimento dorso-ventrale tipico della razza, infatti, avrebbe imposto una trasformazione impossibile all'embrione di una sogliola. Spesso, quando valutiamo la fitness di un carattere, pensiamo solo allo stadio adulto, mentre per comprenderne l'evoluzione dovremmo tenere conto anche dei suoi effetti sulle forme immature.

Ricorda Tutte le innovazioni evolutive sono modificazioni di strutture preesistenti che **in maniera graduale e continua** si adattano in risposta all'ambiente.

27 La selezione naturale non produce il migliore dei mondi possibili

Gli esempi che abbiamo descritto dimostrano come i meccanismi dell'evoluzione abbiano prodotto organismi diversi, adattati ai vari ambienti del pianeta. Tuttavia, l'evoluzione ha i suoi limiti: per esempio, se in una popolazione manca l'allele per un certo carattere, quel carattere non si può evolvere, neanche se altamente favorito dalla selezione naturale. Ma la mancanza di variabilità genetica non è l'unico limite per l'evoluzione naturale, e forse neppure il più importante.

Abbiamo già visto alcuni esempi di limiti imposti agli organismi dalle leggi della fisica e della chimica; la dimensione delle cellule, per esempio, è limitata dal rapporto tra superficie e volume che non può scendere sotto un certo valore.

Tra i biologi evoluzionisti non c'è un pieno consenso riguardo a quello che potremmo definire il «potere» della selezione naturale: alcuni ritengono che la selezione naturale riesca sempre o quasi a ottenere il miglior esito possibile; altri ritengono, invece, che sia impossibile comprendere la complessità dell'evoluzione se non si dà la giusta importanza anche ai fattori che limitano l'azione della selezione.

Tale dibattito riguarda *come avviene* l'evoluzione e *quanto sia importante*, non se l'evoluzione avvenga né se la selezione esista davvero, che sono argomenti tipici dei cosiddetti «anti-evoluzionisti».

Ricorda La complessità dei fattori che intervengono nei meccanismi dell'evoluzione e il relativo contributo della selezione ha generato un acceso dibattito tra i biologi evoluzionisti su come l'evoluzione proceda e sull'importanza della selezione naturale.

A *Taeniura lymma*

B *Bothus lunatus*

Figura **5.19 Un problema, due soluzioni** (A) Il corpo dei trigoni (razze con aculeo velenifero) è simmetrico rispetto al piano sagittale. (B) Gli occhi delle passere di mare migrano durante lo sviluppo, così da trovarsi sullo stesso lato del corpo.

verifiche di fine lezione

Rispondi

A Quale nesso c'è tra teoria neutralista e deriva genetica?

B Perché la selezione sessuale è così diffusa in natura, anche se comporta alcuni svantaggi evolutivi a breve termine?

C Che cosa si intende per «vincoli» dell'evoluzione?

Lezione 4 I fattori che influiscono sulla selezione naturale

lezione 5

Il concetto di specie e le modalità di speciazione

Le specie non sono qualcosa di fisso e definito, bensì il risultato di processi evolutivi che si dispiegano nel tempo. Ma una linea evolutiva può cambiare senza originare una nuova specie. Quando, invece, il cambiamento evolutivo porta alla scissione di una specie in due o più specie figlie, allora è avvenuta una speciazione che interrompe il flusso genico all'interno della popolazione.

28 La specie biologica

Gli esperti di un particolare gruppo di organismi, come le farfalle o le orchidee, sanno distinguere le diverse specie di una certa zona semplicemente guardandole, perché in generale l'aspetto di una specie si mantiene relativamente costante anche a grande distanza geografica.

Gli organismi di una stessa specie possono, tuttavia, mostrare un aspetto anche molto differente. Per queste ragioni i biologi di solito non si accontentano del concetto di *specie morfologica* usato da Linneo e cercano un fondamento più affidabile.

Il concetto di specie più adottato oggi (per gli organismi che si riproducono per via sessuata) è quello di **specie biologica** proposto nel 1940 da Ernst Mayr: *le specie sono gruppi di popolazioni naturali realmente o potenzialmente interfecondi e riproduttivamente isolati da altri gruppi analoghi.*

I termini «realmente» e «potenzialmente» nella definizione sono significativi: «realmente» vuol dire che gli individui vivono nella stessa area e si incrociano; «potenzialmente» significa che gli individui non vivono nella stessa area e non possono incrociarsi, ma è legittimo pensare che se si incontrassero lo farebbero.

Ricorda Il concetto di **specie biologica** definisce gruppi di popolazioni naturali realmente o potenzialmente interfecondi e isolati dal punto di vista riproduttivo.

29 Le specie si formano nel tempo

I biologi evoluzionisti considerano le specie come rami di un albero della vita. Ogni specie ha una sua storia che inizia con un evento di speciazione e termina con l'estinzione, oppure con un secondo episodio di speciazione attraverso cui la specie iniziale dà origine a due specie figlie.

La **speciazione**, pertanto, è il processo con cui una specie si suddivide in due o più specie figlie, che da quel momento in poi si evolvono secondo linee distinte. In genere si tratta di un processo graduale (figura **5.20**) per cui spesso due popolazioni si trovano a vari stadi del processo di trasformazione in specie nuove. In questi casi, decidere se gli individui appartengono alla specie A o alla specie B non serve a nulla; invece è importante conoscere i processi che portano alla separazione di una specie in due specie diverse.

Una componente importante del processo di speciazione è l'instaurarsi dell'**isolamento riproduttivo**: se in una popolazione gli individui si accoppiano fra loro, ma non con gli individui di altre popolazioni, si viene a costituire un gruppo ben definito all'interno del quale i geni si ricombinano. Si tratta cioè di un'entità evolutiva indipendente, un ramo distinto dell'albero della vita. Secondo la definizione di specie proposta da Mayr, l'isolamento riproduttivo è il criterio più importante per il riconoscimento delle specie.

Ricorda La **speciazione** è il processo attraverso il quale una specie si suddivide in due o più rami che si evolvono secondo linee distinte. Per il processo di speciazione è fondamentale l'instaurarsi dell'**isolamento riproduttivo**.

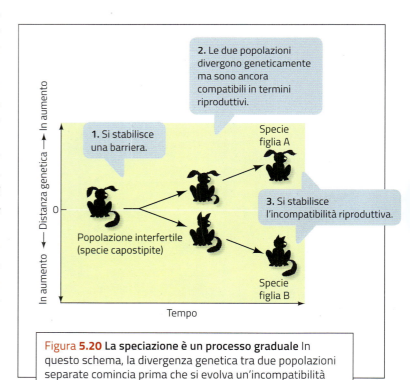

Figura **5.20** La speciazione è un processo graduale In questo schema, la divergenza genetica tra due popolazioni separate comincia prima che si evolva un'incompatibilità riproduttiva.

30 La speciazione allopatrica

La speciazione risultante da una suddivisione della popolazione dovuta a una barriera fisica si chiama **speciazione allopatrica** (figura **5.21**). La speciazione allopatrica è considerata la modalità di speciazione più diffusa tra gli organismi. La barriera fisica che interrompe l'areale di distribuzione di una specie può essere un fiume o una catena montuosa per gli organismi terrestri, oppure un tratto di terra emersa per gli animali acquatici.

llopatrico deriva dal eco *állos*, «altro», e *patèr*, adre», da cui deriva anche *tria* («terra dei padri»). Il nso è quindi «che riguarda atrie distinte».

L'efficacia con cui una barriera fisica riesce a impedire il flusso genico dipende dalle dimensioni e dalla mobilità della specie in questione: per esempio, un'autostrada costituisce una barriera pressoché insormontabile per una lumaca, ma non per una farfalla.

Nelle piante a impollinazione eolica, perché le popolazioni risultino isolate, occorre che si trovino a una distanza superiore a quella percorribile dal polline trasportato dal vento oppure che la barriera sia invalicabile per il polline. Nelle piante che sfruttano gli impollinatori, invece, l'ampiezza della barriera corrisponde alla distanza percorribile dagli animali che trasportano il polline.

Una barriera si può formare in tanti modi. I moti delle placche terrestri possono allontanare tra loro due terre un tempo unite, come è accaduto all'Africa e al Sud America. Anche i cambiamenti climatici possono avere un effetto analogo: lo scioglimento delle calotte polari, che causa l'innalzamento del livello delle acque, può trasformare una penisola in un'isola, come è accaduto alla Gran Bretagna al termine dell'ultima glaciazione.

Prima di essere separate da tali barriere, spesso le popolazioni sono di grandi dimensioni. Le differenze che si sviluppano in seguito dipendono da vari fattori, compresa la deriva genetica, ma soprattutto perché gli ambienti nei quali si ritrovano a vivere possono essere diversi.

La speciazione allopatrica può anche essere il risultato del superamento di una barriera già esistente da parte di alcuni membri di una popolazione, i quali ne fondano una nuova, isolata da quella originaria.

Le quattordici specie di fringuelli delle Galápagos hanno avuto origine per speciazione allopatrica; i fringuelli di Darwin sono comparsi sull'arcipelago a partire da un'unica specie sudamericana che colonizzò le isole. Oggi queste quattordici specie sono molto diverse dai loro parenti più stretti della terraferma.

Le isole dell'arcipelago delle Galápagos sono abbastanza distanti fra loro perché il passaggio dei fringuelli dall'una all'altra sia un evento molto raro. Inoltre, esse presentano condizioni ambientali diverse: alcune sono relativamente piatte e aride, mentre altre contengono montagne con pendici boscose.

Nel corso di milioni di anni, le popolazioni di fringuelli delle varie isole si sono differenziate al punto che, non solo hanno formato quattordici specie diverse, ma addirittura appartengono a quattro diversi generi (figura **5.22** a pagina seguente).

Ricorda La **speciazione allopatrica** è la modalità più diffusa tra gli organismi; avviene quando una barriera fisica divide una popolazione in due sottopopolazioni distinte.

Tempo

1. Una singola specie è distribuita su un'ampia area.

2. Una barriera separa due popolazioni: le popolazioni si adattano ai diversi ambienti sui lati opposti della barriera.

3. La barriera viene rimossa: le popolazioni colonizzano nuovamente la regione intermedia e si mescolano, ma non si incrociano.

Zona di sovrapposizione

Figura **5.21** **Speciazione allopatrica** La speciazione allopatrica può avvenire quando una barriera fisica, come l'innalzamento del livello del mare, divide una popolazione in due sottopopolazioni separate.

Lezione **5** Il concetto di specie e le modalità di speciazione

B121

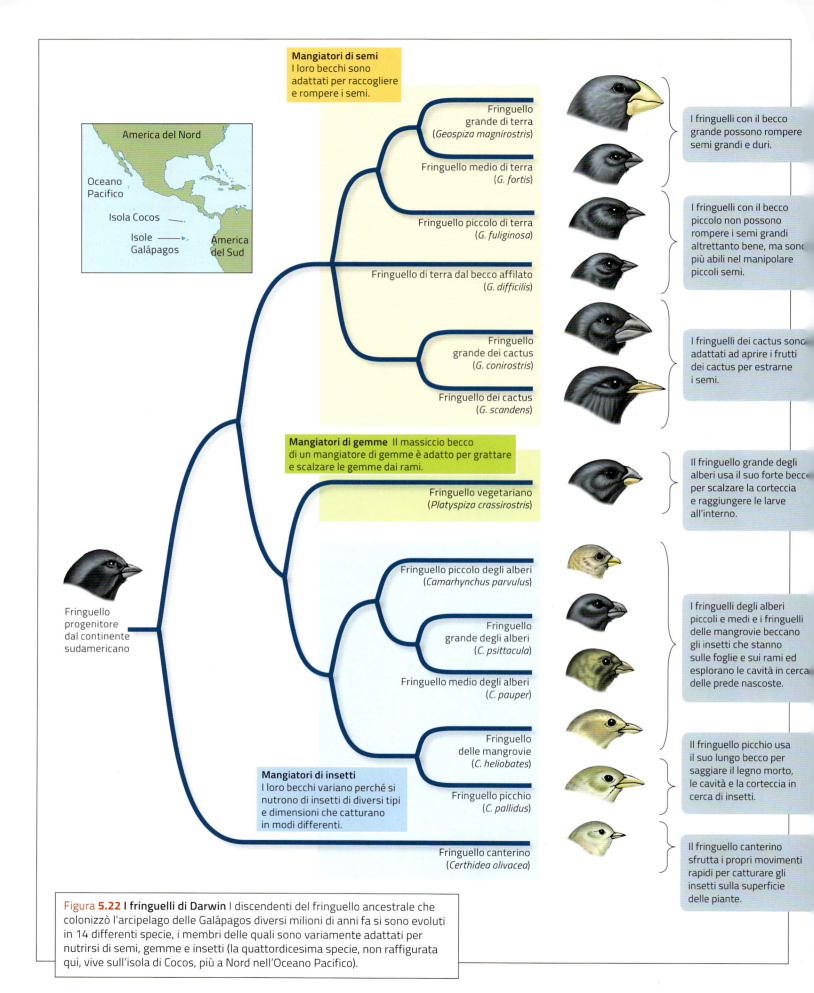

Figura 5.22 **I fringuelli di Darwin** I discendenti del fringuello ancestrale che colonizzò l'arcipelago delle Galápagos diversi milioni di anni fa si sono evoluti in 14 differenti specie, i membri delle quali sono variamente adattati per nutrirsi di semi, gemme e insetti (la quattordicesima specie, non raffigurata qui, vive sull'isola di Cocos, più a Nord nell'Oceano Pacifico).

31 La speciazione simpatrica

In alcune circostanze particolari, la speciazione può avvenire anche se non ci sono barriere fisiche. La suddivisione di un pool genico in assenza di isolamento geografico viene detta **speciazione simpatrica** (dal greco *syn* = con, assieme a). Ma in che modo si può instaurare un isolamento riproduttivo se gli individui hanno la possibilità di accoppiarsi fra loro?

Negli animali la speciazione simpatrica può avvenire per diversificazione degli habitat e per selezione sessuale; tuttavia il metodo più comune è sicuramente quello basato sulla **poliploidia**, cioè sulla produzione di individui provvisti di serie soprannumerarie di cromosomi. La poliploidia, molto frequente nei vegetali, può derivare o dalla duplicazione dei cromosomi all'interno di una singola specie (*autopoliploidia*) o dalla fusione di corredi cromosomici appartenenti a due diverse specie viventi (*allopoliploidia*).

Un individuo autopoliploide si origina, per esempio, quando due gameti sono diploidi poiché accidentalmente non si sono divisi durante la meiosi, quindi hanno due serie di cromosomi ciascuno. Questi gameti diploidi si combinano per formare un individuo tetraploide, con quattro serie di cromosomi. Le piante tetraploidi e diploidi della stessa specie sono isolate dal punto di vista riproduttivo perché la loro prole ibrida è triploide. Anche se questi ibridi sopravvivono, sono solitamente sterili, ovvero non sono in grado di produrre gameti normali, perché i loro cromosomi non segregano in modo regolare durante la meiosi. Una pianta tetraploide non può produrre progenie vitale incrociandosi con una diploide, ma può farlo per autofecondazione o accoppiandosi con un'altra tetraploide.

In questo modo la poliploidia produce un isolamento riproduttivo completo in due sole generazioni; un'importante eccezione alla regola generale secondo cui la speciazione è un processo graduale.

La speciazione per poliploidia è stata particolarmente importante nell'evoluzione delle piante. I botanici stimano che circa il 70% delle specie di angiosperme e il 95% delle specie di felci siano il risultato di eventi recenti di poliploidizzazione.

La poliploidia ha contribuito anche alla speciazione in alcuni animali come nel caso delle *specie criptiche*, ovvero due specie indistinguibili dal punto di vista dell'aspetto, ma che non possono incrociarsi fra loro (figura **5.23**).

Ricorda La **speciazione simpatrica** avviene in assenza di barriere fisiche per diversificazione degli habitat, per selezione sessuale, ma il metodo più comune è basato sulla **poliploidia**.

Figura **5.23** **Individui appartenenti a due specie criptiche si somigliano, ma non possono incrociarsi** Queste due specie di raganelle grigie (*Hyla versicolor* e *H. chrysoscelis*) non sono diverse tra loro per morfologia esterna, ma non possono incrociarsi anche quando sono presenti nella stessa area geografica. *Hyla versicolor* è una specie tetraploide (con quattro serie di cromosomi), mentre *H. chrysoscelis* è diploide (con due serie di cromosomi). Anche se si assomigliano, i maschi hanno richiami di accoppiamento diversi e sulla base di questi le femmine riconoscono i maschi della loro specie e si accoppiano solo con essi.

verifiche di fine lezione

Rispondi

A Che cosa significa il termine «speciazione»?
B In che modo ha luogo la speciazione allopatrica.
C Che cosa si intende per «speciazione simpatrica»?

lezione 6

La speciazione richiede l'isolamento riproduttivo

Per effetto dei meccanismi evolutivi, due popolazioni possono divergere geneticamente e accumulare differenze tali da ridurre la probabilità che i loro membri si incrocino e producano una progenie vitale. Non sempre però questo accade: a volte popolazioni rimaste isolate geograficamente per milioni di anni sono ancora riproduttivamente compatibili. In tal caso le due popolazioni, pur divergendo, non generano due specie diverse.

Figura **5.24 Diverse stagioni riproduttive** Le due moffette *Spilogale gracilis* (A) e *Spilogale putorius* (B), nonostante l'estrema somiglianza, sono due specie diverse perché si accoppiano in stagioni differenti.

32 Le barriere prezigotiche

L'isolamento riproduttivo, cioè la possibilità che due specie imparentate convivano senza che si verifichi un flusso genico, è fondamentale per stabilire se è avvenuta la speciazione e può insorgere in seguito a due meccanismi diversi: le barriere riproduttive prezigotiche e quelle postzigotiche.

I meccanismi che impediscono l'incrocio tra individui di specie o popolazioni diverse, agendo a monte della fecondazione, sono **barriere riproduttive prezigotiche** e possono essere di vari tipi.

- **Isolamento ambientale**: gli individui delle diverse specie, pur vivendo in una stessa area geografica, possono scegliere habitat differenti per vivere e accoppiarsi cosicché non entrano mai in contatto durante i rispettivi periodi fertili.
- **Isolamento temporale**: molti organismi presentano periodi riproduttivi che durano soltanto poche ore o giorni. Due specie con «finestre» riproduttive che non presentano un periodo di sovrapposizione saranno riproduttivamente isolate da una barriera temporale. Un esempio è costituito dalle due specie di moffetta americana che vedi nella figura 5.24: la moffetta maculata orientale (*Spilogale putorius*) e la moffetta maculata occidentale (*Spilogale gracilis*). Le due specie sono quasi indistinguibili e coesistono nelle stesse aree, ma sono isolate dal punto di vista riproduttivo perché la prima si accoppia alla fine dell'inverno e la seconda in autunno.
- **Isolamento meccanico**: la fecondazione fra due specie diverse può essere impedita da differenze di dimensioni o forma degli organi riproduttivi. I maschi di molti insetti hanno organi copulatori con strutture caratteristiche, che ostacolano l'inseminazione di femmine di una specie diversa.
- **Isolamento gametico**: è possibile che gli spermatozoi di una specie siano incapaci di aderire alle cellule uovo di un'altra specie perché queste non rilasciano le sostanze di attrazione giuste, oppure non riescono a penetrare nell'uovo perché chimicamente incompatibili.
- **Isolamento comportamentale**: gli individui di una specie possono non riconoscere, o non accettare, come partner sessuali gli individui di un'altra specie. Per esempio, in molti uccelli sono presenti rituali di corteggiamento elaborati, che sono caratteristici per ciascuna specie. In questo caso, quindi, l'isolamento è legato agli stessi meccanismi che portano alla selezione sessuale.

In alcune specie, la scelta del partner riproduttivo è mediata dal comportamento degli individui di un'altra specie. Per esempio, la possibilità che due specie di piante producano ibridi può dipendere dalle preferenze alimentari dei loro impollinatori.

Gli equilibri intermittenti: quando l'evoluzione accelera

PER SAPERNE DI PIÙ

Le accelerazioni a cui l'evoluzione va incontro in certi periodi sembrano mettere in crisi uno dei presupposti cari a Darwin, quello del gradualismo.

Nel 1972, i paleontologi statunitensi Niles Eldredge e Stephen J. Gould proposero una teoria che basava gran parte della propria originalità proprio sulle variazioni di ritmo del processo evolutivo. L'obiettivo principale della loro teoria, nota come **teoria degli equilibri intermittenti**, era di fornire una spiegazione convincente sulla scarsità dei fossili di transizione.

Intermittente è la traduzione dell'inglese *punctuated* (spesso tradotto come «punteggiato»), e indica qualcosa che accade ripetutamente, in episodi intervallati a fasi ad andamento diverso, e quindi intermittente.

Di fatto, la teoria permette di spiegare perché le specie viventi non sembrano affatto cambiare con regolarità e gradualità nel tempo, ma piuttosto appaiono mutare molto più rapidamente al momento della loro origine, per poi assestarsi in una lunga fase di cambiamento modesto o addirittura nullo (stasi evolutiva).

Spesso, la teoria degli equilibri intermittenti viene intesa come alternativa alla visione globale di derivazione darwiniana. La contrapposizione, però, è solo apparente, come si può comprendere tenendo conto di un particolare importante: quando, negli equilibri intermittenti, si parla di accelerazione del processo evolutivo e si sostiene che la speciazione avviene in termini relativamente brevi, non si deve trascurare l'importanza di quel «relativamente». Se una specie esiste da 50 milioni di anni e si è formata in 50 000 anni, il periodo della sua formazione corrisponde a un millesimo della sua esistenza ed è quindi relativamente molto breve, eppure sufficiente perché si verifichi la speciazione.

È stato fatto osservare da alcuni critici che la teoria non è così innovativa e che si limita a estremizzare alcune idee già proposte da altri. Si tratta di un'osservazione legittima, ma che nulla toglie al fatto che gli equilibri intermittenti si sono dimostrati uno strumento utile ai biologi dell'evoluzione.

Le caratteristiche del fiore possono contribuire attraverso gli impollinatori all'isolamento riproduttivo perché attraggono impollinatori diversi oppure perché il polline si deposita in punti diversi del loro corpo.

Ricorda Le **barriere riproduttive prezigotiche** impediscono l'incrocio tra individui di specie diverse agendo prima della fecondazione. Può essere un isolamento di tipo ambientale, temporale, meccanico, gametico o comportamentale.

33 Le barriere postzigotiche

Se gli individui di due popolazioni diverse non sono completamente separati da barriere riproduttive prezigotiche, lo scambio di geni può essere impedito da **barriere riproduttive postzigotiche**. Le differenze genetiche accumulate durante l'isolamento possono ridurre la sopravvivenza e il potenziale riproduttivo degli ibridi in vari modi.

- **Riduzione della vitalità dello zigote**: gli zigoti ibridi sono spesso incapaci di raggiungere lo stadio adulto e muoiono durante lo sviluppo.
- **Riduzione della vitalità dell'adulto**: gli ibridi possono sopravvivere meno rispetto alla prole derivante dagli accoppiamenti tra membri di una stessa popolazione.
- **Sterilità degli ibridi**: gli ibridi possono svilupparsi normalmente in adulti, che però, quando si riproducono, risultano sterili. Per esempio i muli, derivanti dall'accoppiamento fra asini e cavalle, sono sani ma quasi sempre sterili; anche in questo caso l'ibridazione non produce una discendenza.

La selezione naturale non favorisce l'evoluzione di barriere postzigotiche in modo diretto, ma può favorire l'evoluzione di barriere prezigotiche quando la prole ibrida è meno adatta alla sopravvivenza. Infatti, in questo caso, i membri di una popolazione che si accoppiano anche con i membri di una popolazione diversa avranno una discendenza meno numerosa di quelli che si accoppiano solo all'interno della loro popolazione. Quando le barriere prezigotiche si consolidano per questa via, si parla di **fenomeni di rinforzo**.

Ricorda Le **barriere riproduttive postzigotiche** impediscono l'incrocio tra individui di specie diverse agendo dopo la fecondazione. Agiscono per riduzione della vitalità dello zigote o dell'adulto e sterilità degli ibridi.

verifiche di fine lezione

Rispondi

A Quali sono i principali meccanismi che portano all'isolamento prezigotico?

B Descrivi le modalità con cui agiscono le barriere postzigotiche.

PER SAPERNE DI PIÙ

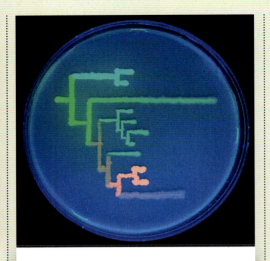

Nuove frontiere per l'evoluzione

Durante il Novecento, la teoria dell'evoluzione si è fatta progressivamente più vasta e robusta, grazie alle molte conferme ricevute da svariati campi di studio. Tuttavia, come ogni teoria viva, ha ancora molte possibilità di crescita e cambiamento.

Un campo che sta dando un forte stimolo alle ricerche nel campo evolutivo è quello della cosiddetta biologia evoluzionistica dello sviluppo, comunemente chiamata **evo-devo** (dall'inglese *Evolution of Development*, evoluzione dello sviluppo). Si tratta di una disciplina che compara le diverse modalità secondo cui gli organismi di specie differenti si sviluppano a partire dalle forme embrionali. L'evo-devo nasce in seguito al grande impulso dovuto alla scoperta di geni specifici coinvolti nel processo di sviluppo e del loro funzionamento; quella che viene definita la «cassetta degli attrezzi genetici per lo sviluppo».

Un esempio del campo di studi dell'evo-devo: l'origine e lo sviluppo dell'occhio

Animali di gruppi distanti possiedono occhi con strutture completamente differenti derivanti da meccanismi di sviluppo che non sembrano avere nulla in comune. È il caso, per esempio, degli occhi composti degli insetti e di quelli tipici dei vertebrati. Nonostante le enormi differenze, l'evo-devo ha evidenziato che alcuni geni, come quello chiamato *Pax-6*, sono coinvolti nello sviluppo di ambedue le strutture; addirittura, la versione del gene presente negli insetti può sostituire quella dei vertebrati. Come è possibile, allora, che *Pax-6* dia origine a strutture tanto diverse in un moscerino e in un essere umano? La risposta sta nel cambiamento dei meccanismi di regolazione genica tra le due specie.

In questo modo l'evo-devo non ha solo scovato omologie dove nessuno se le sarebbe aspettate, ma ha anche dato agli evoluzionisti un nuovo punto di vista su uno dei temi più complessi per la biologia dell'evoluzione: l'origine delle *novità*, vale a dire di strutture completamente innovative. Se, infatti, strutture differenti non richiedono necessariamente nuovi geni, ma possono derivare da fenomeni di regolazione diversi, allora basta incrementare o diminuire l'espressione di uno o pochi geni chiave per dare origine a strutture completamente nuove.

L'evoluzione può essere studiata anche attraverso metodi filogenetici

La **filogenesi** molecolare è usata per la classificazione degli organismi in base alle specie, ma anche per lo studio dell'evoluzione di specifiche famiglie di geni e proteine. Questa disciplina nata nei primi anni Novanta del secolo scorso è cresciuta velocemente grazie ai progressi della biologia molecolare e della bioinformatica.

La maggior parte dei geni e delle proteine degli organismi vissuti milioni di anni fa si è decomposta nei resti fossili. Tuttavia, queste sequenze vengono ricostruite con metodi filogenetici; un laboratorio può ricostruire fisicamente le proteine che corrispondono a quelle sequenze. Un esempio di questo approccio scientifico riguarda l'evoluzione di proteine fluorescenti nei coralli. Il biologo Mikhail Matz e i suoi colleghi sono riusciti a dare forma alle proteine fluorescenti degli antenati estinti dei coralli attuali e quindi a visualizzare i colori prodotti.

I biologi sono partiti dall'analisi filogenetica per ricostruire le sequenze di proteine fluorescenti estinte. In seguito hanno ottenuto l'espressione delle proteine in batteri che poi sono stati messi in coltura disposti nella forma di un albero filogenetico (figura a sinistra) per mostrare l'evoluzione nel tempo dei colori di queste proteine.

Un **albero filogenetico** (figura) è una rappresentazione schematica a forma di albero binario costituita da:
- *nodi*, che rappresentano l'unità tassonomica, ovvero un gruppo di individui che si distingue dagli altri per morfologia e genoma;
- *rami*, che definiscono la relazione tra le singole unità tassonomiche in termini di discendenti e antenati.

La lunghezza dei rami di un albero filogenetico è proporzionale alla diversità tra le sequenze geniche di specie contigue. Gli alberi filogenetici possono avere o non avere, come accade nella maggior parte dei casi, una radice, ovvero l'elemento che indica la posizione dell'ultimo progenitore delle specie in esame. È possibile stabilire la direzione di un processo evolutivo solo per gli alberi con una radice.

La filogenesi molecolare può spiegare anche **come nascono e si propagano le epidemie**. Le caratteristiche evolutive di un virus, per esempio quello dell'influenza, possono essere utilizzate per preparare un vaccino efficace. Innanzitutto si costruisce un albero filogenetico elaborato in base alle informazioni contenute nelle sequenze dei geni o nelle proteine del virus patogeno.

I campioni biologici possono essere prelevati da molti individui infetti o da uno stesso individuo in tempi diversi dell'infezione. Sulla base della lunghezza e della distribuzione delle ramificazioni di questi alberi si riesce a stabilire l'origine, la diffusione e il mantenimento dell'infezione, a valutare l'effetto dei farmaci, e a ricostruire la rete di contatti degli individui infetti. Tutta l'analisi parte dal presupposto che i virus hanno elaborato nel tempo una strategia evolutiva che gli consente di sfuggire agli attacchi del nostro sistema immunitario. Modificando molto velocemente le informazioni contenute nel loro genoma, infatti, i ceppi virali di anno in anno cambiano un po' abbassando l'efficacia dei vecchi vaccini.

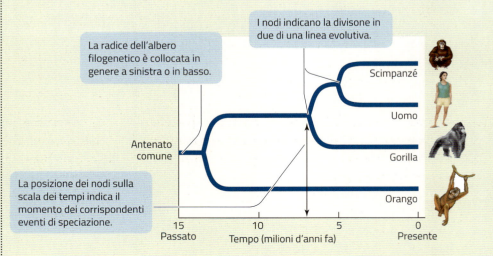

ESERCIZI

Ripassa i concetti

1 Completa la mappa inserendo i termini mancanti.
barriere prezigotiche / sessuale / simpatrica / selezione naturale / isolamento riproduttivo / variazioni del pool genico / Darwin / speciazione / divergente / ricombinazione genica / stabilizzante

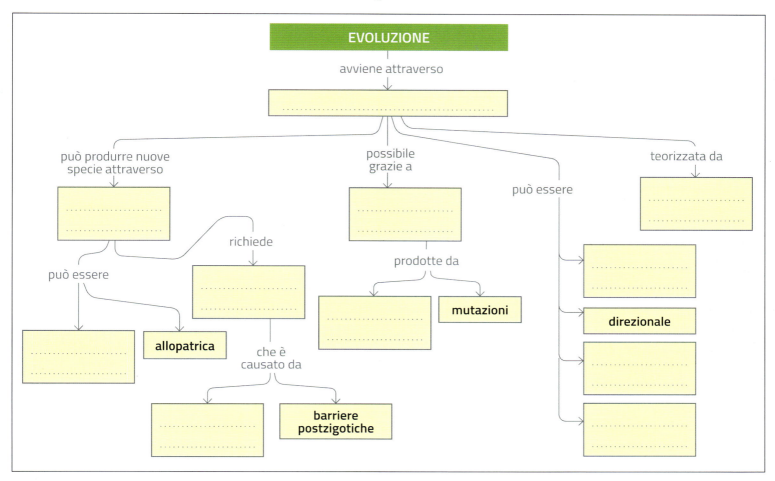

2 Dai una definizione per ciascuno dei seguenti termini associati.

ricombinazione:	Formazione di nuove associazioni tra gli alleli esistenti.
mutazione:	
selezione direzionale:	Contributo alla generazione successiva degli individui posizionati a un estremo della curva di distribuzione di un carattere.
selezione divergente:	
specie morfologica:	Specie a cui appartengono tutti gli organismi di aspetto uguale tra loro e diverso da quello di altre specie.
specie biologica:	
poliploide:	Individui con serie soprannumerarie di cromosomi.
diploide:	

3 Estendi la mappa concettuale precisando i fattori che possono determinare una variazione del pool genico di una popolazione. Dove e come si possono inserire nella mappa i concetti di «fitness» e di «adattamento»?

4 La speciazione simpatrica nelle piante avviene comunemente per poliploidia; un esempio sono le varietà di fragola attualmente coltivate che sembrano aver avuto origine da un incrocio casuale interspecifico: *Fragaria virginiana* x *Fragaria chiloensis* = *Fragaria ananassa*. Fai una ricerca e disegna un diagramma che mostri l'incrocio che ha dato origine alla specie attuale.

Verifica le tue conoscenze

Test a scelta multipla

5 Quale tra le seguenti teorie non è stata proposta da Darwin?

(A) l'endosimbiosi

(B) la discendenza da un antenato comune

(C) la proliferazione delle specie

(D) la gradualità dell'evoluzione

6 Quali tra quelli proposti sono due punti deboli nella teoria darwiniana?

(A) erano stati ritrovati pochissimi fossili di organismi di transizione tra due grandi gruppi

(B) le popolazioni non competono per le risorse

(C) in alcuni ecosistemi le risorse sono abbondanti

(D) non era chiaro come si generasse la variabilità individuale

7 Per deriva genetica si intende

(A) la degenerazione evolutiva di una specie

(B) una serie di cambiamenti che portano all'estinzione di una specie

(C) l'effetto degli incroci casuali su una popolazione

(D) la casuale variazione della frequenza di un allele in una popolazione di piccole dimensioni

8 Un pool genico si definisce come

(A) la somma di tutti gli alleli presenti in una popolazione, ciascuno con la propria frequenza

(B) l'insieme di tutti i geni presenti in una popolazione che contribuiscono alla sua fitness

(C) il complesso di tutti gli organismi di una popolazione potenzialmente in grado di riprodursi

(D) il complesso delle condizioni che mantengono una popolazione in condizioni di equilibrio

9 Quali tra i fattori che seguono possono variare il pool genico di una popolazione?

(A) l'isolamento

(B) le mutazioni genetiche

(C) la poliploidia

(D) la contrazione numerica di una popolazione in seguito a un evento improvviso

10 Si definisce correttamente l'adattamento come

(A) l'essere adatti a sopravvivere a qualsiasi cambiamento che avvenga nell'ambiente

(B) il contributo riproduttivo di un determinato fenotipo alla generazione successiva

(C) una caratteristica che migliori le capacità di sopravvivere in un determinato ambiente

(D) il punto di partenza della selezione naturale che permette l'evoluzione delle specie

11 La selezione naturale

(A) agisce direttamente sul genotipo e non sul fenotipo

(B) favorisce il fenotipo con fitness più alta

(C) non ha alcun tipo di legame con il concetto di adattamento

(D) non può mai essere di tipo divergente

12 La selezione sessuale

(A) favorisce gli individui di un determinate sesso

(B) favorisce i caratteri che aumentano la capacità di sopravvivenza

(C) spiega alcune caratteristiche molto appariscenti di maschi di molte specie

(D) non riguarda il successo riproduttivo

13 Nel 1940, Ernst Mayr ha proposto la definizione di

(A) specie evolutiva

(B) specie ecologica

(C) specie morfologica

(D) specie biologica

14 La definizione di speciazione è il

(A) processo graduale in cui una specie si divide in due specie figlie

(B) processo graduale tramite cui si modifica una specie

(C) momento in cui una specie origina due specie distinte

(D) momento in cui una specie diventa un'altra

15 La speciazione simpatrica avviene quando

(A) due popolazioni sono isolate riproduttivamente e poi geograficamente

(B) una popolazione viene divisa in due soltanto da una barriera geografica

(C) due popolazioni sono isolate geograficamente e poi riproduttivamente

(D) una popolazione viene divisa in due soltanto da una barriera riproduttiva

16 Quale tra le seguenti non è una barriera prezigotica?

(A) la sterilità degli ibridi

(B) l'occupazione di habitat differenti

(C) la separazione tra i periodi di fertilità

(D) la non compatibilità dei gameti

17 I maschi di molte specie di insetti hanno organi copulatori che impediscono l'inseminazione di femmine di una specie diversa, questo è un caso di isolamento

(A) temporale

(B) comportamentale

(C) postzigotico

(D) meccanico

18 Le mutazioni

(A) sono sempre negative

(B) avvengono in maniera non casuale

(C) introducono nuovi alleli

(D) possono essere previste

Test Yourself

19 🇬🇧 Long-horned cattle have greater difficulty moving through heavily forested areas compared with cattle that have short or no horns, but long-horned cattle are better able to defend their young against predators. This contrast is an example of

(A) an adaptation

(B) genetic drift

(C) natural selection

(D) a trade-off

(E) none of the above

20 🇬🇧 The biological species concept defines a species as a group of

(A) actually interbreeding natural populations that are reproductively isolated from other such groups

(B) potentially interbreeding natural populations that are reproductively isolated from other such groups

(C) actually or potentially interbreeding natural populations that are reproductively isolated from other such groups

(D) actually or potentially interbreeding natural populations that are reproductively connected to other such groups

(E) actually interbreeding natural populations that are reproductively connected to other such groups

21 🇬🇧 Which of the following is not a condition that favours allopatric speciation?

(A) continents drift apart and separate previously connected lineages

(B) a mountain range separates formerly connected populations

(C) different environments on two sides of a barrier cause populations to diverge

(D) the range of a species is separated by loss of intermediate habitat

(E) tetraploid individuals arise in one part of the range of a species

22 🇬🇧 Finches speciated in the Galápagos Islands because

(A) the Galápagos Islands are not far from the mainland

(B) the Galápagos Islands are arid

(C) the Galápagos Islands are small

(D) the islands of the Galápagos archipelago are sufficiently isolated from one another that there is little migration among them

(E) the islands of the Galápagos archipelago are close enough to one another that there is considerable migration among them

23 🇬🇧 Which of the following is not a potential prezygotic reproductive barrier?

(A) temporal segregation of breeding seasons

(B) differences in chemicals that attract mates

(C) hybrid infertility

(D) spatial segregation of mating sites

(E) sperm that cannot penetrate an egg

24 🇬🇧 A common means of sympatric speciation is

(A) polyploidy

(B) hybrid infertility

(C) temporal segregation of breeding seasons

(D) spatial segregation of mating sites

(E) imposition of a geographic barrier

25 🇬🇧 Which statement about speciation is not true?

(A) it always takes thousands of years

(B) reproductive isolation may develop slowly between diverging lineages

(C) among animals, it usually requires a physical barrier

(D) among plants, it often happens as a result of polyploidy

(E) it has produced millions of species living today

Verso l'Università

26 Completa la seguente affermazione. «Nella .... l'agente selettivo è l'ambiente, mentre nella .... l'agente selettivo è l'uomo».

(A) selezione naturale, selezione artificiale

(B) mutazione, selezione artificiale

(C) selezione naturale, evoluzione convergente

(D) evoluzione divergente, selezione artificiale

(E) selezione artificiale, selezione naturale

[dalla prova di ammissione a Biologia molecolare e cellulare di Bari, anno 2006]

27 La maggior parte dei gatti con mantello arancione è di sesso maschile in quanto

(A) il gene per il colore arancione del mantello si trova sul cromosoma Y

(B) il gene per il colore arancione del mantello si trova sul cromosoma X

(C) il colore del mantello è influenzato dagli ormoni maschili

(D) il gene per il colore arancione del mantello è recessivo

(E) l'espressione del gene per il colore arancione del mantello è diversa tra i due sessi

[dalla prova di ammissione a Medicina Veterinaria, anno 2010]

28 Quale delle seguenti affermazioni è corretta?

(A) la selezione naturale e la selezione artificiale agiscono sugli alleli

(B) la selezione naturale e la selezione artificiale agiscono sui geni

(C) la selezione naturale agisce sugli alleli, mentre la selezione artificiale agisce sui geni

(D) la selezione artificiale agisce sugli alleli, mentre la selezione naturale agisce sui geni

(E) la selezione naturale agisce sui geni, mentre la selezione artificiale agisce sui cromosomi interi

[dalla prova di ammissione a Medicina e a Odontoiatria, anno 2015]

Esercizi di fine capitolo

B129

Verifica le tue abilità

29 Leggi e complete le seguenti affermazioni che riguardano le genetica delle popolazioni.

a) Quando i genetisti studiano una popolazione si riferiscono in effetti al suo ....

b) Questo concetto può essere utilizzato solo se gli individui di una popolazione si .... tra loro.

c) La genetica delle popolazioni viene studiata da equazioni matematiche che prevedono il comportamento in termini di ....

30 Leggi e completa le seguenti affermazioni riferite alla selezione naturale.

a) Si definisce .... il successo riproduttivo di un fenotipo.

b) L'effetto è quello di variare la .... di un allele in un pool genico.

c) La selezione naturale agisce sui .... e non direttamente sui geni.

31 Leggi e completa le seguenti affermazioni che riguardano il concetto di specie.

a) Il concetto di specie .... è stato introdotto da Mayr; attualmente è il più usato.

b) Le specie si formano nel tempo attraverso il processo di

....

c) La definizione di specie evidenzia il fatto che gli organismi di una specie sono .... isolati da quelli di altre specie.

32 Leggi e completa le seguenti affermazioni che riguardano la speciazione simpatrica.

a) Il fenomeno deve il suo nome al fatto che non richiede barriere .... per avvenire.

b) La causa più tipica è una .... per errori nella meiosi.

c) Si tratta di un fenomeno che nei .... accade con una certa frequenza.

33 La deriva genetica è considerata un fattore fondamentale per comprendere l'evoluzione. Indica quale tra le seguenti affermazioni è corretta e motiva la tua risposta.

(A) un caso di deriva genetica è l'effetto collo di bottiglia

(B) l'effetto del fondatore determina la scomparsa di alleli rari

(C) la deriva genetica è basata sulla casualità

(D) la deriva genetica funziona solo su specie in estinzione

34 La selezione naturale può avere diversi effetti su una popolazione. Quali tra quelli indicati sono correttamente descritti? Motiva le tue risposte utilizzando grafici opportuni.

(A) nei casi di selezione stabilizzante, la varietà intraspecifica diminuisce

(B) la selezione direzionale porta a un aumento del valore medio per il fenotipo considerato

(C) la selezione stabilizzante favorisce gli individui con valori medi

(D) la selezione divergente favorisce gli individui con valori medi

35 La speciazione può avvenire secondo una modalità detta allopatrica. Indica le due affermazioni corrette a questo riguardo e motiva le tue risposte.

(A) il fattore che innesca il fenomeno è una mutazione genetica

(B) la speciazione allopatrica è la tipologia di speciazione più diffusa

(C) una barriera fisica impedisce il flusso genico

(D) è spesso associata a poliploidia

36 «Tigone» e «ligre» sono le due forme ibride che possono nascere da una tigre e un leone. Essendo forme ibride, si può prevedere che

(A) non si possano formare in natura, ma solo in cattività

(B) possano incrociarsi tra loro ma non con tigri o leoni

(C) è probabile che siano sterili o comunque poco fertili

(D) non possano arrivare all'età adulta e quindi riprodursi

37 L'egretta sacra (*Demigretta sacra*) è una specie asiatica di uccello. Ne esistono due varietà, una grigia e una bianca, che rappresentano rispettivamente il 70% e il 30% degli individui. Nelle Isole Marchesi e in Nuova Zelanda, tuttavia, vivono popolazioni formate esclusivamente da individui grigi. Ciò può indicare

(A) una selezione naturale che, su quelle isole, ha favorito il fenotipo grigio

(B) una selezione sessuale che ha causato l'eliminazione del fenotipo bianco

(C) un caso di effetto del fondatore

(D) un caso di deriva genetica con perdita di varietà intra-specifica

Motiva la risposta precisando le differenze tra studi di genetica di individui e di genetica delle popolazioni.

Verso l'esame

DEFINISCI E RIFLETTI

38 Enuncia la definizione di specie proposta da Mayr. Perché questa definizione di specie è difficile da applicare ai fossili? Perché non può essere applicata ai batteri?

PRECISA E RIFLETTI

39 Cerca l'etimologia della parola «specie» e la definizione di specie proposta da Linneo. Confrontala con la moderna definizione di specie biologica. Quali sono le differenze? Per quali ragioni le due definizioni, pur essendo sostanzialmente differenti, una volta applicate, descrivono in modo uguale le specie?

SPIEGA

40 Spiega per quale ragione gli individui $4n$ e quelli $2n$ di una specie risultano riproduttivamente separati.

RIFLETTI

41 A tuo giudizio sono più vantaggiosi i meccanismi di isolamento prezigotico o postzigotico? Come si spiega l'esistenza di entrambi?

DEDUCI

42 Nella famiglia delle *Cicadidae*, che comprende le comuni cicale, i maschi emettono il caratteristico canto nella stagione riproduttiva. Ogni specie ha un suo canto specifico, differente da quello delle altre specie.
Chiarisci il significato di questa condizione, precisando a quale tipologia di barriera prezigotica si possa ricondurre questa caratteristica.

ANALIZZA E DEDUCI

43 *Brookesia minima* è una specie di camaleonte che vive nella foresta fluviale, in una piccola riserva a Nord-Ovest nell'isola di Madagascar. Nel 2003 alcuni scienziati hanno individuato una nuova specie, *Brookesia micra*, che viene considerato il camaleonte più piccolo esistente al mondo.
Prova a ipotizzare quale processo può aver portato alla nuova specie, immaginando quali sono i vantaggi evolutivi della specie *Brookesia minima*.

RICERCA e IPOTIZZA

44 Il Madagascar è un'isola africana situata nell'Oceano Indiano, che ha un'estensione pari a quasi due volte l'Italia. È l'unico ecosistema del pianeta in cui si possano trovare i lemuri, un gruppo di primati diviso in dieci diverse specie:
   – *Lemur catta*
   – *Varecia rubra*
   – *Indri indri*
   – *Microcebus murinus*
   – *Propithecus tattersalli*
   – *Propithecus coquereli*
   – *Propithecus verreauxi*
   – *Eulemur collaris*
   – *Eulemur macaco*
   – *Daubentonia madagascariensis*

Aiutandoti con una ricerca in Rete, metti in evidenza le principali differenze tra le diverse specie, sia dal punto di vista geografico sia sotto l'aspetto nutrizionale, e ipotizza quali meccanismi di speciazione possono essersi verificati nel corso della loro evoluzione.

SPIEGA

45 Spiega per quali ragioni l'accoppiamento non casuale in una popolazione modifica le frequenze fenotipiche.

B6

L'evoluzione della specie umana

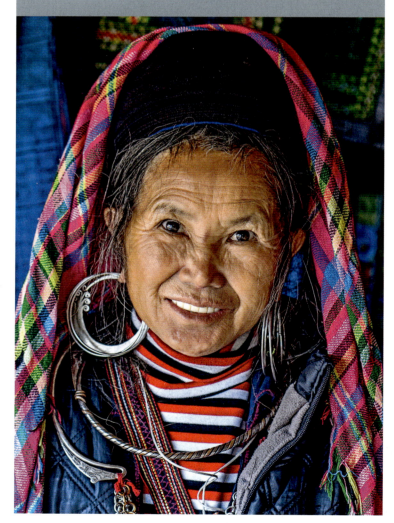

lezione 1

L'ordine dei primati

La teoria evolutiva ci fornisce criteri utili per ricostruire la storia della vita e per classificare gli esseri viventi considerando non solo le somiglianze morfologiche, ma anche le parentele evolutive. Questi criteri si applicano anche alla specie umana: dal punto di vista biologico, condividiamo con gli altri primati – l'ordine di mammiferi che include le scimmie – molte caratteristiche dovute alla nostra storia comune, tuttavia possediamo anche caratteri esclusivi.

1 I caratteri che condividiamo con gli altri mammiferi

Molte delle nostre caratteristiche anatomiche e fisiologiche non sono esclusive della specie umana, bensì sono condivise con altri animali (tabella 6.1).

Dominio	Eukarya
Regno	Animalia
Phylum	Chordata
Subphylum	Vertebrata
Classe	Mammalia
Ordine	Primates
Superfamiglia	Hominoidea
Famiglia	Hominidae
Sottofamiglia	Homininae
Genere	Homo
Specie	H. sapiens

Tabella 6.1 La nostra carta d'identità Nella classificazione gerarchica in cui le specie sono raggruppate in categorie via via più ampie, in base alle parentele evolutive. Più si sale di livello, minori sono le somiglianze tra i gruppi di una stessa categoria. Ogni categoria può comprendere specie viventi o estinte. *Homo sapiens*, è l'unica specie sopravvissuta del genere *Homo*.

Come tutti i **vertebrati**, gli esseri umani presentano una colonna vertebrale e una scatola cranica. Inoltre, in comune con gli altri vertebrati terrestri o **tetrapodi**, possiedono quattro arti che terminano in estremità fornite di dita.

In quanto appartenenti alla classe dei **mammiferi**, gli esseri umani allattano i propri piccoli e sono endotermi, cioè sono capaci di mantenere costante la temperatura corporea grazie alla presenza di peli e ghiandole sudoripare e grazie alla produzione di calore.

Infine, l'uomo è un **primate** e condivide con gli altri membri di questo ordine molte caratteristiche significative.

Ricorda Gli esseri umani condividono alcune caratteristiche anatomiche e funzionali significative con altri animali. Anche la specie umana appartiene, infatti, ai vertebrati tetrapodi, e fa parte della classe dei mammiferi. Inoltre anche noi rientriamo nell'ordine dei primati.

2 La diversità dei primati

I mammiferi comparvero circa 230 milioni di anni fa, in un periodo della storia della Terra dominato dai grandi rettili. Le testimonianze fossili sono scarse, ma sufficienti per evidenziare alcune caratteristiche importanti di queste nuove forme di vita derivanti da un ceppo primitivo di rettili terapsidi. I primi mammiferi erano insettivori di piccole dimensioni adattati alla vita notturna, simili a toporagni e talpe.

Da questi piccoli animali ebbero origine, circa 65 milioni di anni fa, i **plesiadapiformi**, i più stretti parenti dei **primati**, che avevano le dimensioni di un grosso scoiattolo e abitudini arboricole. Le testimonianze fossili delle prime fasi dell'evoluzione dei primati sono lacunose e non ci permettono di ricostruire con sicurezza le diverse tappe che hanno portato alle forme attuali. Sembra, tuttavia, che il loro successo derivi dall'aver scelto come proprio habitat le chiome degli alberi.

Primati è un termine coniato da Linneo nel 1758 per indicare l'ordine di mammiferi considerato da lui come il «primo», ovvero il più importante.

La figura **6.1** mostra un albero filogenetico dei primati, che oggi sono suddivisi in tre gruppi principali. I *lori* dello Sri Lanka,

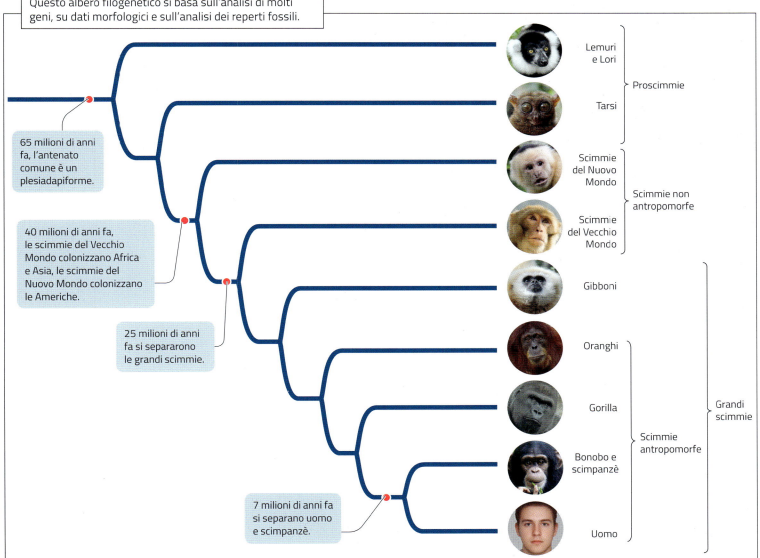

Figura **6.1** **L'albero filogenetico dei primati** La filogenesi dei primati è una delle più studiate fra i mammiferi. Questo albero filogenetico si basa sull'analisi di molti geni, su dati morfologici e sull'analisi dei reperti fossili.

Figura **6.2 I tre principali gruppi di primati** I lemuri (A), come questo lemure variegato, appartengono a un gruppo che include anche lori e potto, mentre i tarsi (B) formano un gruppo a parte; (C) il cebo cappuccino, una scimmia del Nuovo Mondo, appartiene al terzo gruppo, quello degli antropoidi.

Figura **6.3 Le scimmie antropomorfe** (A) Un gibbone si muove velocemente tra gli alberi usando le lunghe braccia con grande agilità, così come l'orango (B). Il gorilla (C) invece si sposta appoggiando a terra le nocche delle mani. Lo scimpanzé (D) infine alterna locomozione clinograda e bipede.

i *potto* dell'Africa tropicale e i *lemuri* del Madagascar appartengono al primo gruppo (figura **6.2A**). Il secondo gruppo include i tarsi del Sud-Est asiatico, i cui enormi occhi rivelano le abitudini notturne (figura **6.2B**). Un tempo tutti questi primati di origini antiche erano chiamati *proscimmie*, ma si trattava di un gruppo parafiletico, cioè privo di un antenato comune, perciò questa categoria oggi è superata. Il terzo gruppo è quello degli **antropoidi**, dal greco *anthropos*, uomo e *eidos*, forma, a indicare che sono i primati più simili a noi. Includono le **scimmie del Vecchio Mondo** (Asia e Africa), come macachi e babbuini, le **scimmie del Nuovo Mondo** (Americhe), come il cebo cappuccino (figura **6.2C**) e la scimmia urlatrice, e infine le **scimmie antropomorfe**. Queste ultime si suddividono in **piccole antropomorfe**, o **ilobatidi** (famiglia *Hylobatidae*), che comprendono gibboni (figura **6.3A**) e siamanghi, tutti originari dell'Asia, e **grandi antropomorfe**, o **ominidi** (famiglia *Hominidae*), che includono in Asia l'orango (figura **6.3B**) e in Africa gorilla (figura **6.3C**), scimpanzé (figura **6.3D**) e bonobo o scimpanzé pigmeo.

Anche gli esseri umani e altri grandi primati estinti del genere *Homo* e di altri generi, come *Australopithecus*, appartengono alla famiglia *Hominidae*. Ilobatidi e ominidi sono poi riuniti nella superfamiglia degli **ominoidei** (*Hominoidea*).

Una caratteristica delle antropomorfe non condivisa dall'uomo è costituita dagli arti superiori sensibilmente più lunghi di quelli inferiori; tutte queste scimmie, infatti, sono capaci di rimanere appese ai rami e di spostarsi per *brachiazione*. In realtà, però, questo tipo di locomozione è praticato soprattutto dai leggeri gibboni, mentre le altre antropomorfe adottano più spesso una locomozione cosiddetta *clinograda*, cioè scaricano parte del peso corporeo sulle nocche delle mani (*vedi* figura **6.3C**). Da questa posizione possono sollevarsi sulle zampe posteriori e superare così brevi distanze, ma si tratta di un'andatura faticosa e lenta.

Brachiazione deriva dal latino *brachium*, braccio: è una modalità di locomozione che sfrutta gli arti anteriori.
Clinogrado deriva dal greco *klínein*, «piegare», e dal latino *gradus*, «passo»: letteralmente, quindi, «chi cammina inclinato».

Ricorda — Intorno a 230 milioni di anni fa comparvero sulla Terra i primi mammiferi, da cui poi ebbero origine i **plesiadapiformi**, piccoli mammiferi che vivevano sugli alberi e da cui probabilmente discendono i **primati**. L'albero filogenetico dei primati include la famiglia *Hominidae* che comprende anche gli esseri umani.

3. Le tendenze evolutive dei primati

Gli adattamenti tipici dei primati, presenti anche nell'uomo, sono tutti più o meno direttamente riconducibili alla specializzazione per la vita arboricola. L'ambiente arboreo è uno spazio tridimensionale e discontinuo, perciò i primati hanno sviluppato una struttura corporea più agile rispetto ai mammiferi che vivono a terra. A questo stile di vita «acrobatico» sono connesse varie caratteristiche.

Le estremità prensili. Nei mammiferi primitivi, mani e piedi erano forniti di cinque dita e ciascun dito era formato da due o tre segmenti articolati, cioè mobili l'uno rispetto all'altro. Nella maggior parte dei mammiferi attuali questa condizione si è modificata per esigenze particolari di corsa, scavo o nuoto. I primati, invece, hanno conservato estremità con cinque dita, adatte ad arrampicarsi sugli alberi e a manipolare oggetti. Per migliorare la presa, il pollice e l'alluce sono opponibili e tutte le dita sono munite di polpastrelli (figura 6.4). Tutto l'arto, inoltre, gode di grande libertà di movimento: le braccia possono ruotare attorno al gomito e sollevarsi lateralmente all'altezza della spalla. Nell'uomo, in seguito all'acquisizione del bipedismo, l'alluce ha perso la capacità di opporsi alle altre dita del piede; nella mano, al contrario, il pollice opponibile ha permesso lo sviluppo di raffinate abilità manuali.

La dominanza della vista. La vita sugli alberi rende poco utilizzabile il senso dell'olfatto. In compenso nei primati, come in altre specie arboricole, la vista diventa più acuta, quasi sempre a colori e stereoscopica. I primi mammiferi erano animali notturni e avevano il muso relativamente lungo con gli occhi posti ai lati della testa. Nei primati il muso si è accorciato e gli occhi si sono spostati frontalmente, determinando una maggiore sovrapposizione dei due campi visivi e, di conseguenza, una visione tridimensionale.

La verticalizzazione del corpo. Nella vita sugli alberi la colonna vertebrale non si viene a trovare necessariamente parallela al suolo; di conseguenza il peso del corpo si scarica su più punti, posizionati talvolta sotto il baricentro e talvolta sopra (sospensione). Questa nuova condizione rispetto alla gravità comporta una completa riorganizzazione degli organi interni e delle loro relazioni reciproche, un adattamento che risulterà vantaggioso quando alcuni primati acquisiranno la postura eretta (figura 6.5).

L'aumento delle dimensioni cerebrali e delle cure parentali. Il progressivo aumento delle dimensioni cerebrali in rapporto alle dimensioni corporee è la tendenza forse più importante nell'evoluzione dei primati, e si pensa sia in relazione alla difficoltà di spostamento sugli alberi.

La vita arboricola richiede che nelle prime fasi dello sviluppo i piccoli siano sempre trasportati da un adulto, normalmente la madre, anziché essere lasciati in un nido o una tana. Ciò limita il numero di figli per parto: infatti, nella maggior parte delle specie di primati le femmine partoriscono un solo piccolo.

L'intensificarsi del rapporto madre-figlio e il protrarsi del periodo di dipendenza comportano, da una parte, la creazione di un nucleo sociale destinato a diventare sempre più complesso e, dall'altra, un prolungamento del periodo di apprendimento, due caratteristiche che si manifestano in massimo grado nella nostra specie.

> **Ricorda** Gli **adattamenti** che portarono all'evoluzione dei primati sono strettamente legati alla vita arboricola, ovvero la presenza di estremità prensili, lo sviluppo del senso della vista, la postura eretta, l'aumento delle dimensioni cerebrali e la necessità di maggiori cure parentali.

Figura **6.5 La postura eretta** Questi scimpanzé possono stare in equilibrio e spostarsi sugli arti posteriori per brevi distanze.

Figura **6.4 Un'ottima presa** Grazie al pollice opponibile i primati hanno evoluto una grande abilità nel maneggiare oggetti.

verifiche di fine lezione

Rispondi

A. Quali sono gli adattamenti alla vita arboricola presenti nei primati e importanti per l'evoluzione umana?

B. Quali specie comprende oggi la famiglia degli ominidi?

C. Che differenza c'è tra brachiazione e locomozione clinograda?

Lezione **1** L'ordine dei primati

lezione

2

La comparsa degli ominini

Quasi ogni scoperta degli ultimi anni ha indotto i paleoantropologi a rivedere le ipotesi sull'evoluzione umana. Ormai è chiaro che non si tratta di un percorso lineare da scimmia a uomo, ma un cespuglio evolutivo estremamente intricato, in cui molte specie hanno convissuto a lungo prima di estinguersi.

4 Così simili, così diversi

Fino al 1980 le grandi scimmie antropomorfe venivano relegate in una famiglia a parte, quella dei **pongidi**. Gli esseri umani infatti differiscono nettamente dagli scimpanzé per molte caratteristiche anatomiche (figura **6.6**). In seguito però le scoperte fossili e soprattutto le analisi filogenetiche hanno dimostrato che questa distinzione, dettata da un approccio antropocentrico, non ha più senso, dal momento che condividiamo con loro gran parte del nostro patrimonio genetico.

In particolare siamo strettamente imparentati (per oltre il 97% del genoma) con gorilla, scimpanzé e bonobo, che ora vengono inclusi come noi nella sottofamiglia degli **ominini** (*Homininae*). Appena l'1,6% del nostro genoma differisce da quello del bonobo o scimpanzé pigmeo (*Pan paniscus*), il nostro parente vivente più stretto. Insieme a queste antropomorfe e agli altri scimpanzé (*Pan troglodytes*) formiamo una tribù a parte, quella degli ominini (Hominini), che include le altre specie estinte del genere *Homo*, come *H. neanderthalensis* oltre a generi ben più arcaici di primati bipedi, tra cui *Australopithecus*. La figura **6.7** mostra tutti i rami della superfamiglia degli ominoidei.

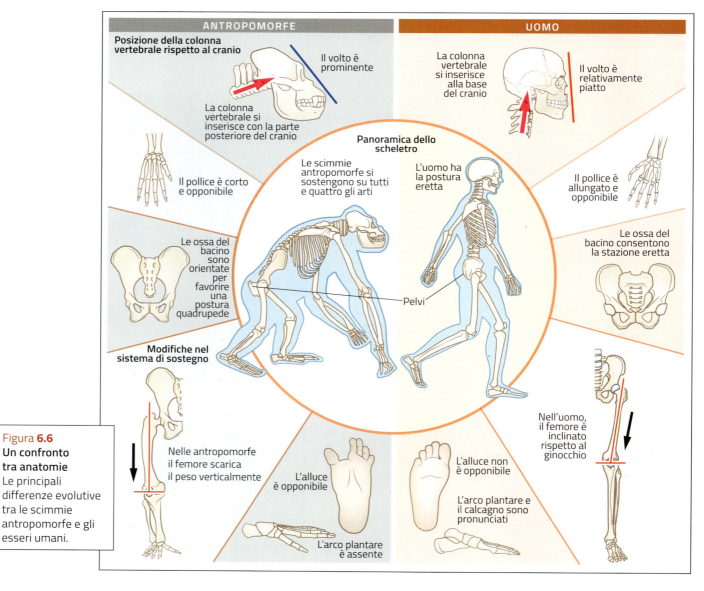

Figura 6.6
Un confronto tra anatomie
Le principali differenze evolutive tra le scimmie antropomorfe e gli esseri umani.

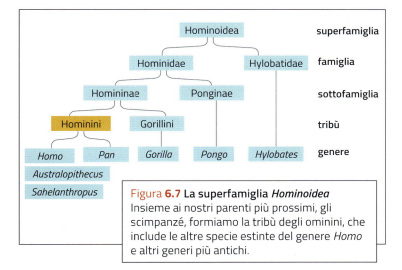

Figura 6.7 **La superfamiglia *Hominoidea*** Insieme ai nostri parenti più prossimi, gli scimpanzé, formiamo la tribù degli ominini, che include le altre specie estinte del genere *Homo* e altri generi più antichi.

5 La divergenza evolutiva da un antenato comune

In Africa sono stati trovati ricchi depositi fossili di ominoidei risalenti a un periodo compreso fra 22 e 14 milioni di anni fa. Ne sono stati descritti più di 30 generi, il più numeroso dei quali è *Proconsul*, che comprende quattro specie originarie dell'attuale Kenya e risalenti a 18-15 milioni di anni fa. Si tratta di piccole scimmie senza coda che vivevano sugli alberi e si nutrivano di frutti. Avevano caratteristiche tipiche degli ominidi, ma altre le riconducevano alle scimmie del Vecchio Mondo, perciò non tutti gli scienziati sono d'accordo nel collocarle tra gli ominoidei come antenati delle scimmie antropomorfe.

Quando sono comparsi i primi ominini, ovvero le grandi scimmie da cui deriviamo? Per trovare un primo sicuro esponente del nostro ramo evolutivo dobbiamo fare un salto nel tempo fino a 7 milioni di anni fa, il periodo in cui le analisi filogenetiche collocano la separazione dei nostri antenati dalle scimmie antropomorfe. A questo periodo si riferiscono i fossili di *Sahelanthropus tchadensis* rinvenuti in Africa centro-occidentale (Ciad) nel 2001. Accanto a caratteristiche ancora spiccatamente scimmiesche (cervello piccolo, faccia prognata), *Sahelanthropus* presenta anche elementi originali tipici del genere *Homo* (canini piccoli, forame occipitale avanzato). Ciò non significa che *Sahelanthropus* sia un nostro diretto antenato: come già accennato, l'evoluzione degli ominini non è una linea retta che porta alla specie umana, e i paleoantropologi hanno già scoperto una ventina di specie più imparentate con gli umani che con gli scimpanzé, quindi appartenenti al nostro **ramo evolutivo**. Molte di queste convivevano in diverse zone dell'Africa e si sono estinte senza lasciare discendenti (figura 6.8).

A questo cespuglio evolutivo di ominini bipedi appartiene anche il genere *Ardipithecus*, in particolare *A. ramidus*, risalente a un periodo più recente: circa 4,4 milioni di anni fa. Anche i resti fossili di *Ardipithecus ramidus* mostrano evidenti caratteristiche comuni sia alla scimmia sia all'uomo; tuttavia l'ambiente boschivo

Condividiamo con gli scimpanzé e i bonobo una grande intelligenza che si manifesta con l'uso di attrezzi, la capacità di risolvere problemi complessi e di comunicare attraverso un linguaggio simbolico, la coscienza di sé, il ricorso deliberato a piccoli sotterfugi o inganni e, nel caso degli scimpanzé, anche alla violenza gratuita verso altri membri della stessa specie. Ma ciò che ci rende sicuramente unici è il nostro cervello, che non ha eguali tra gli altri esseri viventi, e ci consente di creare arte, musica e altre forme di cultura estremamente raffinate. Come può una differenza di appena l'1,6% del DNA giustificare questa enorme distanza?

Una possibile risposta proviene da recenti **studi di genetica** applicata al confronto delle proteine cerebrali nell'uomo e nello scimpanzé. Un gruppo di ricercatori ha esaminato la corteccia del cervello di tre scimpanzé e di tre esseri umani morti di morte naturale. Delle oltre 12 000 sequenze di DNA esaminate, soltanto 175 (pari all'1,4%) erano diverse nelle due specie; le proteine prodotte a partire da tali sequenze differivano però per il 7,4%. La differenza fra le quantità di tali proteine prodotte nelle due specie era ancora maggiore (31,4%). In sostanza, ciò che rende il nostro cervello diverso da quello dello scimpanzé è più una questione di quantità che di qualità; questa scoperta suggerisce che sia qui la chiave dell'evoluzione umana. Le grandi differenze biologiche tra uomo e primati non risiederebbero tanto nella composizione del DNA quanto nei **meccanismi che regolano l'espressione dei geni**, in grado di produrre risultati diversi da una stessa sequenza, come due direttori d'orchestra interpretano a proprio modo uno stesso spartito.

Ricorda Gli esseri umani condividono con le scimmie antropomorfe gran parte del loro patrimonio genetico. In particolare insieme ai gorilla, bonobo e scimpanzé facciamo parte della sottofamiglia degli **ominini**. Nonostante ciò alcune caratteristiche, come lo sviluppo del cervello, sono uniche della nostra specie.

Figura 6.8 **Un cespuglio di ominini** La mappa dei ritrovamenti fossili dei più antichi ominini rivela che quasi tutta l'Africa orientale era abitata da diverse specie.

Figura 6.9 **La culla dell'umanità** Una delle maggiori spinte per l'evoluzione degli ominini fu la formazione della Rift Valley, una profonda spaccatura della crosta terrestre che 12 milioni di anni fa cambiò radicalmente il clima e il paesaggio di questa parte dell'Africa

in cui son stati ritrovati contraddice la teoria secondo cui il bipedismo si sarebbe evoluto nella savana.

Per quanto il quadro fossile si sia arricchito negli ultimi decenni, non sappiamo nemmeno di preciso quando sia avvenuta la separazione fra gli antenati dell'uomo e gli antenati di gorilla e scimpanzé; possiamo però formulare qualche ipotesi su dove collocare tale bivio: in Africa, e più precisamente nella *Rift Valley*, una spaccatura della crosta terrestre prodottasi circa 12 milioni di anni fa nella zona orientale del continente africano (figura 6.9). All'epoca, le forze tettoniche fratturarono la crosta terrestre dal Mar Rosso al Mozambico, sollevando vaste zone a oriente. Le alture generate da tale sollevamento interferirono con il regime dei venti, creando un clima arido. Gli effetti principali furono una separazione di faune fra est e ovest: le grandi scimmie si ritirarono nelle foreste occidentali, mentre i primi ominini bipedi si adattarono a sfruttare il nuovo ambiente di savana, sviluppando non solo la postura eretta, ma anche una dieta onnivora.

Ricorda Risale a circa 7 milioni di anni fa la separazione dei nostri antenati dalle scimmie antropomorfe anche se gli antropologi sostengono che non ci sia una linea evolutiva diretta che porta alla specie umana. In base ai ritrovamenti fossili possiamo, però, collocare il **bivio evolutivo** nella zona della *Rift Valley* in Africa.

6 La conquista della postura eretta

Fra le caratteristiche fisiche che ci differenziano dalle scimmie antropomorfe, le prime ad affermarsi intorno a 4 milioni di anni fa furono la **postura eretta** e il **bipedismo**. La deambulazione bipede richiese una radicale riorganizzazione dell'anatomia dei primati, in modo particolare delle ossa del bacino. Il femore divenne allungato e inclinato, mentre il bacino si accorciò. Anche il piede subì una trasformazione: la pianta divenne arcuata e l'alluce si allineò con le altre dita.

Un'altra importante conseguenza della postura eretta riguarda l'angolo fra colonna vertebrale e cranio: il foro occipitale, cioè l'apertura che mette in comunicazione la scatola cranica con la colonna vertebrale, nelle specie bipedi si trova spostato alla base del cranio.

Lo scheletro dei più antichi ominini mostra una tendenza ad assumere progressivamente queste caratteristiche. Le forme meglio documentate sono le **australopitecine**, tutte concentrate in Africa orientale e meridionale attorno alla *Rift Valley*. Un famoso esemplare quasi completo di *Australopithecus afarensis* è Lucy, una giovane femmina alta poco più di un metro vissuta attorno a 3,5 milioni di anni fa. Le ossa della gamba di Lucy suggeriscono un'andatura bipede, anche se imperfetta, ma l'alluce è ancora parzialmente opponibile, il che fa pensare a uno stile di vita ancora legato agli alberi.

Il termine **australopiteco** non vuole richiamare l'Australia bensì l'emisfero australe, luogo d'origine di questa «scimmia» (*píthekos*, in greco).

Il bipedismo delle australopitecine è confermato da una scoperta eccezionale compiuta da Mary Leakey nel 1978 (figura 6.10): circa 3,5 milioni di anni fa, due adulti e un bambino di *Australopithecus afarensis* lasciarono le impronte dei loro piedi nelle ceneri eruttate da un vulcano che sorgeva nel sito di Laetoli, nell'attuale Tanzania. Questi antichi ominini erano in grado di camminare in posizione eretta, ma il cranio e la dentatura erano più simili a quelli delle scimmie che non a quelli umani (confronta *A. africanus* con *Homo sapiens* nella figura 6.11). Il cervello era ancora relativamente piccolo; è possibile che le australopitecine usassero strumenti semplici, come fanno gli scimpanzé, ma finora questa ipotesi non ha trovato riscontro diretto.

Accanto ad *A. afarensis* sono esistite molte altre australopitecine, che in qualche caso hanno abitato la stessa area geografica nello stesso periodo (figura 6.12). L'ultima specie, descritta nel 2010, è *A. sediba*, scoperta in una grotta del Sudafrica e risalente a 1,9-1,7 milioni di anni fa, che presenta caratteristiche intermedie fra *A. africanus* e *Homo abilis*. Le australopitecine sono state classificate in due gruppi: australopitecine gracili del genere *Australopithecus* (*A. anamensis*, *A. afarensis*, *A. africanus*), ritenute i diretti antenati dell'uomo moderno, e australopitecine robuste del genere *Paranthropus* (*P. robustus*, *P. boisei*, *P. aethiopicus*); queste ultime sono denominate *parantropi* perché non sono nostri antenati diretti, ma costituiscono un ramo collaterale del nostro albero evolutivo. La denominazione «gracile» e «robusta» si riferisce invece all'apparato masticatorio: denti e muscoli per la masticazione risultano più possenti nelle forme robuste, adattate a nutrirsi di semi e altri cibi coriacei.

Ricorda Le principali caratteristiche fisiche che ci differenziano dalle scimmie antropomorfe sono la **postura eretta** e il **bipedismo**, entrambe riscontrabili nelle **australopitecine**. I ritrovamenti fossili mostrano l'acquisizione graduale di tali adattamenti.

Figura **6.10 Orme fossilizzate** La paleoantropologa britannica Mary Leakey studia le impronte fossili ritrovate presso Laetoli, in Tanzania.

Figura **6.11 Crani a confronto** Nella fotografia si vedono (partendo da sinistra) i crani di *Australopithecus africanus*, *Homo habilis*, *Homo erectus*, *Homo sapiens* moderno e *H. sapiens* arcaico.

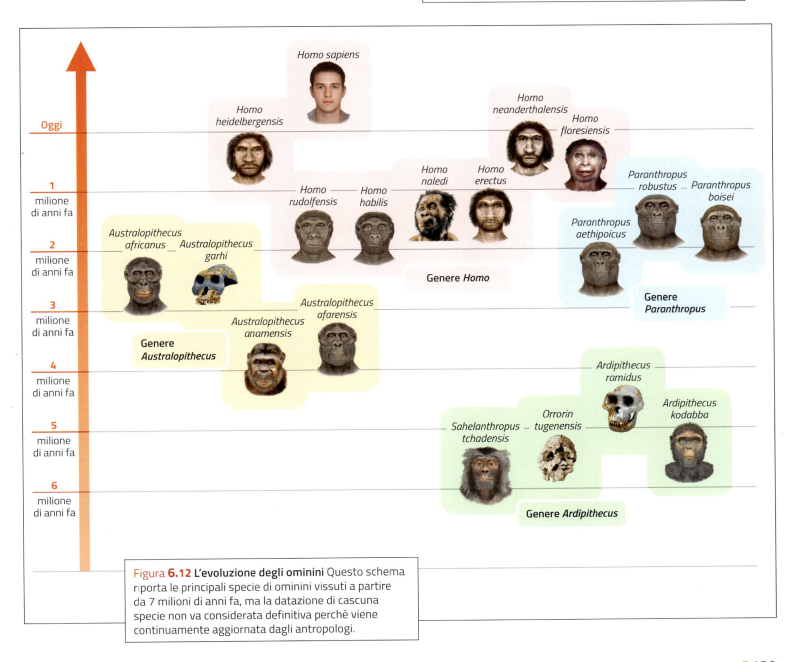

Figura **6.12 L'evoluzione degli ominini** Questo schema riporta le principali specie di ominini vissuti a partire da 7 milioni di anni fa, ma la datazione di cascuna specie non va considerata definitiva perchè viene continuamente aggiornata dagli antropologi.

Lezione **2** La comparsa degli ominini

7 L'aumento del cranio: il genere *Homo*

Gli esseri umani attuali possiedono un volume cranico compreso tra i 1300 e i 1500 cm³, contro i 400-500 cm³ delle scimmie antropomorfe e dei primi ominini bipedi. Dunque, nel corso dell'evoluzione umana il volume del cervello è più che triplicato. È probabile che questo incremento sia connesso alla fabbricazione di strumenti sempre più complessi e all'acquisizione delle competenze distintive del genere *Homo*, al quale appartiene anche l'uomo moderno.

I primi rappresentanti di *Homo* comparvero in Africa dai 3 ai 2 milioni di anni fa; il più antico fossile risale a 2,4 milioni di anni fa, ma è solo un frammento. Resti fossili più completi, attribuiti alla specie *Homo habilis*, sono datati tra 1,9 e 1,4 milioni di anni fa. Ancora incerta è la classificazione di reperti trovati in Kenya e risalenti allo stesso periodo, che alcuni studiosi attribuiscono a un'altra specie di minor successo rispetto a *H. abilis*, anche se molto simile nell'aspetto: *Homo rudolfensis*.

Homo *Homo* significa «uomo» in latino e deriva da *humus*, «terra», con il significato di «creatura terrestre».

I fossili più recenti di *Homo habilis* hanno il volto meno prominente e il cranio più arrotondato rispetto ad *Australopithecus africanus*. In queste e in altre particolarità anatomiche essi presentano caratteristiche intermedie tra *A. africanus* e *H. erectus*, la specie comparsa dopo *H. habilis*. Questi reperti costituiscono, pertanto, un ottimo esempio di gradiente evolutivo da caratteristiche ancestrali (quelle di *Australopithecus*) a caratteristiche più moderne (quelle di *H. erectus*), come si può vedere dal confronto tra i volumi cranici riportato nella tabella 6.2: l'indice cefalico corrisponde al rapporto tra la dimensione reale del cervello e la dimensione attesa per un mammifero di pari peso corporeo.

Un aumento delle dimensioni cerebrali ha come conseguenza negativa una maggior difficoltà al momento della nascita, tanto più che la trasformazione della pelvi prodotta dalla deambula-zione bipede comporta un restringimento del canale del parto. La soluzione evolutiva adottata è stata quella di partorire una prole più immatura rispetto alle scimmie antropomorfe: i piccoli di queste specie presentano alla nascita un livello di maturità pari a quella di un bambino di un anno. Di conseguenza l'allevamento della prole diventa più impegnativo, e richiede un sostegno alla madre da parte di una struttura sociale.

Ricorda   Nel corso dell'evoluzione il **volume cranico** degli esseri umani è più che triplicato rispetto alle scimmie antropomorfe. Questo dato è probabilmente legato alla fabbricazione di strumenti sempre più complessi e all'acquisizione di capacità intellettive e competenze sempre maggiori.

8 La riduzione del dimorfismo sessuale: *Homo erectus*

Attorno a 1,9 milioni di anni fa comparve in Africa *Homo erectus*. Più alto e robusto di *H. habilis*, aveva un cervello di dimensioni maggiori e il volto più simile a quello dell'uomo moderno. Gran parte delle informazioni sulla specie provengono da un esemplare molto antico (risalente a 1,6 milioni di anni fa) e particolarmente ben conservato, noto come «ragazzo del Turkana», perché scoperto in Kenya sulle rive del lago Turkana. Alcuni ricercatori lo considerano in realtà una specie distinta, *Homo ergaster*, ma può comunque fornire un'idea dell'aspetto di *H. erectus*, con cui sarebbe strettamente imparentato. Questo individuo era già alto 1,63 cm all'età di 9-10 anni, e quindi era destinato a superare da adulto il metro e ottanta (figura 6.13). La capacità cranica è di 900 cm³ il che, rapportato alla mole corporea, non rappresenta un grosso incremento, ma l'andatura era perfettamente bipede e l'aspetto generale, secondo le ricostruzioni, simile a quello di un uomo attuale.

Homo ergaster prende il suo nome specifico dal greco e significa «lavoratore», alludendo alla quantità e alla varietà di utensili ritrovati nei pressi dei suoi insediamenti.

È probabile che già 500 000 anni fa *H. erectus* sapesse usare il fuoco, anche se quasi certamente non era in grado di accenderlo. Nel lungo periodo della sua evoluzione, *H. erectus* ha modificato il suo stile di vita sviluppando strumenti sempre più elaborati, vivendo in accampamenti più o meno stabili e adottando una dieta decisamente carnivora.

Le caratteristiche morfologiche di *H. erectus* rivelano anche un importante cambiamento avvenuto nel **dimorfismo sessuale** degli ominidi. Nelle scimmie antropomorfe, infatti, una delle differenze tra maschi e femmine è costituita dalle dimensioni corporee: negli scimpanzé i maschi pesano il 30% in più delle femmine (rispettivamente 40 e 30 kg); negli oranghi e nei gorilla il dimorfismo è ancora più accentuato, tanto che un maschio può pesare anche il doppio di una femmina. Attualmente la taglia degli uomini è invece circa 1,2 volte quella delle donne. Le ragioni

Specie	Periodo (migliaia di anni)	Peso corporeo (kg)	Dimensioni cerebrali (cm³)	Indice cefalico
Uomo moderno	Presente	58	1349	5,3
Homo sapiens	35-10	65	1492	5,4
Neandertaliani	75-35	76	1498	4,8
Ultimi *Homo erectus*	600-400	68	1090	3,8
Primi *Homo erectus*	1800-600	60	885	3,4
Homo habilis	2400-1600	42	631	3,3
Australopithecus africanus	3000-2300	36	470	2,7
Australopithecus afarensis	4000-2800	37	420	2,4
scimpanzé	Presente	45	395	2,0
gorilla	Presente	105	505	1,7

Tabella **6.2** Alcuni parametri per confrontare gli ominoidei.

di una differenza di peso fra maschi e femmine potrebbero essere legate al comportamento sociale. In molti gruppi di mammiferi, infatti, un dimorfismo sessuale pronunciato è associato a una intensa competizione tra i maschi per la conquista di più femmine, mentre il dimorfismo sessuale è meno marcato nelle specie con legami di coppia duraturi.

I più antichi fossili umani mostrano un dimorfismo sessuale più accentuato rispetto all'uomo moderno. I resti di *A. afarensis* suggeriscono che le femmine avevano un'altezza compresa tra 0,9 e 1,2 m e pesavano in media 30 kg, mentre i maschi erano alti poco più di 1,5 m e pesavano circa 45 kg. Questo marcato dimorfismo sembra essere venuto gradualmente meno nell'ultimo milione di anni: *Homo erectus* potrebbe avere intrapreso la strada di un legame di coppia più duraturo, associato a cure parentali prolungate offerte a piccoli che nascono immaturi.

Ricorda Con la comparsa di *Homo erectus* si cominciano a vedere caratteristiche più simili a quelle dell'uomo moderno: una maggiore capacità cranica, l'andatura bipede consolidata, l'uso di strumenti sempre più complessi e la diminuzione del **dimorfismo sessuale**.

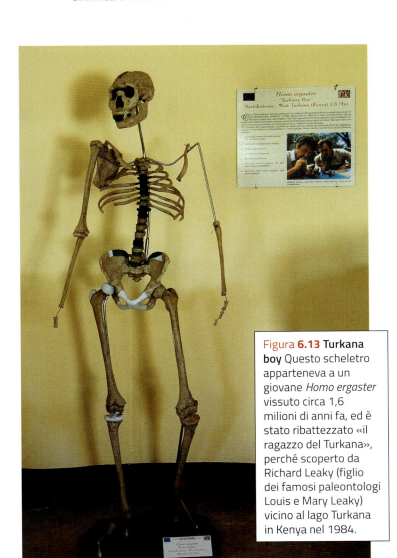

Figura 6.13 Turkana boy Questo scheletro apparteneva a un giovane *Homo ergaster* vissuto circa 1,6 milioni di anni fa, ed è stato ribattezzato «il ragazzo del Turkana», perché scoperto da Richard Leaky (figlio dei famosi paleontologi Louis e Mary Leaky) vicino al lago Turkana in Kenya nel 1984.

PER SAPERNE DI PIÙ

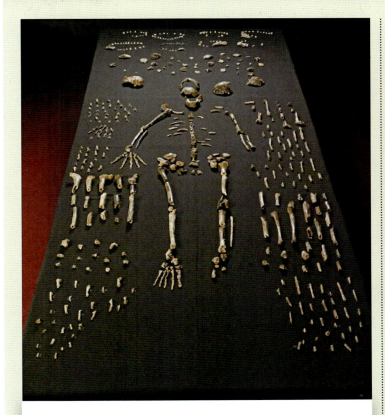

L'ultimo arrivato tra gli *Homo* arcaici: *Homo naledi*

La tribù degli ominini si sta allargando! Questo è ciò che testimonia la scoperta pubblicata il 10 settembre 2015 che annuncia l'ingresso di un nuovo membro. Si chiama *Homo naledi*, «uomo delle stelle», ed è stato rinvenuto in una grotta, la Dinaledi Chamber, in Sudafrica.

Si tratta della scoperta più consistente in tutta la storia della paleoantropologia: sono state rinvenute ben 1500 ossa, per un totale di almeno 15 individui. Con questi numeri, *Homo naledi* è già praticamente la specie fossile meglio conosciuta nella linea evolutiva dell'uomo.

Sebbene manchi ancora una datazione ufficiale, le sue caratteristiche morfologiche suggeriscono che risalga ad oltre 2 milioni di anni fa, ma ciò che più stupisce e affascina gli scienziati è il mosaico di caratteristiche presentate da questa nuova specie.

Homo naledi era slanciato, alto circa 1,5 m per 45 kg di peso e con un cervello di dimensioni pari a quelle di un'arancia. Mentre cranio e denti ricordano il cugino *Homo habilis*, gli altri tratti anatomici presentano una combinazione diversa da quella delle specie finora conosciute. Le mani, infatti, sembrano adatte all'utilizzo di utensili, ma presentano dita curve da arrampicatore, mentre i piedi sono quasi indistinguibili da quelli di un essere umano moderno.

Queste caratteristiche sconvolgono il quadro tracciato finora dai paleontologi, secondo il quale i primi ominini che adottarono la postura eretta avevano perso la capacità di arrampicarsi sugli alberi.

PER SAPERNE DI PIÙ

Il *Neanderthal Genome Project*

Se oggi incontrassimo un neandertaliano per strada, vestito come noi, riusciremmo a capire che si tratta di un'altra specie o ci sembrerebbe semplicemente un tipo dai tratti un po' «primitivi»? La domanda appassiona anche gli scienziati: gli esseri umani moderni non hanno nulla in comune con gli uomini di Neanderthal, oppure nel nostro patrimonio genetico sopravvive ancora qualcosa di neandertaliano?

Per rispondere a queste e altre domande, il biologo molecolare svedese Svante Paäbo (figura), direttore del Dipartimento di Genetica Evoluzionistica del Max Planck Institute di Lipsia ha inaugurato nel 2006 il **Neanderthal Genome Project**.

I ricercatori del Max Planck sono riusciti a recuperare il DNA da numerosi resti di uomo di Neanderthal provenienti da Croazia, Russia, Spagna e Germania e a confrontarli sia fra loro sia con campioni di esseri umani attuali. I risultati pubblicati nel 2010 indicano che, contrariamente a quanto ritenuto in precedenza, umani e neandertaliani si sono incrociati.

In particolare, sembra che l'accoppiamento fertile sia avvenuto solo tra femmine *sapiens* e maschi Neanderthal, come risulterebbe dall'assenza di DNA neandertaliano nel DNA mitocondriale delle donne di oggi. Secondo i calcoli dei ricercatori, circa l'1-4% del DNA di molti individui attualmente viventi avrebbe origini neandertaliane. Inoltre, il DNA neandertaliano sembra essere più strettamente imparentato con quello di individui non africani, ma residenti in Europa o in Asia orientale. Questo fatto, unito alla mancanza di ritrovamenti di fossili neandertaliani in Africa, suggerisce che i Neanderthal si siano incrociati con i *sapiens* in Medio oriente, per poi diffondersi in Europa e in Asia tra 100 000 e 50 000 anni fa.

Capire se l'uomo moderno e i neanderthaliani si siano incrociati non è l'unico obiettivo del *Neanderthal Genome Project*; i suoi promotori sono anche interessati a comprendere quali geni differiscano tra loro e che ruolo abbiano avuto nel corso dell'evoluzione. Dalle analisi sembrerebbe, per esempio, che almeno alcune popolazioni di Neanderthal avessero la cute e gli occhi chiari e i capelli rossi, come le attuali popolazioni nordiche, oltre a un'intolleranza al lattosio.

9 L'albero evolutivo umano si ramifica sempre più

È opinione prevalente che *H. erectus* si sia originato da *H. habilis* e che da 1,8 a 1,3 milioni di anni fa si sia spinto fuori dall'Africa per poi evolversi in *Homo sapiens*. Questa ipotesi, nota come **Out of Africa** (figura **6.14**), si è recentemente complicata in seguito al ritrovamento, avvenuto in Cina nel 1992, di ominini dall'aspetto molto arcaico risalenti a 1,9 milioni di anni fa. Sembra dunque che *H. erectus* o un suo antenato, come *Homo ergaster*, sia migrato fuori dall'Africa molto prima di quanto si pensasse. Altri sostengono perfino che *H. erectus* sia autoctono dell'Asia e abbia compiuto una migrazione opposta verso l'Africa (ipotesi dell'origine Euroasiatica). Comunque sia, le ricerche sulle forme primitive del genere *Homo* indicano che più specie hanno convissuto negli stessi luoghi e nello stesso periodo.

Sconcertante è stato il ritrovamento nel 2003 di una nuova specie sull'isola indonesiana di Flores, **Homo floresiensis**, ribattezzato *hobbit* per le sue ridotte dimensioni (era alto poco più di un metro). Quel che colpisce oltre alla taglia, un tipico esempio di nanismo insulare, sono i caratteri primitivi dello scheletro, che lo riconducono agli ominini arcaici come *H. erectus* o *H. habilis*, e soprattutto la datazione dei reperti, i più recenti dei quali risalgono a 13 000 anni fa. Ciò significa che questa specie ha convissuto con *Homo sapiens* almeno fino agli albori delle grandi civiltà.

A partire da un milione di anni fa, in Africa, Asia ed Europa compaiono nuove specie morfologicamente più moderne di *H. erectus*. Negli anni '90 scavi nel sito di Atapuerca in Spagna hanno portato alla luce i resti di **Homo antecessor**, vissuto tra 1,2 milioni e 800 000 anni fa, uno dei primi ominini europei. *H. antecessor* era piuttosto robusto: aveva un'altezza compresa tra 160–180 cm e poteva raggiungere i 90 kg di peso; la sua capacità cranica tuttavia era di circa 1000–1150 cm^3, rispetto ai 1350 cm^3 dell'uomo moderno.

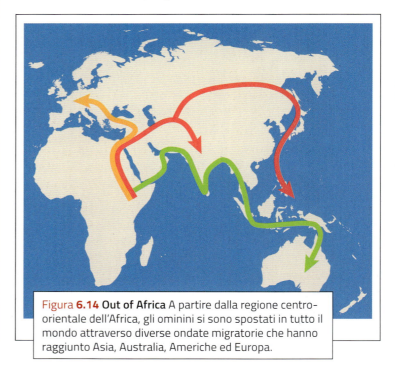

Figura **6.14** Out of Africa A partire dalla regione centro-orientale dell'Africa, gli ominini si sono spostati in tutto il mondo attraverso diverse ondate migratorie che hanno raggiunto Asia, Australia, Americhe ed Europa.

Più recente è **Homo heidelbergensis**, classificato in precedenza come un *sapiens* arcaico, vissuto in Africa, Europa e Asia occidentale tra 600 000 e 100 000 anni fa. Sia *H. antecessor* sia *H. heidelbergensis* discendono probabilmente da *H. ergaster*, proveniente dall'Africa. Tuttavia *H. heidelbergensis* aveva una calotta cranica più allargata, con una capacità cranica di circa 1100–1400 cm^3, paragonabile a quella dell'uomo moderno, usava strumenti più avanzati e forse anche un linguaggio rudimentale. Colonizzando l'Europa, avrebbe dato origine a *Homo neanderthalensis*, mentre in Africa si evolveva in *Homo Sapiens*. In altre parole, *H. heidelbergensis* potrebbe essere l'ultimo antenato comune fra noi e l'uomo di Neanderthal.

Nel 2010 sono stati scoperti nelle grotte di Denisova sui Monti Altaj, in Siberia, pochi resti di una nuova presunta specie vissuta tra 70 000 e 40 000 anni fa, il cui DNA mitocondriale e nucleare è risultato diverso da quello sia dei *sapiens* sia dei Neanderthal, e inaspettatamente imparentato con individui ritrovati in Spagna ad Atapuerca, a migliaia di kilometri di distanza. Questo nuovo ominino, a cui è stato dato il nome provvisorio di **uomo di Denisova**, è un vero grattacapo: sembra derivare da una migrazione precoce dall'Africa, distinta da quella dei suoi cugini *sapiens* e Neanderthal, ma anche di *H. erectus*.

Ricorda Secondo l'ipotesi **Out of Africa** circa 1,9 milioni di anni fa *Homo erectus* si spinse fuori dai confini africani evolvendosi in *Homo sapiens*. La scoperta di nuove specie, come *H. floresiensis* e l'uomo di Denisova, hanno riscritto la storia delle antiche migrazioni.

10 L'uomo di Neanderthal

Tra gli ominini meglio conosciuti, l'**uomo di Neanderthal** o *Homo neanderthalensis* incarna lo stereotipo del cavernicolo rozzo e ottuso, ma i reperti raccontano una storia molto diversa. Scoperto nella valle di Neander in Germania (da cui prende il nome) a metà dell'Ottocento, viveva già in Europa 200 000 anni fa e si diffuse in tutto il Medio Oriente, per poi scomparire misteriosamente 28 000 anni fa.

L'uomo di Neanderthal prende il nome dalla valle di Neander, in Germania, così chiamata da un suo abitante del XVII secolo, Joachim Neumann. Fatto curioso, Neander è la traslazione in greco del tedesco *Neumann*, che significa «uomo nuovo».

Di statura media (1,60 m) e muscolatura molto robusta, i neandertaliani erano più tarchiati degli uomini attuali, che invece hanno gambe più lunghe e bacino più stretto: i primi esprimevano al meglio la forza, i secondi privilegiano la resistenza nella corsa (figura 6.15). Neanderthal presentava inoltre uno spiccato prognatismo, fronte bassa con arcate sopraorbitarie pronunciate, mento sfuggente, volta cranica schiacciata e testa allungata posteriormente.

Con un volume cerebrale pari o superiore all'uomo moderno, questa specie aveva una cultura tecnica almeno inizialmente sovrapponibile a quella di *H. sapiens*. Dai reperti associati ai suoi

Figura **6.15** L'uomo di Neanderthal Una ricostruzione dell'uomo di Neanderthal: più basso e tarchiato di *Homo sapiens*, aveva però una capacità cranica perfino leggermente superiore ed era perfettamente adattato al duro ambiente in cui viveva: l'Europa dell'ultima glaciazione.

fossili risulta che abitava caverne e capanne, cacciava grandi animali, lavorava la pietra con una tecnica efficiente, era capace di cucire le pelli, si decorava il corpo con pigmenti e monili, seppelliva i morti e suonava una specie di flauto.

La scomparsa dei neandertaliani in un tempo relativamente breve è un enigma, ma l'ipotesi più probabile è anche la più terribile: furono sterminati da *Homo sapiens* nella sua marcia di espansione, come accadde del resto alle altre popolazioni umane (per esempio i Denisovani) e ai grandi animali (megafauna) dei nuovi territori conquistati. Attorno a 35 000 anni fa, i Neanderthal migrarono sempre più a sudovest, e subirono un costante calo demografico. In questo nuovo areale incontrarono gli antenati diretti degli Europei attuali, cioè le popolazioni di *Homo sapiens* giunte in Europa in tempi più recenti. Separati da migliaia di anni, le due specie si rincontrarono: si pensa che i *sapiens*, dotati di una tecnologia più avanzata e di una struttura sociale più complessa, abbiano avuto la meglio nella competizione per lo sfruttamento delle risorse.

Ma il genoma neandertaliano non è interamente scomparso: recenti analisi genetiche hanno confermato che *sapiens* e Neanderthal si incrociarono, e tracce di quelle unioni sono ancora presenti nel nostro DNA (*vedi* la scheda *Il Neanderthal genome project*).

Ricorda L'**uomo di Neanderthal** aveva un grosso volume cranico ed era robusto e tarchiato. La sua scomparsa è un mistero, ma l'ipotesi più accreditata resta lo sterminio da parte di *H. sapiens*, con cui però si è incrociato.

11 *Homo sapiens*: l'origine dell'uomo moderno

La documentazione fossile relativa al periodo compreso fra 400 000 e 130 000 anni fa testimonia l'esistenza di numerose forme di transizione da *H. erectus* a *H. sapiens* rinvenute in Africa, in Cina, a Giava e in Europa.

Anche se anatomicamente primitivi, questi antenati degli uomini moderni furono capaci di produrre nuovi attrezzi e armi e nuove tecniche per fabbricarli, modificarono la loro alimentazione, impararono a costruire ripari più adeguati e a controllare l'uso del fuoco.

Il più antico fossile di uomo anatomicamente moderno è stato rinvenuto in Africa e risale a 130 000 anni fa, mentre i fossili trovati in altre località, come Israele (115 000 anni fa), Cina (50 000 anni fa), Australia (40 000 anni fa) e America (12 000 anni fa) sono tutti più recenti.

Circa l'origine dell'uomo moderno sono state avanzate due ipotesi contrapposte: il modello secondo cui ci sarebbe stato un unico centro di diffusione, in Africa, e il modello dell'evoluzione multiregionale.

- L'ipotesi dell'**origine africana** o «Out of Africa» (figura **6.16A**) prevede che i primi uomini moderni si siano evoluti in Africa 200 000 anni fa e che poi si siano diffusi in tutto il mondo, sostituendosi alle forme arcaiche e ai Neanderthal.
- Il modello **multiregionale** (figura **6.16B**) propone, invece, che gli uomini moderni si siano evoluti gradualmente dalle popolazioni di *H. erectus* sparse in tutto il mondo. I sostenitori di questa seconda ipotesi ritengono che tra le popolazioni umane siano insorte differenze regionali, e che le caratteristiche moderne si affermarono simultaneamente all'interno delle varie popolazioni, facendole evolvere come un'unica specie.

Qual è l'ipotesi corretta? Analizziamo le prove. Secondo il modello multiregionale, quando popolazioni differenti di uomini primitivi venivano a contatto tra loro, il rimescolamento genetico li avrebbe portati a evolvere in una stessa direzione. In quest'ottica è difficile pensare che tipi diversi di uomini primitivi potessero coesistere nella stessa area mantenendosi a lungo diversi. I fatti, però, ci dicono che in alcune zone i neanderthaliani hanno convissuto per circa 80 000 anni con uomini moderni, il che fa dubitare del modello multiregionale. Inoltre, la documentazione fossile più ricca del passaggio da *H. sapiens* arcaico a uomo moderno è stata rinvenuta in Africa, un'ulteriore prova a favore dell'origine africana. Tuttavia, anche questa seconda ipotesi non sembra del tutto soddisfacente, almeno per quanto riguarda la completa sostituzione delle popolazioni arcaiche da parte dell'uomo moderno.

Studi genetici indicano, infatti, che gli incroci con le popolazioni arcaiche extrafricane furono sufficienti a far entrare alcuni dei loro geni nel patrimonio genetico dell'uomo moderno. In sintesi, sembra dimostrato che gli uomini anatomicamente moderni si siano originati in Africa; essi però si sarebbero anche incrociati in una qualche misura con le popolazioni arcaiche extrafricane, anziché sostituirsi completamente a esse.

Ricorda Sulla comparsa dell'uomo moderno sono state avanzate due diverse ipotesi: quella dell'**origine africana** di *Homo sapiens* che poi sarebbe migrato in altri continenti, e l'ipotesi **multiregionale** che suggerisce che l'uomo moderno si sia evoluto da differenti popolazioni di *Homo erectus* sparse in tutto il mondo.

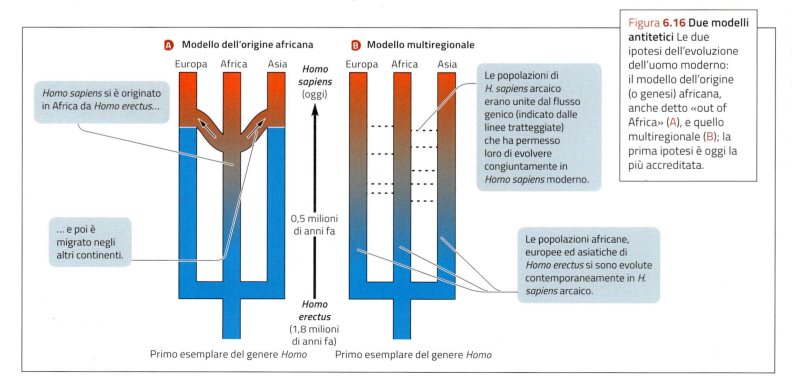

Figura **6.16 Due modelli antitetici** Le due ipotesi dell'evoluzione dell'uomo moderno: il modello dell'origine (o genesi) africana, anche detto «out of Africa» (A), e quello multiregionale (B); la prima ipotesi è oggi la più accreditata.

12 I fossili di *Homo* in Italia

Anche in **Italia** sono stati rinvenuti fossili di eccezionale importanza che attestano il popolamento della nostra penisola sin da tempi antichissimi. Nel sito di Pirro Nord, uno dei più antichi d'Europa, situato ad Apricena in Puglia e datato circa 1,5 milioni di anni fa, sono state rinvenute numerose testimonianze dell'uomo preistorico, in particolare industrie litiche e resti di animali oggi estinti.

Altra eccezionalità è rappresentata dal sito molisano di Isernia La Pineta (740 000 anni fa), dove recentemente è stato rinvenuto l'incisivo superiore da latte di un bimbo deceduto all'età di 5-6 anni. Le caratteristiche morfologiche del dente e la sua datazione (circa 600 000 anni fa) suggeriscono si tratti di un esemplare di *Homo heidelbergensis*, per ora il più antico resto umano d'Italia e uno dei più antichi d'Europa.

Non manca anche la testimonianza della presenza dei neanderthaliani, come recentemente scoperto analizzando il DNA prelevato dall'osso scapolare dell'uomo di Altamura in Puglia. Il reperto, ancora intrappolato nella grotta dove fu trovato, è datato circa 120 000 anni ed è uno dei resti neandertaliani meglio conservati (figura **6.17**). Tracce di neanderthaliani sono state trovate anche a Saccopastore e a Grotta Guattari, nel Lazio; poco distante è stato inoltre rinvenuto il famoso cranio di Ceprano, recentemente ridatato a circa 400 000 anni fa; si tratterebbe dunque di uno dei migliori candidati al titolo di antenato di *Homo heidelbergensis*.

Figura **6.17** L'uomo di Altamura I resti del ritrovamento del cranio dell'uomo di Altamura ancora intrappolato nella roccia.

Ricorda Anche in **Italia** sono stati ritrovati fossili e oggetti appartenenti all'uomo preistorico. Diversi luoghi sparsi per la Penisola hanno riportato alla luce tracce del popolamento da parte di neanderthaliani e della presenza di *Homo heidelbergensis*.

verifiche di fine lezione

Rispondi

A Quando e dove comparvero i primi ominini?
B Qual è il carattere tipicamente umano che comparve per primo?
C Quali sono le differenze e le probabili parentele evolutive tra *Homo erectus* e *Homo habilis*?
D Sai descrivere e discutere le ipotesi sull'origine di *Homo sapiens*?

PER SAPERNE DI PIÙ

La neotenìa può spiegare l'unicità umana

L'embriologia comparata rivela che gli scimpanzé neonati assomigliano ai bambini umani molto più di quanto si assomiglino gli adulti delle due specie.

Diversi studiosi hanno proposto che la nostra specie sia soggetta a un fenomeno chiamato **pedomorfòsi**, per il quale tratti tipici delle forme giovanili si mantengono anche negli adulti. In particolare, quando questo effetto deriva da un rallentamento della crescita delle parti interessate, si ha un tipo speciale di pedomorfosi definito **neotenìa**.

Le prove a sostegno di questa tesi comprendono, per esempio, il confronto tra le modificazioni che, nel corso della crescita, subiscono il cranio umano e quello di uno scimpanzé (figura). L'interesse di questa proposta risiede nel fatto che permetterebbe di aprire una nuova prospettiva riguardo alle particolarità che distinguono la nostra specie, soprattutto in termini di capacità di apprendimento e di plasticità mentale. Gli studi sulle scimmie hanno infatti dimostrato che nella maggior parte delle specie l'**apprendimento** è possibile soprattutto nelle fasi precoci della vita, mentre gli adulti risultano meno capaci di apprendere nuovi comportamenti.

Nella nostra specie, al contrario, pur modificandosi con l'età, la capacità di apprendere permane lungo tutta la durata della vita.

Questo potrebbe essere un effetto della nostra pedomorfosi, cioè del fatto che manteniamo un «cervello infantile» per tutta la vita: è una prospettiva affascinante e plausibile, anche se non ha trovato ancora conferme sufficienti a convincere tutti i biologi.

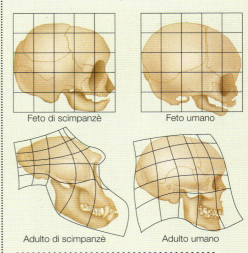

Diversi tipi di crescita Le modifiche a cui vanno incontro le ossa del cranio di un piccolo di scimpanzé e di un neonato umano.

lezione

3

L'evoluzione della cultura

Le due principali caratteristiche anatomiche della nostra specie (locomozione bipede e cervello voluminoso) prepararono la comparsa di quelle qualità in cui più ci riconosciamo: progettualità e pensiero concettuale. Tuttavia, la relazione fra le caratteristiche anatomiche e quelle mentali non è scontata. Le australopitecine hanno evoluto un'andatura che liberava gli arti superiori e un pollice opponibile, eppure per molto tempo non hanno intrapreso progressi culturali. Durante i due milioni di anni intercorsi fra *H. habilis* e gli ultimi *H. erectus* la capacità cranica è quasi raddoppiata, ma le tecniche di scheggiatura della pietra sono cambiate poco.

13 La fabbricazione di utensili

Il Paleolitico non vide solo l'evoluzione biologica delle specie, bensì anche quella culturale. Accanto ai ritrovamenti fossili, infatti, sono stati rinvenuti numerosi strumenti in pietra, fabbricati mediante operazioni preordinate che rivelano un pensiero intenzionale. Gli strumenti più antichi (figura **6.18A**) appartengono alla cosiddetta *cultura olduvaiana*, risalgono a 2,5 milioni di anni fa e con molta probabilità furono fabbricati da *H. habilis*.

A partire da 1,6 milioni di anni fa e fino a circa 200 000 anni fa, comparve in Africa una cultura materiale più complessa (figura **6.18B**) detta *acheuleano*, la più longeva delle industrie litiche attribuita a *H. erectus*.

In Europa, circa 300 000 anni fa, e successivamente in Medio-Oriente e Nord Africa si afferma la cultura *musteriana*, ancora più complessa della precedente, associata principalmente all'uomo di Neanderthal e all'uomo moderno in Nord Africa.

Quando questi ultimi arrivarono per la prima volta in Europa tra 60 000 e 40 000 anni fa, portarono con sé una serie di utensili come lame forgiabili in molti modi (figura **18C**). Tra queste c'erano arnesi atti a raschiare, forare e incidere, coltelli appiattiti e scalpelli con i quali *H. sapiens* fabbricava aghi, lance e arpioni per cacciare o pescare.

Ricorda L'evoluzione biologica delle specie si accompagnò allo sviluppo della cultura e delle abilità manuali degli uomini preistorici. I primi strumenti sono stati classificati come propri della cultura **olduvaiana**, in seguito in Africa si sviluppò la cultura detta **acheuleano** e 300 000 anni fa in Europa quella **musteriana**.

Figura **6.18 Manufatti sempre più raffinati** Alcuni esempi di utensili e monili preistorici: (A) reperti della cosiddetta cultura olduvaiana fabbricati da *H. habilis*; (B) manufatti acheuleani usati da *H. erectus*; (C) punta di lancia musteriana appartenente ai primi uomini anatomicamente moderni.

14 L'evoluzione del linguaggio

Sebbene i primi utensili risalgano a 2,5 milioni di anni fa, la vera impennata tecnologica risale ad appena 40 000 anni fa. Che cosa la provocò? Forse l'evoluzione di una nuova **capacità linguistica**, cioè lo sviluppo di un linguaggio articolato e simbolico che consentì la comunicazione di concetti e la trasmissione di saperi.

Il progresso tecnologico potrebbe, quindi, essere stato determinato da cambiamenti genetici che potenziarono le facoltà linguistiche come quello avvenuto nel gene *FOXP2*, implicato nello sviluppo delle aree del cervello legate al linguaggio. La versione umana del gene è diversa da quella degli altri animali e sarebbe comparsa negli ultimi 100 000 anni, un lasso di tempo che coincide con l'evoluzione e la diffusione di *H. sapiens*.

Ricorda Ciò che determinò il maggior progresso tecnologico fu la nascita e lo sviluppo delle **capacità linguistiche**. Questo passaggio importante per l'evoluzione ha una base genetica accertata nel gene *FOXP2*, implicato nello sviluppo del linguaggio che ha subito mutazioni rispetto a quello ancestrale dello scimpanzè.

15 L'evoluzione della produzione artistica

Se il linguaggio non lascia tracce fossili, la produzione artistica sì. Le prime tracce di arte preistorica risalgono ad almeno 40 000 anni fa e consistono in figurine scolpite, ornamenti e, soprattutto, sorprendenti esempi di pitture rupestri. Tra le figurine vi è la «Venere di Willendorf» (figura **6.19**) una statuetta di donna, di oltre 25 000 anni, che presenta tratti femminili decisamente accentuati, forse legati al culto della fertilità.

Le **pitture rupestri**, ritrovate in moltissime località dell'Europa (quelle di Chauvet e Lascaux in Francia e di Altamira in Spagna sono forse le più note; figura **6.20**), datate tra i 30 000 e i 15 000 anni, potrebbero essere legate a rituali propiziatori per la caccia o, come a Lascaux, rappresentare le costellazioni celesti viste dai nostri antenati.

Altro tratto distintivo di *H. sapiens* (che compare già con gli ultimi neanderthaliani) è il **culto dei morti**, con l'allestimento di sepolture rituali.

Il Paleolitico avrà fine fra 12 000 e 10 000 anni fa con l'avvento dell'agricoltura, che con la Rivoluzione Neolitica darà il via a una serie di profondi cambiamenti tecnologici e sociali.

Ricorda Lo sviluppo dell'**arte preistorica** risale ad almeno 400 000 anni fa; uno dei più antichi ritrovamenti è la figura scolpita nella roccia denominata «Venere di Willendorf». Importanti resti di arte preistorica sono anche le pitture rupestri ritrovate in Europa, insieme a tracce del culto dei morti, a opera di *Homo sapiens*.

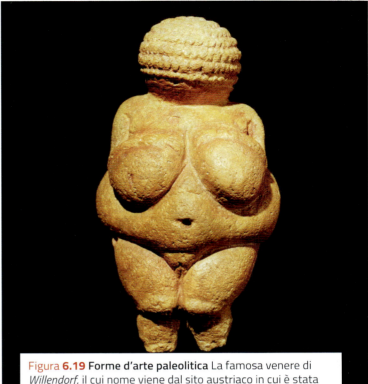

Figura **6.19 Forme d'arte paleolitica** La famosa venere di *Willendorf*, il cui nome viene dal sito austriaco in cui è stata scoperta.

Figura **6.20 Le pitture rupestri** Un particolare delle pitture rupestri nelle grotte di Altamira.

verifiche di fine lezione

Rispondi

A. Che cosa si intende per «cultura» in antropologia? Quali reperti ne sono le tracce?
B. Come possiamo valutare in quale periodo gli esseri umani svilupparono una capacità linguistica?
C. Quali indicazioni abbiamo di un pensiero creativo degli antichi esseri umani?
D. Formula una breve ipotesi del collegamento esistente tra sviluppo delle abilità tecnologiche e acquisizione delle capacità linguistiche.

READ & LISTEN
A matter of skulls

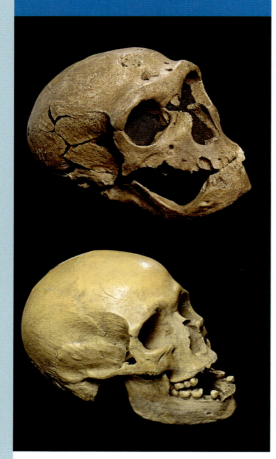

An international research team has just published a study describing for the first time the developmental processes that differentiate Neanderthal facial skeletons from those of modern humans.

Rodrigo Lacruz's research team showed that the Neanderthals, who appeared about 200,000 years ago, are quite distinct from *Homo sapiens* (humans) in the manner in which their faces grow, adding to an old but important debate concerning the separation of these two groups. The paper appears in *Nature Communications*.

«This is an important piece of the puzzle of evolution» says Lacruz, a paleoanthropologist and enamel biologist «Some have thought that Neanderthals and humans should not be considered distinct branches of the human family tree. However, our findings, based upon facial growth patterns, indicate they are indeed sufficiently distinct from one another».

In conducting the research, the team set out to understand the morphological processes that distinguish Neanderthals' faces from modern humans'--a potentially important factor in understanding the process of evolution from archaic to modern humans.

Bone is formed through a process of bone deposition by osteoblasts (bone-forming cells) and resorption by osteoclast (bone-absorbing) cells, which break down bone. In humans, the outermost layer of bone in the face consists of large resorptive fields, but in Neanderthals, the opposite is true: in the outermost layer of bone, there is extensive bone deposition.

The instruments and the results

The team used an electron microscope and a portable confocal microscope, developed by co-author Dr. Timothy Bromage of NYUCD's Department of Biomaterials, himself a pioneer in the study of facial growth remodeling in fossil hominins, to map for the first time the bone-cell growth processes that had taken place in the outer layer of the facial skeletons of young Neanderthals.

The study found that in Neanderthals, facial bone-growth remodeling--the process by which bone is deposited and reabsorbed, forming and shaping the adult skeleton--contributed to the development of a projecting (prognathic) maxilla (upper jawbone) because of extensive deposits by osteoblasts without a compensatory resorption--a process they shared with ancient hominins. This process is in stark contrast to that in human children, whose faces grow with a counter-balance action mediated by resorption taking place especially in the lower part of the face, leading to a flatter jaw relative to Neanderthals.

«We always considered Neanderthals to be a very different category of hominin» said Lacruz «but in fact they share with older African hominins a similar facial growth pattern. It's actually humans who are developmentally derived, meaning that humans deviated from the ancestral pattern. In that sense, the face that is unique is the modern human face, and the next phase of research is to identify how and when modern humans acquired their facial-growth development plan».

Adapted from *Difference between facial growth of Neanderthals and modern humans*, Science Daily, December 7, 2015

Answer the questions

1. How does Lacruz's team study the relationship between *Homo sapiens* and *Homo neanderthalensis*?
2. Explain in your own words the process of bone deposition.
3. Which are the results of the research?

ESERCIZI

Ripassa i concetti

1 Completa la mappa inserendo i termini mancanti.

aumento cure parentali / colonna vertebrale / olduvaiana / endotermia / Africa / estremità prensili / musteriana / verticalizzazione del corpo / ominini / produzione artistica / postura eretta / evoluzione della cultura

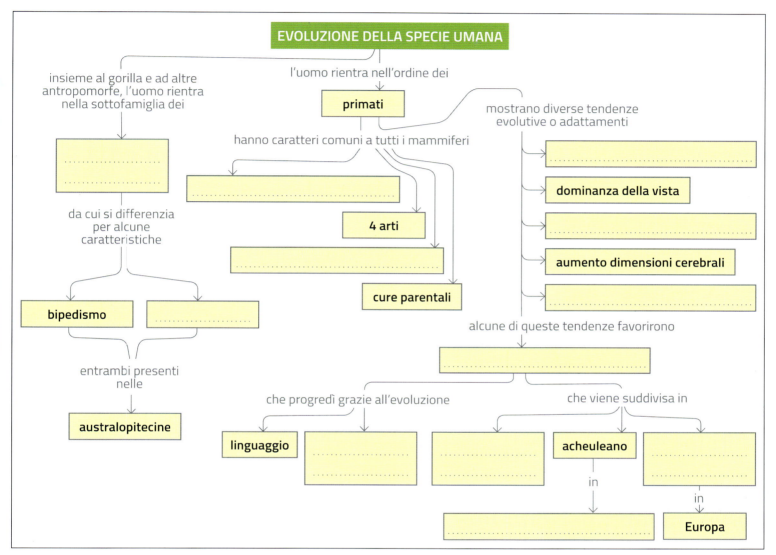

2 Dai una definizione per ciascuno dei seguenti termini associati.

phylum:	Gruppo tassonomico inferiore al regno e superiore alla classe.
subphylum:	
ominidi:	Superfamiglia che include Ilobatidi e ominidi.
ominoidei:	
ominini:	
olduvaiana:	Cultura paleolitica di cui sono rimasti reperti di antichi strumenti e utensili.
acheuleano:	
musteriana:	

3 Estendi la mappa concettuale sul tuo quaderno, ricostruendo un albero filogenetico che riassuma le parentele evolutive dei nostri antenati.

Verifica le tue conoscenze

Test a scelta multipla

4 Scegli il complemento sbagliato. I primi mammiferi

(A) comparvero dopo l'estinzione dei grandi rettili

(B) erano animali insettivori

(C) erano adattati alla vita notturna

(D) si originarono da rettili terapsidi

5 Scegli il complemento sbagliato. Gorilla e scimpanzé

(A) appartengono al gruppo delle scimmie antropomorfe

(B) appartengono alla superfamiglia degli Hominoidea

(C) sono scimmie del nuovo mondo

(D) adottano una locomozione detta clinograda

6 Scegli il completamento sbagliato. La postura eretta e il bipedismo richiedono

(A) un femore più allungato e inclinato

(B) una pianta del piede più arcuata

(C) l'alluce opponibile alle altre dita dei piedi

(D) lo spostamento alla base del cranio del foro occipitale

7 Scegli il completamento sbagliato. L'uomo di Neanderthal

(A) possedeva uno spiccato prognatismo

(B) possedeva gambe lunghe e bacino stretto

(C) è scomparso misteriosamente circa 28000 anni fa

(D) lavorava la pietra e seppelliva i morti

8 Le testimonianze fossili delle fasi evolutive dei primati

(A) sono molto chiare e numerose

(B) ci indicano che i nostri primi antenati avevano abitudini arboricole

(C) permettono di ricostruire con chiarezza le fasi evolutive di tale ordine

(D) ci indicano che i nostri primi antenati vivevano nelle praterie improvviso

9 Il genere *Homo* appartiene

(A) alle scimmie del vecchio mondo

(B) alle scimmie del nuovo mondo

(C) al gruppo delle scimmie antropomorfe ilobatidi

(D) alla stessa famiglia degli Australopiteci

10 La specie umana condivide con gorilla e scimpanzé

(A) il 97% del genoma

(B) solo l'1,6% del genoma

(C) un cervello estremamente sofisticato

(D) gli stessi meccanismi di espressione genica

11 Il genere *Proconsul*, un ipotetico antenato della specie umana

(A) comprendeva scimmie con la coda

(B) comprendeva scimmie viventi a terra

(C) è stato trovato in Africa e risale a 18-15 milioni di anni fa

(D) possedeva caratteristiche esclusive delle scimmie antropomorfe

12 La separazione tra scimmie antropomorfe e i nostri antenati risale a

(A) 10 milioni di anni fa

(B) 4,4 milioni di anni fa

(C) 7 milioni di anni fa

(D) 12 milioni di anni fa

13 *Homo erectus*

(A) è comparso 3 milioni di anni fa

(B) è comparso prima di *Homo abilis*

(C) aveva una capacità cranica simile a quella di un gorilla

(D) aveva una capacità cranica superiore a 1000 cm^3

14 L'uomo di Neanderthal

(A) è scomparso a causa di una grave epidemia

(B) è stato scoperto a metà del Settecento

(C) potrebbe essere stato sterminato dall'*Homo sapiens*

(D) aveva una capacità cranica leggermente superiore a quella di *Homo sapiens*

15 Il più antico fossile di uomo moderno, *Homo sapiens* è stato trovato in

(A) Africa

(B) Cina

(C) Australia

(D) America

16 Il modello multiregionale sull'origine dell'uomo moderno prevede

(A) che gli uomini moderni si siano evoluti a partire da popolazioni di *Homo abilis* sparse in tutto il mondo

(B) che gli uomini moderni si siano evoluti a partire da popolazioni di *Homo erectus* sparse in tutto il mondo

(C) che gli uomini moderni si siano evoluti in Africa e poi diffusi in tutto il mondo

(D) che gli uomini moderni si siano evoluti a partire da popolazioni di *Homo ergaster* sparse in tutto il mondo

17 Le pitture rupestri come Altamira in Spagna

(A) sono state datate tra i 30 000 e i 15 000 anni fa

(B) erano probabilmente legate al culto dei morti

(C) sono state eseguite dall'*Homo abilis*

(D) sono legate alla cultura olduvaiana

Verifica le tue abilità

18 Leggi e completa, con i termini opportuni, le seguenti frasi riferite alle tendenze evolutive dei primati.

a) I primati hanno conservato estremità con .... dita, adatte ad arrampicarsi sugli alberi e a manipolare oggetti.

b) Nei primati gli occhi si spostano frontalmente per permettere una visione ....

c) La postura eretta comporta una .... degli organi interni e delle loro relazioni reciproche.

d) Le .... sono dovute alla necessità di portare il figlio sempre con sé durante gli spostamenti tra gli alberi.

19 Leggi e completa con i termini opportuni, le seguenti frasi riferite alla postura eretta.

a) Postura eretta e bipedismo rappresentano una conquista evolutiva che si affermò circa .... milioni di anni fa.

b) Gli ominidi che testimoniano tale passaggio evolutivo sono gli scheletri di ....

c) La postura eretta richiese una trasformazione del piede la cui pianta divenne più ....

20 Leggi e completa con i termini opportuni, le seguenti frasi riferite alla comparsa del genere *Homo*.

a) I primi rappresentanti di tale genere comparvero in .... dai 3 ai 2 milioni di anni fa.

b) L'*Homo habilis* possedeva un volto meno .... e un cranio più arrotondato dei suoi predecessori.

c) Un aspetto importante nell'evoluzione dell'uomo fu l'aumento delle dimensioni ....

21 Leggi e completa, con i termini opportuni, il seguente brano che si riferisce all'uomo di Neanderthal.

I primi fossili di *Homo neanderthalensis* furono scoperti nella valle di .... in ....
Tale ominide visse in Europa .... anni fa e poi scomparve misteriosamente circa .... anni fa. Dai ritrovamenti fossili si pensa che fosse di statura .... e con una struttura fisica più .... degli uomini attuali. Inoltre nel cranio era presente un evidente .... , una fronte .... con arcate molto pronunciate, un mento .... e una testa allungata ....
Aveva una capacità cranica come quella dell'uomo moderno, viveva in .... era un cacciatore, si decorava il corpo con .... e .... , ma soprattutto è certo che .... i morti, segno di un'evoluzione culturale.

22 Scegli il completamento corretto e motiva la tua risposta. Dai ritrovamenti fossili di *Homo erectus* si evince che

(A) era in grado di usare e di accendere il fuoco

(B) aveva una capacità cranica simile a quella delle australopitecine

(C) non era in grado di produrre manufatti

(D) aveva un dimorfismo sessuale poco accentuato

23 Scegli il completamento corretto e motiva la tua risposta spiegando le principali caratteristiche di tali specie. Le specie più vicine a quella umana sono:

(A) gorilla, babbuino e scimpanzé

(B) orango gibbone e scimpanzé

(C) gorilla, orango e scimpanzé

(D) babbuino, gibbone e scimpanzé

24 Scegli il completamento corretto e motiva la tua risposta. Il gene *FOXP2*

(A) è implicato nello sviluppo del cervello

(B) è un gene presente in tutti i primati senza variazioni alleliche

(C) è esclusivo della specie umana

(D) partecipa allo sviluppo della laringe

25 Scegli il completamento corretto e motiva la tua risposta. Non è considerata una tendenza evolutiva dei primati:

(A) la dieta onnivora

(B) gli arti prensili

(C) la verticalizzazione del corpo

(D) la dominanza della vista

26 Scegli il completamento corretto e motiva la tua risposta spiegando le caratteristiche di ciascuna specie. La più antica specie del genere *Homo* è:

(A) *Homo habilis*

(B) *Homo erectus*

(C) *Homo neanderthalensis*

(D) *Homo ergaster*

27 Scegli il completamento corretto e motiva la tua risposta. *Homo heidelbergensis*

(A) si pensa visse esclusivamente in Europa

(B) probabilmente visse insieme all'*Homo habilis*

(C) rappresenta l'antenato comune tra *Homo sapiens* e *Homo neanderthalensis*

(D) era poco più alto di un metro

Verso l'esame

DEFINISCI

28 Usando un linguaggio appropriato definisci i seguenti termini: tetrapodi, brachiazione, scimmie antropomorfe, indice cefalico, coltura olduvaiana, locomozione clinograda, bipedismo, primati.

DISCUTI

29 La specie umana ha sicuramente delle caratteristiche che la rendono unica rispetto agli altri animali.
Evidenzia tali caratteristiche e discuti quanto un approccio esclusivamente biologico nello studio della nostra evoluzione, possa essere limitante o meno.

RICERCA E SPIEGA

30 Il più antico fossile di *Homo sapiens* è stato rinvenuto in Africa circa 130 000 anni fa.
Ricerca informazioni riguardo a questo fossile e dalle informazioni trovate spiega in base a quali caratteristiche è stato possibile ritenerlo un uomo «moderno».

RIFLETTI

31 L'uomo di Neanderthal è probabilmente il nostro antenato più vicino.
Confronta tale ominide con l'uomo moderno e rifletti sulle somiglianze e sulle differenze.

DESCRIVI

32 Descrivi gli adattamenti richiesti per la conquista della postura eretta e del bipedismo. Soffermati anche sui vantaggi legati a questa postura.

RICERCA

33 Grazie all'analisi dei genomi e dei proteomi (l'insieme delle proteine di un organismo) di varie specie è stato possibile chiarire alcune relazioni evolutive tra i vari gruppi di scimmie antropomorfe.
Ricerca quali sono i risultati ottenuti con tali tecniche di indagine.

RICERCA E IPOTIZZA

34 La specie umana è dotata di un linguaggio articolato e simbolico che ha permesso l'espressione del pensiero e la trasmissione delle conoscenze da padre in figlio.
Ricerca quali geni potrebbero aver influenzato le capacità linguistiche e ipotizzane il ruolo nell'evoluzione della nostra specie.

SPIEGA

35 Spiega in modo sintetico le caratteristiche che i primati hanno sviluppato per adattarsi alla vita arboricola.

ANALIZZA E SPIEGA

36 Ormai è chiaro a tutti gli studiosi che non è più possibile ipotizzare, per il genere *Homo*, un albero evolutivo semplice e lineare. I ritrovamenti degli ultimi anni hanno complicato sempre più tale albero che ormai assume un aspetto intricato «a cespuglio».
Analizza lo schema riportato nella figura 6.12 e spiega le relazioni evolutive che riconosci.

OSSERVA E DEDUCI

37 Le immagini che seguono riportano la ricostruzione dei volti di diverse specie di ominidi.
Osservale con attenzione e deduci quali di essi appartengono alle specie indicate, motivando la tua scelta.
Homo sapiens, Homo erectus, Homo heidelbergensis, Australopitecus, Homo neanderthalensis

Learn by Doing

1 Gregor Mendel

 Decide if the following sentences are true or false and correct the false ones.

1. Mendel's theories raised immediate interest in the scientific community. T F
2. He introduced mathematics and statistics in elaborating data. T F
3. According to Mendel, a trait was an observable physical feature such as flower colour. T F
4. F_1 plants were often the products of self-pollination. T F
5. The ratio of recessive-dominant traits in F_2 plants was 3 : 1. T F
6. What Mendel called particles are now called genes. T F
7. Mendel was helped by his knowledge about meiosis to formulate his theory of segregation. T F
8. Mendel's theories are still valid, although geneticists have discovered that things are more complicated. T F

B. Complete the diagram showing Mendel's explanation of inheritance.

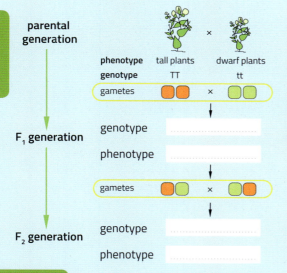

C. Answer the questions.

1. Why were anthers removed from one group of parental plants before cross-pollination?
2. How had he made sure that the parental traits were true-breeding?
3. Could reproduction among F_1 plants occur by self-pollination?

2 Genotype and phenotype

Choose suitable endings (a-l) for the following sentences (1-12).

1.	An intermediate phenotype can occur	a.	it is said to be pleiotropic.
2.	Codominance occurs	b.	are phenotypically better than either of the parents (hybrid vigor)
3.	An example of codominance can be seen	c.	when both alleles are expressed, but neither is dominant or recessive.
4.	When a single allele has more than one distinguishable phenotypic effects	d.	the more points there are in the chromosome for crossing over to occur.
5.	Inbreeding produces weaker offspring	e.	the external features of maleness and femaleness (e.g. body hair and voice).
6.	The offspring of two true-breeding homozygous strains	f.	when neither allele is dominant (incomplete dominance).
7.	The phenotype of an individual can be affected	g.	the kinds of gametes produced and the organs producing them (e.g. sperm and testes).
8.	The farther apart two genes are	h.	by environmental factors such as temperature, light and nutrition.
10.	Primary sex determination establishes	i.	because close relatives may have the same harmful recessive alleles.
11.	Secondary sex determination establishes	j.	in the ABO blood group system in humans.

3 Mendel's laws

Using the key terms below, complete the following definitions inserting the right words.

- Parental generation P
- Phenotype
- First filial generation F_1
- Diploid
- Pleiotropic
- Second filial generation F_2
- Law of independent assortment
- Haploid

a. _____ Having a chromosome complement consisting of two copies of each chromosome.

b. _____ The physical appearance of an organism.

c. _____ Having a chromosome complement consisting of just one copy of each chromosome.

d. _____ The first set of parents crossed in which their genotype is the basis for predicting the genotype of their offspring.

e. _____ It states that separate genes for separate traits are passed independently of one another from parents to offspring.

f. _____ The offspring produced by two individuals of the first filial generation.

g. _____ An allele that affects more than one trait.

h. _____ The heterozygous offspring generated by the crossing of a homozygous dominant strain with a homozygous recessive strain.

B153

4 Family tree

In some populations, like the Old Order Amish of Pennsylvania, a congenital physical anomaly, called polydactyly (supernumerary fingers or toes) is frequent. Look at the diagram below showing a family tree for this condition and answer the questions.

○ ♀ without the condition
● ♀ with the condition
□ ♂ without the condition
■ ♂ with the condition

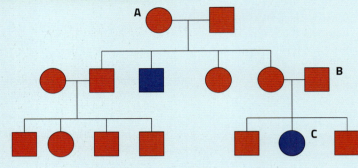

a. Using the family tree, state if polydactyly is caused by a dominant or a recessive allele.

b. What is the genotype of A, B and C?

5 A genetic disease: sickle cell anemia

Complete the text below choosing among the following words. Then answer the questions.

- Allele
- Amino acid
- Capillaries
- Carrier
- Disease
- Malaria
- Oxygen
- Parasite
- Plasmodium
- Red blood cells

Sickle cell anemia is a human _____ caused by an _____ substitution in the haemoglobin β-chain.
The abnormal recessive _____ produces abnormal haemoglobin that results in sickle-shaped _____.
These cells tend to block narrow blood _____, especially when the _____ concentration is low; the result is tissue damage and eventually death by organ failure.
It occurs more commonly in people (or their descendants) from parts of tropical and sub-tropical regions where malaria is or was common. The malaria _____ spends part of it in red blood cells.
In a _____ the presence of the _____ parasite causes the red blood cells with defective haemoglobin to rupture prematurely, making the _____ unable to reproduce.

a. Mr and Mrs Brown are healthy, but they have a little boy who suffers from sickle cell anemia. What is the child's genotype?

b. What are the parents' genotypes?

c. Mrs Brown is pregnant; what is the probability that the new baby is a male?

d. And what is the probability that the new baby is a male affected by anemia?

6 Fruit flies

A *Drosophila melanogaster* with short wings is mated with another with long wings; the cross result is 34 short wing flies and 38 long wing flies (i. e. long wings are dominant). Answer the questions.

a. What can you say about the genotypes?

b. Explain the result using a genetic diagram.

7 Plant breeding

Considering that in tomatoes, the allele for red fruit (R) is dominant over the allele for yellow fruit (r), and that the allele for tall plants (T) is dominant over that for short plants (t); Mr Taylor, a farmer, tried a cross between two tomato plants. Answer the questions.

a. The possible genotypes of the first parental plant gametes were *RT, Rt, rT, rt*; find out the genotype of this plant.

b. The possible genotypes of the second parental plant gametes were *rt* and *rT*. Find out the phenotype of this plant.

c. What was the proportion of red fruit in the offspring of this cross?

d. Draw a Punnett square to explain case c.

8 Inheritance

Odd one out: circle the term that does not fit in each group. Then add the right term in brackets.

a. Dihybrid cross - Recombinant phenotypes - Mitosis - Law of independent assortment
b. Recessive phenotype - Homozygous - Heterozygous - Test cross - Recessive trait
c. Diploid parent - Meiotic interphase - Mitosis - Four diploid gametes
d. Siamese cats - Wild allele - Darker extremities - Crossed eyes - Light body
e. Gene - DNA - Law of assortment - Locus - Chromosome
f. Mendel - *Drosophila* - Body color - Wing size - Pink eyes
g. Linkage group - Characters - Chromosome - Crossing over
h. Red eyes - White eyes - *Drosophila* - Y chromosome - Mutant allele

9 Color blindness

Red-green color blindness is the inability to perceive color differences, in particular to distinguish red from green. It is a sex-linked disorder caused by a mutant recessive allele. Decide if the following statements about red-green color blindness are true or false, and then correct the false ones.

1. The phenotype appears much more often in females than in males. T F
2. A male with the mutation can pass it on only to his daughters. T F
3. This disease appears only if Y chromosome is present. T F
4. Daughters who receive one mutant X chromosome are homozygous carriers. T F
5. Female carriers can pass the mutant X chromosome to both sons and daughters, but, on average, only half of the time. T F
6. Female carriers are phenotypically normal heterozygotes. T F

10 *Drosophila melanogaster*

Read the information about the *Drosophila melanogaster* life cycle and try to give four reasons why the fruit fly is a useful animal for studying crosses.

- After mating the female lays fertilized eggs 24 hours after emerging.
- A single female lays between 80 and 200 eggs.
- The eggs hatch into larvae about 24 hours after laying.
- A larva is about 4.5 mm.
- Larvae change into pupae about 6 days after laying.
- A pupa is about 3 mm.
- Adult flies emerge from pupae about 10 days after laying.
- An adult is about 2 mm.
- The developmental period for Drosophila, however, varies with temperature.
- The shortest development time (egg to adult), 7 days, is achieved at 28 °C.

REASONS
1.
2.
3.
4.

11 Genetics

Hints for discussion.

a. Mr Pearson, a farmer, has tried to cross two heterozygous tall pea plants which are heterozygous for smooth seeds. Considering that in pea plants, tallness is dominant over shortness and smooth seeds are dominant over wrinkled seeds, what are the genotypes and the phenotypes of the offspring? Draw a Punnett square for this case.

b. Mr and Mrs Jackson are tongue-rollers: considering that the ability to roll the tongue is dominant over the inability to do so in humans. If two heterozygous tongue-rollers have children, what genotypes could their children have? If a non-tongue-roller has children with a homozygous tongue-roller, what will their children's genotypes be? Draw Punnett squares for both cases.

c. The recessive allele *p* of Drosophila melanogaster, when homozygous, determines pink eyes and *Pp* or *PP* results in wild-type eye color. Moreover another gene on another chromosome has a recessive allele (*s*) which produces short wings when it is homozygous. Now consider a cross between females with genotype *PPSS* and males with genotype *ppss* and find out the phenotypes and genotypes of the F_1 generation and of the F_2 generation produced by the mating of F_1 offspring with one another. Draw a Punnett square to explain this case. Then consider the cross between *Drosophila melanogaster* males with genotype *Ppss* with females with genotype *ppSs*, find out the phenotypes and genotypes of the F_1 generation.

12   Mendel and beyond

Across

1. It occurs when the contributions of both alleles at a single locus are visible and do not overpower each other in the phenotype.
4. It is a cell that fuses with another cell during fertilization in organisms that reproduce sexually.
5. The genetic constitution of an organism or a group of organisms.
7. It is a method of determining the inheritance pattern of a trait between two single organisms.
10. It is a molecular unit of heredity of a living organism, a section of DNA which codes for a particular protein.
12. It is one of two or more forms of a gene.
16. It is an organized structure of DNA and protein found in cells.
17. First introduced by Gregor Mendel, it is used to determine if an individual exhibiting a dominant trait is homozygous or heterozygous for that trait.
18. The observable physical or biochemical characteristics of an organism, as determined by both genetic makeup and environmental influences.
19. It is a diagram that is used to predict an outcome of a particular cross or breeding experiment.

Down

2. Fruit flies extensively used as a model organism in genetics.
3. An inherited trait that is outwardly obvious only when two copies of the gene for that trait are present.
6. It is a cross between F_1 offspring of two individuals that differ in two traits of particular interest.
8. Having different alleles at one or more corresponding chromosomal loci.
9. It is an observable physical feature.
11. A genetic trait in which one copy of the gene is sufficient to produce an outward display of the trait.
13. It is a pair or set of genes on a chromosome that tend to be transmitted together.
14. Having the same alleles at one or more gene loci on homologous chromosome segments.
15. It is a distinct variant of a phenotypic character of an organism.

13   The Hershey-Chase experiment

Fill in the gaps using the following words.

- Bacterial cells
- Radioactivity
- DNA (x2)
- Sulfur (x3)
- Reproduce (x2)
- Separately
- Lighter
- Heavier
- Agitated
- Genetic material
- ^{35}S
- Supernatant (x3)
- Virus
- Inject
- Entered
- Didn't enter
- Pellet (x3)
- Spun
- Separate
- Bacteriophage
- Bottom
- Bacterium
- Protein (x2)
- Phosphorus (x3)
- Dislodge
- ^{32}P
- Trace

In 1952, A. Hershey and M. Chase made an experiment in order to find out if the .... was DNA or protein. They used a .... named *Escherichia coli* (*E. coli*), and a .... called T2 that is a .... that infects *E. coli*. T2 is just made up of a core of .... packed inside a .... coat, so it must live inside *E. coli* in order to ....

To .... the two components of the virus, Hershey and Chase radioactively labelled T2 DNA with .... (............... isotope) and T2 protein with .... (............... isotope), because they knew DNA contains .... and protein contains .... but not vice versa. Then, these radioactive T2 were put in .... cultures of *E. coli*, and were left there only 10 minutes in order to give the viruses time to .... their genetic material into the bacteria, but not to .... In the next step, still .... the mixtures were .... in a blender to .... virus particles from the .... After that, each mixture was .... in a centrifuge to separate the bacteria (with any viral parts that had gone into them) from the liquid solution they were in (including any viral parts that had not entered the bacteria). The centrifuge forces the .... bacteria to the .... of the tube where they form a .... while the .... viral «left-overs» are captured in the .... fluid.

Finally the .... and .... from each tube were separated and tested for the presence of .... Radioactive .... was found in the .... showing that the viral protein .... the bacteria. Radioactive .... was found in the bacterial .... showing that viral DNA .... the bacteria.

Based on these results, Hershey and Chase concluded that .... was the genetic code material, not .... as many people believed.

B156

Learn by Doing

14 Molecular architecture of DNA

Read the following statements about the molecular architecture of DNA and decide if they are true or false.

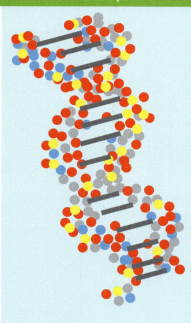

1. The two strands run in opposite directions since the DNA molecule is antiparallel. T F
2. It has a double-stranded helical structure of varying diameter. T F
3. The nitrogenous bases point to the centre. T F
4. It is left-handed. T F
5. The two chains are held together by hydrogen bonds between specifically paired bases. T F
6. Adenine (A) pairs with cytosine (C) and form two hydrogen bonds. T F
7. Guanine (G) pairs with cytosine (C) and form three hydrogen bonds. T F
8. The sugar-phosphate backbones of the polynucleotide chains twist around the inside of the helix. T F
9. Complementary base pairing means that the purines (A and G) pair with the pyrimidines (T and C) respectively. T F
10. AT and GC form equal-sized base pairs which seem rungs on a ladder since there is a fixed distance between the two chains. T F

16 DNA replication

In DNA semiconservative replication each parent strand acts as template for the synthesis of a new strand, so each of the two replicated DNA molecules contains one parent strand and one newly synthesized strand. Put the following events describing DNA replication in the right order.

DNA replication event	Sequence
a. Then replication proceeds from the replication origin on both strands in the 5′ to 3′ direction forming two replication forks.	
b. The replication complex, which is a huge protein complex, attaches to the chromosome at the ori, that is the origin of replication.	
c. The leading strand is synthesized in a continuous way while the lagging strand is synthesized in pieces (Okazaki fragments) which are joined together by DNA ligase.	
d. DNA helicase divides into the two strands and single-strand binding proteins keep the strands from associating again.	
e. The enzyme DNA polymerase catalyses the nucleotide addition to the 3′ end of each strand: the complementary base pairing with the template strand determines which nucleotides are added.	
f. However, DNA replication leaves the telomere, that is a short, unreplicated sequence, at the 3′ end of the chromosome.	
g. In prokaryotes two interlocking circular DNAs are formed: they are separated by DNA topoisomerase.	
h. The processive nature of DNA polymerases accounts for the DNA polymerization speed since it can catalyze many polymerizations at a time: this process stability is assured by a sliding DNA clamp.	
i. Primase catalyses the synthesis of a short RNA primer; then nucleotides are added to it by DNA polymerase.	

15 The DNA

Look at the diagram showing a part of a DNA molecule, and then answer the questions.

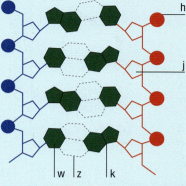

a. DNA is a polymer, what is the name of the monomers which form it? Then circle one of them on the diagram.
   ....
b. What is the molecule indicated by «h»?
   ....
c. And what is «j»?
   ....
d. Name «w» and «k» and justify your answer.
   ....
e. Name «z» and justify your answer.
   ....
f. What kind of bonds joins «h» and «j»?
   ....
g. DNA strands are antiparallel: what does it mean?
   ....

17 Complementary bases

If one strand of DNA has the sequences given below, what are their complementary strands respectively?

a. 5′ – TAAGGC – 3′ ....
b. 5′ – ATTCCG – 3′ ....
c. 5′ – ACCTTA – 3′ ....
d. 5′ – CGGAAT – 3′ ....
e. 5′ – GCCTTA – 3′ ....

B157

18 Protein synthesis

A. Identify the various elements in the diagram.

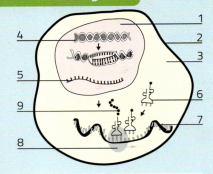

1. ....
2. ....
3. ....
4. ....
5. ....
6. ....
7. ....
8. ....
9. ....

B. Answer the questions.

a. Which stage takes place in 1?
....

b. Which stage takes place in 3?
....

c. Give a short definition of transcription.
....
....

C. Look at the diagram on the right and complete the following passage about translation.

When the mRNA gets into the ...., each amino acid links to its proper .... with the help of a specific .... and of ....

Like .... also translation is divided into three stages: initiation, elongation and termination.

In the initiation stage ...., a tRNA carrying the .... amino acid of the .... and the two .... of a .... are brought together and the .... signals the beginning of translation.

In the elongation stage amino acids are .... one by one to the growing chain; the mRNA moves in .... direction.

This procedure repeats until the ribosome meets the .... where translation is terminated. At this point the .... is ....

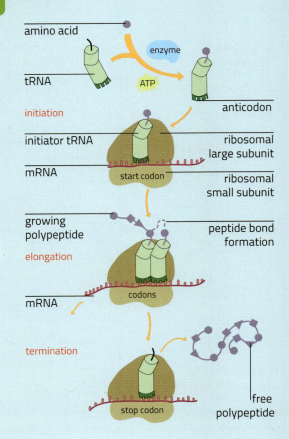

translation

amino acid
enzyme
tRNA
ATP
initiation
anticodon
initiator tRNA
ribosomal large subunit
mRNA
start codon
ribosomal small subunit
growing polypeptide
peptide bond formation
elongation
mRNA
codons
termination
stop codon
free polypeptide

19 Mutations

Complete the map using the following words.

- Deletions
- Point
- Monosomy
- Imperfect working
- Euploidy
- Silent
- Duplications
- Mutagen
- Spontaneous
- Nonsense
- Whole sets
- Aneuploidy
- Induced
- Trisomy
- Inversions
- Chromosomal
- Genomic
- Meiotic (x2)
- Missense (x2)
- Frame-shift
- Translocations

Map structure:

.... of the cell — caused by — .... — can be — **Mutations** — caused by — .... error — leading to — .... — resulting in / resulting in

an agent outside the cell (........................) — caused by — ....

involving single base pairs — divided into — .... — caused by — errors

involving — changes the position or orientation of DNA segment

characterized by — .... of chromosomes in excess

.... (one or more chromosomes in excess)

.... (lack of one or more chromosomes)

Bottom row — "in which":
- the base substitution doesn't cause changes in amino acids
- the base substitution cause one amino acids to substitute for another in the protein
- the base substitution causes a stop codon (it is more disruptive than ....)
- base pairs are inserted into or delated from DNA

B158 — Learn by Doing

Indice analitico

accoppiamento non casuale, B111
acidi nucleici, B32
acido desossiribonucleico, vedi DNA
acido ribonucleico, vedi RNA
adattamento/i, B112, B135
adenina, B37, B41, B59
adulto, riduzione della vitalità, B125
agente mutageno, B73, B74
albero filogenetico, B126
albero genealogico, B10, B23
allele/i, B5
 - associati, B8
 - dominante, B10
 - indipendenti, B8
 - mutanti, B11
 - neutrale, B116
 - pleiotropici, B13
 - polimorfico, B11
 - recessivo, B10
 - selvatico, B11
 - soppressori, B15
allopatrico, B121
allopoliploidia, B123
amminoacil-tRNA-sintetasi, B65
anemia falciforme, B76
aneuploidia, B73, B74
angiosperme, B92
antibiotici, geni per la resistenza agli, B26
anticodone, B64
antropoidi, B134
apprendimento, B145
arte preistorica, B147
australopiteco, B138
autofecondazione, B111
autoimpollinazione, B3
autopoliploidia, B123
autosomi, B20
Avery, Oswald, B34

Barr, corpo di, B95
barriere riproduttive
 - postzigotiche, B125
 - prezigotiche, B124
basi azotate, B37, B41
batteri
 - coniugazione, B25
 - ricombinazione, B25
batteriofagi, B34, B36
 - T2, B34, B35
 - T4, B36
Beadle, George W, B56
brachiazione, B134

Caenorhabditis elegans, B92
carattere/i, B3, B112
 - e fattori ambientali, B16
 - fenotipici quantitativi, B15
 - legati al sesso, B21, B22, B23
 - monofattoriali, B16
 - multifattoriali, B16
 - non mendeliani, B16
 - poligenici, B14, B16
 - quantitativi, teoria poligenica dei, B16
 - trasmissione monogenica, B16
centimorgan, B19
ceppo batterico, B33
Chargaff, Erwin, B37, B38
Chase, Martha, B34
citosina, B37, B41
clinogrado, B134
codice genetico, B62
codominanza, B12
codone, B62
 - di inizio, B62
 - di stop, B62, B67, B93
complesso
 - di inizio, B65
 - di trascrizione, B93
coniugazione
 - batterica, B25, B26
 - tubo di, B26
controlli
 - post-traduzionali, B98
 - traduzionali, B98
corepressore, B86, B87
corpo di Barr, B95
correzione di bozze, B71, B74
Crick, Francis, B38, B39, B58, B77
cristallografia a raggi X, B37
cromatidi ricombinanti, B18
cromatina, nell'espressione genica, B93
 - rimodellamento della, B94
cromosoma/i
 - geni e, B17
 - sessuali, B20
 - X, B20, B21, B22
 -- inattivo, B95
 - Y, B20, B21, B22
crossing-over, B18
culto dei morti, B147
cultura
 - acheuleano, B146
 - evoluzione della, B146
 - musteriana, B146
 - olduvaiana, B146
curva di Gauss, B16

daltonismo, B23
Darwin, Charles, B15
 - teoria dell'evoluzione per selezione naturale di, B104
 - teoria della selezione sessuale di, B115
deamminazione, B74
delezione, mutazioni cromosomiche per, B72
deriva genetica, B110
diffrazione, B37
dimorfismo sessuale, B140, B141
dioici, organismi, B20
dispersione, B113
DNA, B37-B41
 - composizione chimica del, B37
 - complementarietà delle basi, B40, B41
 - duplicazione del, B42, B43
 -- complesso di, B43
 -- correzione degli errori di, B48
 -- correzione di bozze, B48
 -- fasi della, B42, B43
 -- filamento lento, B46
 -- filamento veloce, B46
 -- forcelle di, B44, B45
 -- origine della, B44
 -- riparazione delle anomalie di appaiamento, B48
 -- riparazione per escissione, B48
 -- semiconservativa, B42
 - modello a doppia elica di Watson e Crick, B38, B41
 - sistema di codificazione molecolare del, B39
 - stampo, B42
 - struttura del, B37, B38, B40, B41
DNA elicasi, B44
DNA ligasi, B46
DNA polimerasi, B42, B43, B44, B45, B47
dominante, B5
dominanza
 - completa, B12
 - incompleta, B12
 - ipotesi della, B15
domìni, B90
Down, sindrome di, B73
Drosophila melanogaster, B92
duplicazione, mutazioni cromosomiche per, B72

ecotipo, B118
Edwards, sindrome di, B73
effetto collo di bottiglia, B110
effetto del fondatore, B111
elementi trasponibili, B89
emizigoti, B21
emoglobina, polimorfismo dell', B91
enhancers, B96
enzimi,
 - geni e, B56, B57
epidemie, nascita e propagazione delle, B126
epistasi, B14
equilibri intermittenti, teoria degli, B125
ereditarietà, B2, B106
 - basi molecolari della, B32
 - dei caratteri legati al sesso, B21, B22, B23, B24
 - poligenica, B14, B16
esoni, B90, B91
estere, B42
espressione genica, regolazione della
 - negli eucarioti, B88
 - nei procarioti, B84
 - ruolo della cromatina nella, B93
eterocromatina, B95
eterosi, B15
eterozigote, B6
eucromatina, B95
euploidia aberrante, B73
evo-devo, B126
evoluzione
 - biologia dell', B106
 - e origine delle specie viventi, B104-B126
 - fattori che portano all', B109
 - genetica delle popolazioni e, B106
 - meccanismi dell', B106
 - per selezione naturale, B104

famiglie geniche, B91
fattore di trasformazione, B33, B34
fattore F, B26
fattori
 - di allungamento, B67
 - di inizio, B66
 - di trascrizione, B96
fenilchetonuria, B13, B75
fenomeni di rinforzo, B125
fenotipo, B6, B112
filamento stampo, B60

filogenesi molecolare, B126
Fisher, Ronald Aylmer, B16
fitness darwiniana, B112
flusso genico, B109
fosfodiestere, B42
fosforo, DNA e, B35
fossili di transizione, B105
fotoperiodo, B24
Franklin, Rosalind, B37

gene/i, B5, B7 B112
vedi anche allele/i
 - con alleli multipli, B11
 - costitutivi, B96
 - cromosomi e, B17
 - enzimi e, B56, B57
 - interazione tra, B14
 - interrotti, B88, B90
 - meccanismi che ne regolano l'espressione, B137
 - mutazione di un, B11
 - per capacità metaboliche particolari, B26
 - per la capacità di produrre pili sessuali, B26
 - per la resistenza agli antibiotici, B26
 - polipeptidi e, B57
 - regolatori, B86
 - ricombinazione di, B18
 - trasferimento di, B25
 - strutturali, B85
generazione
 - filiale
 -- prima, B4,
 -- seconda, B5
 - parentale, B3, B4
genetica, B137
 - di popolazione, B106
 - umana, leggi di Mendel e, B9
genoma
 - eucariotico, B88
 - procariotico, B84
genotipo, B6
globuli rossi, agglutinazione dei, B12
Griffith, Frederick, B33
gruppi sanguigni, B13
 - incompatibilità materno fetale, B13
 - sistema ABO, B13
 - sistema Rh, B13
gruppo di associazione (loci di un cromosoma), B17
guanina, B37, B41

B159

H

Hardy, Godfrey, B106
Hardy-Weinberg
- equilibrio di, B106, B107, B108
- deviazione dall'equilibrio, B108

Hershey, Alfred, B34
Homo, genere, B140
- fossili del, B145

Homo antecessor, B142
Homo erectus, B140
Homo ergaster, B140, B142
Homo floresiensis, B142
Homo habilis, B140
Homo heidelbergensis, B143
Homo naledi, B141
Homo sapiens, B142, B144
housekeeping, geni, B96

I

ibrido/i
- sterilità degli, B125
- vigore dell', B15

impollinazione incrociata, B3
inbreeding, B15
- depressione da, B15

incrocio diibrido, B8
induttore, B86
inincrocio,
  vedi **inbreeding**
intensificatori, B96
introni, B90, B91
inversione, mutazioni cromosomiche per, B72
isolamento riproduttivo, B120
- ambientale, B124
- comportamentale, B124
- gametico, B124
- meccanico, B124
- temporale, B124

istoni, B94

K

Klinefelter, sindrome di, B21, B73
Kornberg, Arthur, B42

L

Landsteiner, Karl, B12
lattosio, metabolismo in *Escherichia coli* del, B84
legge
- della dominanza *vedi* Mendel, le leggi di
- della segregazione *vedi* Mendel, le leggi di
- dell'assortimento indipendente *vedi* Mendel, le leggi di

linguaggio, evoluzione del, B147
locus, B7, B12

M

malattie ereditarie, B10
- alleli dominanti e recessivi e, B10

mammiferi, B133
- caratteri condivisi dall'uomo, B132

mappe genetiche, B19
Matthaei, J. Heinrich, B63
meiosi, assortimento indipendente degli alleli e, B9
Mendel, Gregor, B2
- Mendel, le leggi di
-- e genetica umana, B9
-- prima (o della dominanza), B4
-- seconda (o della segregazione), B5
-- seconda, conseguenze della, B6
-- terza (dell'assortimento indipendente), B8, B9

microsatelliti, B89
Miescher, Friedrich, B32
monoici, organismi, B20
monosomia, B73
Morgan, Thomas Hunt, B17, B18, B19, B22
moscerino della frutta, B92
mRNA,
  vedi **RNA messaggero**
mucolipidosi di tipo 2, B69
mutageni
- artificiali, B74
-- nitriti, B74
-- naturali, B74
-- aflatossina, B74

mutanti condizionali, B70
mutazioni, B11, B70, B109
- cromosomiche, B70, B72
-- delezione, B72
-- duplicazione, B72
-- inversione, B72
-- traslocazione, B72
- del cariotipo, B70, B73
- e malattie genetiche, B75
- evoluzione e, B76
- indotte, B74
- nella linea germinale, B70
- neutrali, B116
- puntiformi, B70, B71
-- di senso, B71
-- non senso, B71
-- per scorrimento della finestra di lettura, B72
-- silenti, B71
- scoperta delle, B77
- somatiche, B70
- spontanee, B74
- variabilità genetica e, B76

N

Neanderthal Genome Project, B142
neotenìa, B145
Nirenberg, Marshall W., B63
nucleina, B32
nucleosoma, B94
nucleotidi, B37

O

Okazaki, frammenti di, B46
ominini, B136, B137
ominoidei, B134
omozigote, B6
operatore, B86
operone, B86
- *lac*, B86
- inducibile, B86
- reprimibile, B86
- *trp*, B87

organismi
- monoici, B20
- dioici, B20

organismi modello, B56
- per lo studio dei genomi eucariotici, B92

P

Patau, sindrome di, B73
Pauling, Linus, B38, B39
pedomorfòsi, B145
pili sessuali, B25
- geni che conferiscono la capacità di produrre, B26

pirimidine, B37
pitture rupestri, B147
plasmidi, B26
pleiotropia, B13
plesiadapiformi, B133, B134
poliallelia, B11
polipeptidi, geni e, B57
poliploidia, B123
pongidi, B136
pool genico, B106
primasi, B45
primati, B132, B133, B134
- tendenze evolutive, B135
-- aumento delle dimensioni cerebrali, B135
-- cure parentali, B135
-- dominanza della vista, B135
-- estremità prensili, B135
-- verticalizzazione del corpo, B135

primer, B42
promotore, B60, B61, B86
- sequenza di riconoscimento, B61
- TATA box, B61

proscimmie, B134
proteasoma, B98
protocollo di Montreal, B75
pseudogeni, B91
Punnett, Reginald Crundall, B6
purine, B37

Q

quadrato di Punnett, B6

R

radiazioni, B75
recessivo, B5
repressore, B86
retrovirus, B58, B59
ribosomi, traduzione e, B65
ricombinazione, B109
- evoluzione e, B109
- frequenza di, B18

Rift Valley, B138
RNA, B59
RNA messaggero, B58, B59
- cappuccio, B93
- coda, B93

RNA polimerasi, B93
RNA ribosomiale, B59, B65
RNA transfer, B58, B59, B64
rRNA,
  vedi **RNA ribosomiale**

S

Saccharomyces cerevisiae, B92
scimmie
- antropomorfe, B134
- del Nuovo Mondo, B134
- del Vecchio Mondo, B134

selezione sessuale, B116
- intersessuale, B115
- intrasessuale, B115

selezione naturale, B112
- dipendente dalla frequenza, B117
- direzionale, B112, B114
- divergente, B113, B114
- sessuale, B115
- stabilizzante, B112, B113

selvatico (wild-type), B11
sequenza segnale, B68
sequenze nel genoma
- altamente ripetute, B89
- consenso, B96
- *enhancers*, B96
- moderatamente ripetute, B89
- regolatrici, B96
- ripetute, B88
- *silencers*, B96
- supplementari, B93

sesso, determinazione del
- ambientale, B24
- cromosomica, B24
- primaria, B21
- secondaria, B21

Shull, George, B15
silencers, B96
silenziatori, B96
sindrome
- di Down, B73
- di Edwards, B73
- di Klinefelter, B21
- di Patau, B73
- di Turner, B21, B73

snRNP, B90
sottopopolazioni, B117
sovradominanza, ipotesi della, B15
speciazione, B120
- allopatrica, B121
- isolamento riproduttivo e, B120, B124
- simpatrica, B123

specie biologica, B120
specie umana, evoluzione della, B132-B147
- bipedismo, B138
- bivio evolutivo, B138
- ipotesi multiregionale, B144
- ipotesi *Out of Africa*, B142, B143, B144
- postura eretta, B138
- volume cranico, B140

splicing, B90
- alternativo, B97

T

Tatum, Edward L, B56
telomerasi, B47, B48
telomeri, B 47, B88
teoria degli equilibri intermittenti, B125
teoria della mescolanza, 32
teoria neutralista, B116
terapia genica, B36
terminatore, B86
terreno di coltura, B56
  - completo, B56
  - minimo, B56
testcross, B7
tetrapodi, B133
timina, B37, B41
titina, B90
traduzione, B58, B59, B64
  - allungamento, B67
  -- fattori di, B67, B96
  - inizio, B65
  -- complesso di, B65
  -- fattori di, B66
  - terminazione, B67
trascrittasi inversa, B58, B59
trascrizione, B58, B60, B61
  - complesso di, B61
  - differenziale, B96
  - fattori di, B61
  - meccanismi della, B93
  - regolazione dopo la, B98
  - regolazione durante la, B96
trasferimento genico, B25
traslocazione, mutazioni cromosomiche per, B72
trasposoni, B89
tratto ereditario, B3
trisomia, B73
  - 13, *vedi* sindrome di Patau
  - 18, *vedi* sindrome di Edwards
  - 21, *vedi* sindrome di Down
tRNA, *vedi* RNA transfer
tropomiosina, B97
tubo di coniugazione, B25
Turner, sindrome di, B21, B73

U

ubiquitina, B98
unità di trascrizione, B86
uomo di Denisova, B143
uomo di Neanderthal, B143
uracile, B59

V

variabilità individuale, B15
vertebrati, B133
virus, B36
  - a RNA, B59

W

Watson, James D., B38, B39
Weinberg, Wilhelm, B106
Wilkins, Maurice, B37

Z

zigote, riduzione della vitalità, B125
zolfo, proteine e, B35

B161